# 數據與權力

A History from the Age of Reason to the Age of Algorithms

克里斯‧威金斯 (Chris Wiggins)、馬修‧瓊斯 (Matthew L. Jones) 著

吳國慶　譯

**控制世界的數據科學、
資料分析與 AI 演算法，如何影響我們下決定**

獻給我們的家人，是你們成就了這本書。

導讀

# 數據成為權力工具的歷史脈絡

譯者／吳國慶

　　《數據與權力》一書是由哥倫比亞大學教授克里斯・威金斯與科學史學家馬修・L・瓊斯二人，應哥倫比亞大學學生要求而構思開課，範圍從十八世紀直至今日的一門關於數據、真相和權力之間，持續衝突演變的精彩課程，所衍生出來的一部當代數據史話。

　　書中從「劍橋分析事件」開始，也就是影響2016年美國總統選舉的數據分析公司，利用一款看似天真無害的臉書（Facebook）性格測驗「這是你的數位生活」（This Is Your Digital Life），透過提問收集用戶回答，並透過臉書的Open Graph平台收集填寫測驗用戶的臉書好友資料。

　　最後，這項應用程式一共獲取了多達8,700萬份個資，為川普團隊提供對選民「微定位」的方式，推播相關訊息、新聞，達到「操控大眾」而勝選的事件。當表情傲慢的臉書執行長祖克柏來到美國參議院回應傳喚，被詢及幾百萬筆個資到底如何洩露時？民眾注意到的不光是祖克柏準備好的制式回答，也發現了當時這些官員，完全不了解演算法、大數據細密繁複的真實層級應用，甚至還傳聞有參議員很無知的詢問：「臉書不就是推特（Twitter）嗎？」

對多數人來說，這種表象已知但原理未知，且核心來自科技和數學的「數據驅動演算法」，雖然在我們的世界裡幾乎無所不在，但它們到底是在何種背景或科學下，在何種目的或場景中，藉由哪些專家、政府或個人的研究推動，發展到現今的主導地位呢？大數據是否會如這些企業所說，可以幫助我們創造出更好的工具、服務和產品？或是否會在過程中引發新一波的侵犯隱私和騷擾行銷呢？尤有甚者，資料分析是否可能協助我們理解網路上的社群運動和政治運動，或反而被有心人士用來追蹤抗議者和壓制言論呢？

　　在這些擔心的同時，你也可能瞬間想到了谷歌（Google）一直在竊聽你的談話，臉書也會在你不經意聊到某種產品時，立刻推播相關產品的廣告給你。然而這些藉由收集你的數據而針對你投放、推播的各種訊息，也就是把你我的個資視為一種商品，經由交易賣給這些大公司的廣告客戶，所為何來？

　　各位不必仔細推敲膝蓋應該就可得知，這些獲利豐厚的大公司：必須賺錢。因此他們藉由各種免費服務（例如，免費Gmail、雲端硬碟、翻譯、相簿、文書處理……）來換取你的「注意力」，也就是所謂的「注意力經濟」。看起來似乎相當公平，然而這些使用數據科技所帶來看似的公平客觀，是否經過允許？到底是誰賦予他們如此的交易權力，是你我或是政府單位呢？

　　數據其實無所不在，無論是我們每天滑手機看到的資訊，或政府做決策所參考的統計資料，都離不開數據。但它不是天生就存在，而是經過漫長的歷史演變，才成為我們今天熟悉的樣子。在這種過程中，數據的角色

也從單純的「工具」變成了幫助人類理解社會甚至操控社會的「力量」。本書便要引導各位了解數據如何一路走來，以及目前最新走勢。也要帶領我們了解這些知識形式，到底如何成為治理工具和權力工具。

本書分成三大部分：

## 一、從統計學的發展到開始應用

本書之所以用十八世紀末作為數據的起點，正是因為其前身「統計」這個名詞首次在英語中出現。啟蒙時代的歐洲新興國家官僚，在記錄包括人民、土地、貴重金屬和產業等國家資源時，逐漸形成了相關知識，發展出記錄用途的統計學。因為人們發現，與其描述一地如何富饒，不如統計該地共有多少動植物的產值；與其因戰爭需求對人民狂徵稅賦，不如確實統計軍隊所需人馬糧數。然而當時的統計目的純粹在於記錄數據，並非打算進行分析或更深奧的數學計算。

史上最早記載的統計學者是天文學家「凱特爾」，他利用天文觀測時，多人在不同地點觀察到的記錄常態曲線分佈，可以推斷出星星確切位置的做法。以推論的方式應用於人類數據——例如，每個自殺事件可能都是個人的選擇，但一年內的所有自殺事件統計起來，便會落入可知的「模式」中（比如季節的影響）。緊接其後的「高爾頓」利用調查父母與後代子女身高的分布情形，觀察出遺傳身高的回歸趨向平均的「統計回歸」現象（高個父母的子女並不一定都高，最後均會趨向常態分布）。後續的「皮爾森」則擴大了統計規模，他在多位助理幫助下，收集範圍龐大的更多數據，並應

用在各式各樣的統計調查中。

最後在統計學上集大成的是三位與顯著性測試和假設檢定（編按：詳第5章）相關的科學家：「高斯特、費雪和內曼」。這三位來自釀酒界的民間統計科學家，都提出了利用數據和新興的「數理統計」領域來做出決策，以便讓酒的成本降低、產量提高。不過他們對於「決策」分析的解釋完全不同，最後也導致了不同的結果。但他們的努力，讓純粹的數據記錄演進到了數據分析的方向。

## 二、戰爭的影響

「戰爭是科技之母」，第二次世界大戰證明了這點，因為「破解密碼」相當決定性的改變了全球的權力關係。布萊切利園裡的密碼大師圖靈，在軍方經費協助下，製造出世界上第一部「電腦」：巨人（Colossus）。這是具有一棟房子規模大小，已經數位化、電子化以及可程式化的一部大機器。配合人力以磁帶紀錄，破解了德軍引以為傲的Enigma密碼機，成為贏得二次世界大戰的重要功臣。

雖然還需依靠像圖靈這樣的天才所做的大量概念性思考，然而布萊切利園在資料科學上的重要性在於：它實現了資料分析的產業化。不過，布萊切利園的分析核心，可以說是一種被數學家深惡痛絕，但在戰爭中被應用並實現產業化的統計形式：貝氏統計。因為在大規模情況下的貝氏分析，實在太強大了。布萊切利園的密碼破譯者不得不依靠嘗試錯誤法和各種猜測，比如德文字母的使用頻率等，來填入更正確的貝氏統計所需的先驗機率。

方法有了，大量數據的獲取與儲存成了關鍵。美國國家安全局（NSA）出資贊助IBM，因為間諜作業需要大規模的「資料儲存」（各種監聽紀錄與分析）。軍方與政府單位率先資助電腦軟硬體的發展，企業界也從航空公司訂位系統的資料開始，加速累積關於客戶的所有資料。這些公司收集了日常的交易資料：例如，信用卡消費、飛行紀錄、租車紀錄，以及圖書館借書紀錄等。因此從1950年代起，數據迅速成長，理解這些數據的努力也隨之成長。

　　然而幾百個企業、政府、軍方的小資料庫被連結在一起，就會形成一個類似全國性的大資料庫，為政府帶來更大的權力。這些資料庫的存在也很微妙，例如，一般人認為電話的「通話內容」必須保密，任何未經允許的監聽都是違法行為。但包括你的電話號碼，你打給哪個號碼，一共聊了多久，多久通一次電話等「後設資料」（編按：詳第8章），似乎不在一般民眾要求的隱私保密範圍內。只要利用「資料聚合」的方式，將信用卡資料庫、電話後設資料的資料庫，醫療資料庫，飛航資料庫……聚合在一起，個人隱私便如同公開資料般攤在檯面上。雖然當時很少有人把這些努力視為「人工智慧」，但正是這種以數據為驅動的人工智慧方法，讓現在的世界成為可能。

　　機器學習與神經網路也在此時崛起，最著名的範例就是2009年的Netflix大獎，提供獎金給最佳的協同篩選演算法來「預測」推薦給用戶的電影。機器學習實踐者結合多個不同的預測器，讓預測能力變得比任何其他優點都更具主導地位，對人類可理解的理論規則需求則逐漸消退。而從2012年左右開始的神經網路復興，無論在商業、間諜活動或科學領域方

面,都是建立在這些「集成模型」逐漸合法化的基礎上。

## 三、數據倫理之戰

臉書前資料團隊負責人哈默巴赫抱怨道:「這一代所有最優秀人才所思考的,竟然是如何讓人們點擊廣告!」亦即在世界上所有可以優化的東西中,這一代人所選擇的卻是操縱「注意力」。因為對社群平台來說,更多注意力便意味著更多收入。因此平台會優先推播最可能抓住用戶注意力的內容,舉凡新聞、娛樂消息、朋友貼文、陌生人貼文,當然還有廣告等,也就是臉書的動態消息推給你的內容,都屬於「內容聚合」(編按:詳第12章)的類型。有識之士不甘人心遭受如此操弄,各種對於數位倫理的呼籲也逐漸滋生。到底誰擁有或誰該擁有操控我們注意力的數據權力呢?

本書將之分為三種:

### 第一種權力:企業權力

大企業擁有各種權力。例如,谷歌可以改變搜尋演算法來懲罰某公司,讓該公司的搜尋排名遭受降級,因而導致重大財務損失。蘋果公司可以影響平台的走向,若有不從便可將該平台應用程式下架。不過企業權力在過大之時,國家權力亦可能介入管理。企業力量對於國家力量增長時的回應之一,便是形成和推廣「自我監管組織」(編按:詳第13章),例如,臉書便作出先發制人的自我監管措施「IRB」:明確地把研究倫理引入臉書中,將自我的權力限制與倫理監管,納入企業環境中。此舉不但可以在名

義上形成自我監管以躲開輿論撻伐，在政治上亦可減輕政府權力的監管力道。谷歌同樣成立了人工智慧倫理研究團隊，並研究常見的「商業性別分類系統」（編按：詳第11章），但其倫理監管負責人格布魯卻被開除，據傳解雇原因可能是她要求谷歌「承認」大型語言模型可能帶來倫理危害。

## 第二種權力：國家權力

倫理無疑是今天矽谷炒作循環中最熱門的產品。但歐盟強硬的實施《一般資料保護規範》，挑明「監控資本主義」不得作為一種商業模式，並明文規定歐洲人「有權不接受基於自動處理的決策影響」。然而在美國像X或臉書這樣的資訊平台公司，反而是以《第230條款》的保護效力（大意是不罰平台只罰發文者），賦予它們對於加強演算法、排序和散布內容的法律免責權，甚至還能從中獲利。但在《塔斯基吉研究》的負面影響和《貝爾蒙特報告》的「原則主義」政策下，讓倫理的基石開始有可能傾向尊重個人、善意對待並趨向公平正義。「香農」（編按：詳第7、11章）也在商業倫理文獻的基礎上，研發了一套用於數位產品開發時的「檢查點」，可以在不同開發階段提出不同問題，以便把倫理審查與數據應用決策的時刻結合在一起，於是我們走向了人民數據權力的可能性。

## 第三種權力：人民權力

貝克收集谷歌薪資資料的作法（編按：詳第13章），可以對抗矽谷公司不透明的薪資制度，這在公平正義上，一直是大公司見不得光的倫理汙點之一。員工也可進行一種私人規範的權力機制，因為許多上市公司的員

工同時也是股東，例如，在亞馬遜（Amazon）股東大會上，便充滿了各種提出倫理問題的員工活動。還有「罷工」也是相當強而有力的行使人民權力。另一種比較消極的人民權力形式，便是數據工作者可以有所選擇，選擇為具有倫理監管的公司工作、並在工作期間拒絕不正確的倫理價值觀。民間聯合組織、員工工會等，也都可以展現一些人民權力。一切正如「刑事科技抵抗網路」的哈米德所說，「我們正在對抗的系統，已經存在了很長一段時間……但如果你能製造一些阻力，就能創造出一些喘息的空間。」

## 結論：從工具到權力，數據的演變

在我們今日生活中的氣象預測、醫學診斷甚至社群媒體推薦，都必須仰賴數據分析技術來運作。而隨著數據應用越來越廣泛，人們也開始擔心隱私和倫理的問題。數據的發展歷史就像是一面鏡子，反映了人類如何試圖理解世界、管理社會，甚至控制彼此。從凱特爾的統計到圖靈的解密到香農的理論等，數據已經一步步成為我們生活中不可或缺的基礎架構。透過這部數據與權力演進史書的記錄與分析，我們終於有機會洞悉大數據時代「接下來」的可能應用與發展走向，我想這才是我們真正需要思考的數據問題。

# 目錄
Contents

**導讀** 數據成為權力工具的歷史脈絡　譯者／吳國慶 ........................ 06

**前言** ........................ 16

## Part 1

第1章　利害關係 ........................ 26
　　　　The Stakes

第2章　社會物理學與平均人 ........................ 42
　　　　Social Physics and *l'homme moyen*

第3章　偏差者的統計學 ........................ 60
　　　　The Statistics of the Deviant

第4章　數據、智慧與政策 ........................ 80
　　　　Data, Intelligence, and Policy

第5章　數據的數學洗禮 ........................ 104
　　　　Data's Mathematical Baptism

# Part 2

第6章　戰爭下的數據應用　128
Data at War

第7章　沒有數據的智慧　148
Intelligence without Data

第8章　容量、多樣性和速度　170
Volume, Variety, and Velocity

第9章　機器，學習　204
Machine, Learning

第10章　資料科學　226
The Science of Data

# Part 3

第11章　數據倫理之戰　264
The Battle for Data Ethics

第12章　說服、廣告和創業投資　288
Persuasion, Ads, and Venture Capital

第13章　超越解決主義的解決方案　318
Solutions beyond Solutions

**致謝**　344

**注釋與引用來源**　350

# 前言
Prologue

　　2018年4月的一個清晨，春日的和煦陽光照進哥倫比亞大學舍默霍恩樓一間研究室的東側窗內。我（威金斯）走向黑板，解釋所謂量化具體化（quantitative reification）的神奇過程，簡單的說，就是數值（量化）與經驗觀察（具體化）的對應，到底是如何開始流行的。我用阿道夫・凱特爾（Adolphe Quetelet，編按：比利時天文學家）的故事說明，他嘗試透過蘇格蘭士兵身體各個部位測量所得的「數據」\*研究，揭示「理想人類」的特徵。我在黑板上畫出一條不朽的「常態曲線」（normal curve）\*\*，這種曲線被數學家稱

---

\* 譯注：data 在本地譯為「資料」，大陸譯為「數據」，惟「數據」一詞在目前使用上多有慣例，如「大數據」等。而「資料科學」、「資料庫」等臺灣翻譯亦已使用多年，故本書以下翻譯原則上會以慣用說法將 data 分別譯為數據或資料，特此說明。

\*\* 編按：又稱常態曲線的常態分布曲線在統計學和相關領域中，常被視為「不朽的」（immortal）或「永恆的」（eternal）概念。數百年來，其基本概念和應用幾乎沒有改變，並可應用於各種領域。不僅因為其在歷史上的重要性，更因為它描述了自然界中許多隨機現象的基本規律，這些規律似乎超越了時間和學科的界限。即使在現代統計學發展出更複雜的模型和方法的今天，常態分布曲線仍然是統計學的基石，其地位和重要性依然不可動搖。

為「高斯曲線」（Gaussian curve），在智商測試中則被稱為極具爭議性的「鐘形曲線」（bell curve，譯注：因曲線形狀類似鐘形），而對自然科學家而言，常態曲線資料揭開了一些真實的、甚至是超越真實的事物。接著我轉身看向學生，希望在他們的眼中看到跟我同樣的興奮之情。一位跟我對上眼的同學將手高舉向蒼天，問道：「我們現在可以談談臉書（Facebook）嗎？」

這是因為當天早上，報紙和數位新聞媒體都預告了一場即將在華盛頓掀起的熱烈風波，而且很可能會揭開所有被隱匿的事。新聞中表情傲慢的CEO，來自矽谷一家能夠改變文化現象的科技公司，他被傳喚至美國參議院。因為代表了所有公民的參議員們，試圖了解幾百萬人（包括我們的學生）的個人資料，到底是如何被洩露的？《紐約時報》（The New York Times）解釋，這些資料被用於違反個人隱私和政治手段上的惡意目的。[1] 等到該週國會聽證會結束時，學生們都已了解到我們所選出的官員，對於數位媒體的實際理解，與學生們在成長過程中，從演算法獲得的個人知識之間，有著巨大的差異。

數據的故事充滿爭論：爭著定義什麼是真實的，爭著利用數據來增加個人權力，有時也爭著利用演算法和數據來照亮黑暗並保護弱勢者。本書源於我們對幾百位好奇學生的教學，以及我們自身的經歷：做為科學史學家和現職資料科學家＊，並做為試圖理解我們如何生活在這個演算法驅動的現實下的公民，以及我們如何選擇以不同的方式生活。就像所

---

＊ 編按：data science 一詞，在臺灣原譯為資料科學，近期臺灣各國立大學新成立系所皆改稱數據科學。本書混用之。

有科技的使用者、開發者和受眾一樣，我們也試圖理解這一切的走向，以及我們將如何共同塑造那個未來。我們想講述的是一個關於理念和科技之間的故事，同時也是一場關於真理和權力的歷史。

放下粉筆時，我們應該都同意凱特爾所想像的數據時代即將來臨。不過首先，我們必須解釋一個默默無聞的比利時天文學家，為何會與資料的故事關聯在一起：資料及其分析方法，如何從本應是由國家關注的焦點，轉移到了大學、軍隊和私人企業上。

對於圍繞著我們，幾乎無所不在的「數據驅動演算法」決策系統，我們在此使用「數據」（data）做為其簡稱。我們將探討數據如何被創造與管理，以及新的數學和電腦科技如何發展，並利用這些數據的處理來塑造人類、思想、社會、軍事行動和經濟。隨著數據而來的便是權力，包括塑造被當成是真實事物的權力等。雖然其核心是科技和數學，但數據的故事最終將涉及到國家、企業和個人之間的一場不穩定博弈。

因此在那天早上，我們不僅談論了數據，還談論了在一個由數據主導的世界裡的各種利害關係。

## 背景

關於「數據如何產生」的課程構想，來自 2015 年 11 月的一場小型晚宴中的對話，與會者是幾位來自哥倫比亞大學，擁有工程和人文雙重背景的大學生。

當時，我們覺得這些學生對於資料科學的歷史非常感興趣，而且我們

兩人結合的互補觀點，應該可以提供一個相當有用的視角，對於工程師和非科技專業的學生來說，都是極具新意的研究素材。

當我們在2017年1月第一次教這門課時，很快就意識到學生不僅對我們如何走到這一步很感興趣，也想尋求一個可分析和可操作的框架，用來理解數據的倫理和政治。[2]「政治」在這裡的意思並非狹義上的「投票」，而是指與權力「動態」（譯注：例如，權力的分配、轉移、增強或減弱等。）相關的那種含義。我們的目標是提供一個框架來理解數據在「重組權力」方面，例如，企業權力、國家權力和人民權力，所持續發揮的作用。歷史的軌跡提供了關鍵的槓桿作用，指引我們走向對於現況的共同理解，並給予我們塑造未來的武器和工具。

## 關於本書

每段歷史都有它的起點，我們認為十八世紀末剛好是個有用的起點，大約就是「統計」這個名詞首次出現在英語裡的時候。我們的故事建立在收集數據的艱苦作業，包括必須建立可以收集和公開數據的基礎設施，以及開發用於研究數據的新數學和電腦科技——包括對於數據的全新理解和提出主張，並使用這些主張來做出決策的方法。無論好壞，這些決策往往會大幅改變生活。在每一章裡，我們都會切入一場知識上的轉變關鍵。我們會討論一種新科技或科學能力是如何開發出來的；誰支持、推進或資助了這種能力與轉變；這種轉變受到什麼爭議；以及新能力將如何重組權力——亦即改變了誰可以做什麼，用什麼來做和對誰做

等。³ 我們不僅會關注軍事或金融權力的重組，更會關注那些在倫理和政治傾向上的轉變，也就是那些在數據影響下的受害者，被支持者或妨礙正義等轉變。＊

《數據與權力》從數據原先被用在國家治理中開始，轉向數據被用於改善社會，然後到經過數學洗禮後的數據，創建出一個名為「數理統計」的新學術領域。第二部分（Part 2）的展開，是以數據在第二次世界大戰中破譯密碼的軍事應用，伴隨著同時誕生的數位電腦為主。我們將從英國的布萊切利園（Bletchley Park），一路追溯到美國的貝爾實驗室，再到第二次世界大戰後，數據在商業和工程上的應用。將重點擺在從企業權力過渡到國家權力和「人民權力」的反應，我們在此探討了數位化、個人資料紀錄對隱私影響的理解，尤其是在1970年代做為防止國家權力過度擴張的公眾對「個人隱私」的要求。我們也追溯到「人工智慧」領域的首度誕生、消亡以及後來從灰燼中崛起，來自基於不斷成長，關於人民、消費者和軍事對手的資料庫形式的「機器學習」領域。

本書最後一部分則把過去、現在和未來聯繫在一起。我們將探討數據和權力如何從國家關注轉變為企業關注，方法是透過觀察財務安排和商業模式，到底如何讓單一公司能夠在數據驅動技術的幫助下，迅速主導整個產業。倫理問題的激烈辯論，圍繞在對於企業權力的許多潛在補救措施上；我們還追溯了研究應用倫理的歷史，以及它如何影響數據驅

---

＊ 編按：這個概念提醒我們，資料科學和演算法決策系統的倫理討論中，數據所帶來的技術變革，不一定都是解決問題，有時只是重新分配了問題，或者創造出新的問題形式。

動演算法變成產品的部署過程，並藉此塑造出我們的個人和政治現實。

最後，我們討論了數據的「未來」。雖然做出預測非常困難，但有個比較尖銳的方法可以統整我們對於未來的理解，也就是描述當前權力之間的競爭，以及這些競爭將在哪些領域做出決策。我們也在本書結尾時討論了我們認為當前企業權力、國家權力和人民權力之間最重要的鬥爭，以及新的團結形式的可能性。如何解決這些衝突，將會塑造我們的集體未來，使其更趨向於正義——或更遠離。

我們的目標是對歷史有一個可以實際運用的理解。我們不會迴避自己做為公民、科技專家和個人的角色；我們是這些產品的使用者——正如早在1970年代就曾被指出的，既然我們身處一個廣告經濟體之中，因此我們本身當然也是產品。

我們（兩位作者）為本書帶來了兩種互補的觀點，每種觀點都有其局限和偏差。威金斯（Wiggins）做為哥倫比亞大學的教職員，二十多年來一直在開發用於理解生物學和健康本身的機器學習法；自2013年以來，他擔任《紐約時報》的首席資料科學家，開發和推出各種機器學習方法和產品。

而位處C.P.斯諾\*的「兩種文化」（two cultures，譯注：他認為科學與人文漸行漸遠，科學家不懂藝術，藝術家不懂科學的現象）的另一端，瓊斯（Jones）則是一位科學史學家，他追踪了數學思維方法和論證方法到底如何從十

---

\* 編按：C. P. Snow（查爾斯・珀西・斯諾，1905-1980）是英國物理學家兼小說家，於1959年在劍橋大學發表了著名的「兩種文化」演講，後來出版為《兩種文化與科學革命》一書。

七世紀的「科學革命」開始，成為研究自然和政治的重要權威途徑。

特別是在檢視數據有哪些用途會加劇差異時，我們大量引用許多學者和社會運動者們（activists，譯注：指那些挺身對抗數據影響的人）極富啟發性的著述，因為他們揭露了這些過程。

有許多（甚至可以說絕大多數）最有力也最閃耀的批評者，都來自與我們——兩位終身教職的白人男性學者，截然不同的背景和經歷。我們的工作建立自、並得益於他們的努力和洞察。我們將為讀者們指出關於數據驅動演算法和科技對於全球影響的重要優秀文獻，以及數據在我們的社會、經濟和教育機構組織中的歷史。本書大量的當代材料，主要來自於對於美國的研究。但我們也提供附注，不僅記載何處可以了解到更多我們在課堂上討論和在學術出版物中撰寫的主題，也提供許多重要的作品和學術文獻出處，我們鼓勵讀者參閱以獲得更深的理解。

我們試圖清楚描繪出企業權力、國家權力和人民權力之間的歷史和當前的緊張關係，並將重點關注於數據在建立真相和塑造這些權力彼此鬥爭中的作用。我們希望能夠展現人類如何集體走到目前現況，以便說明那些小巧合、主觀設計的選項和欺瞞，如何僵化至讓事情看起來變成「一定是這樣」理所當然的無解情況。而理解了這些轉變和偶然性，將有助於了解人類在過去如何解決類似的問題。這樣反過來又可以幫助我們，想到如何打破和重設那些有時看起來賦予無助者力量——但更多時候卻是在強化當權者權力的系統。

藉由展示那些因過去的選擇造成看似無法改變的結果，我們便可看到人類該如何集體選擇出一個不同的未來。

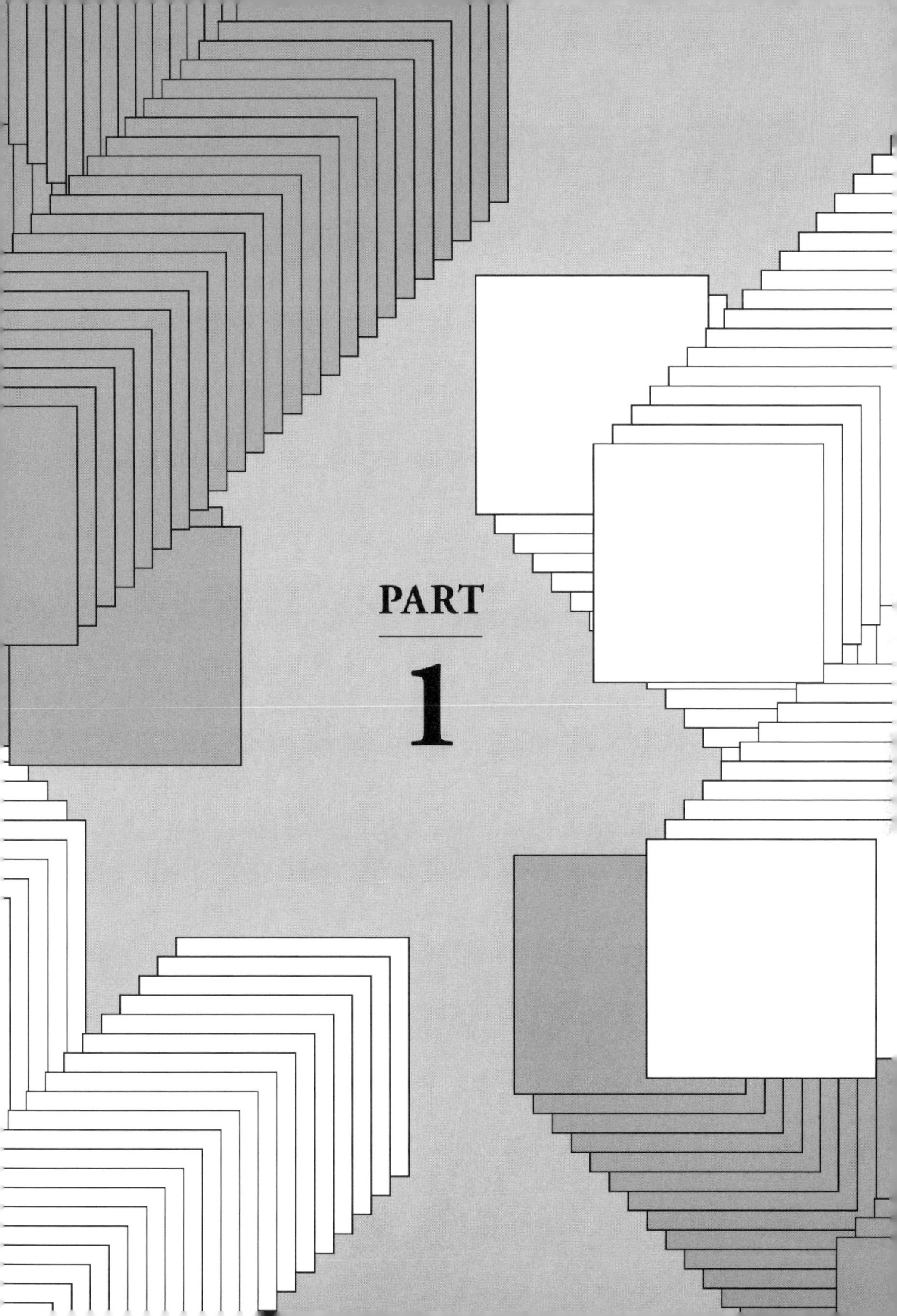

# PART

# 1

# Chapter 1 利害關係
## The Stakes

科技非善非惡；也不是中立的。

—— 克蘭茲伯格《科技法則》第一條 1988 年

我在密西根大學教授一門名為「網際網路就是一場災難」的課程，我不需要向任何人解釋這代表什麼意思，因為我們已經忍受了很長一段時間，而且我們似乎並不清楚還能有什麼其他選擇。

—— 麗莎・中村，2019 年

2014 年 12 月，在蒙特婁會議中心，電腦科學家漢娜・瓦拉赫（Hanna Wallach，編按：專長為機器學習領域）在一群科技專家、律師和社會運動者面前，呼籲進行一場革命。她向從事「機器學習」（machine learning）的頂尖電腦科學家們倡言，在她的專業領域裡，迫切需要審視正在開發的演算法、以及那些由演算法強化的科技，是否挑戰了我們對「公平、課責*和

---

\* 譯注：accountability，亦稱為當責、問責，指必須因為決策或行動而接受獎勵或懲罰。

透明」的價值觀。雖然有許多哲學家、社會學家和律師在多年前就已經敲響了警鐘，但在這場會議裡，擁有微軟備受推崇的研究職位，並且是科技社群資深成員的瓦拉赫，借鑑了那些批判性的研究，呼籲同事們改進他們的研究：只有在了解演算法系統對公平性和課責方面的需求，才能更準確地做好自己的工作。

這並非一場不受重視的抗議，瓦拉赫在有關「應用機器學習」最重要的會議上所發表的演講，就像直接在教堂門上張貼了論文一樣。她看到了一個問題，一個超出傳統電腦科學範圍的問題。她承認這個問題的解決方案不會來自電腦科學內部，因而要求與其他領域的人合作。瓦拉赫解釋「很少有電腦科學家或工程師，會在沒有天文學家的參與下，開發分析天文數據的模型或工具。那為什麼有那麼多分析社會數據的方法，卻是在沒有社會科學家參與的情況下開發呢？」[1]

瓦拉赫敦促大家要更深入地認識「偏見」如何潛入機器學習者創建的模型中，並警告大家「只因數據可用就直接研究」的潛在風險。舉例來說：雖然獲取和分析推特（X）用戶的資料相對簡單，但這些資料並無法完整代表整體美國人口。因此，她敦促研究人員「開始跳脫機器學習社群常會擁抱的演算法框架，轉而關注開發並使用機器學習方法，分析關於社會的真實世界數據所牽涉的機會、挑戰和影響。」[2]

在瓦拉赫演講當時，分析真實世界數據來研究社會，已經是網路巨頭谷歌（Google）、臉書和亞馬遜網路公司（Amazon）商業模式的核心——更不用說連美國、英國、以色列和中國的情報機構也是如此。這些公司和機構很少會將公平和課責等問題納入考量，而這些問題正是瓦拉赫演講的核

心。這些問題不應只是學術上的問題，也不該只是研究社群關注焦點變化的問題。

在2000年之後的網路烏托邦主義潮流下，已經有一群活躍的社會科學家決定背道而馳，表達他們對於這種由數據驅動的網際網路，在商業、教育和治理等方面的擔憂。在2011年於牛津舉行的研討會上，丹娜・博伊德（danah boyd，編按：姓名全部小寫為她本人刻意的選擇）和凱特・克勞佛（Kate Crawford）提出，「大數據時代已經開始。」在包括網際網路發明者之一的文頓・瑟夫（Vinton Cerf）等名人在內的聽眾面前，這些研究人員試圖激發社群更加批判地思考即將到來的「大數據」時代：

大規模的搜尋數據會幫助我們創造出更好的工具、服務和公共產品嗎？或是會引發新一波的侵犯隱私和騷擾性行銷呢？資料分析會幫助我們理解網路上的社群和政治運動嗎？或是會被用來追蹤抗議者和壓制言論？大量數據會改變我們研究人類溝通和文化的方式，或是會縮小研究選項的範圍，改變所謂「研究」的含義？[3]

在借鑑了奧斯卡・甘迪（Oscar Gandy Jr.）、溫蒂・春（Wendy Chun）和海倫・尼森姆（Helen Nissenbaum）等早期批判者的觀點後，研究人員開始記錄公司和政府未能面對這些令人不安的問題，所造成的實際影響，並呼籲進行大幅改革。[4] 雖然無法完全掌握如此龐大的工作體系，但讓我們提幾個重要的例子。

2013年，當時在伊利諾伊大學厄巴納─香檳分校任教的薩菲雅・諾伯

（Safiya Noble，後來成為麥克阿瑟「天才」獎得主，編按：美國跨領域最高榮譽之一，天才獎為其俗稱，全稱為 MacArthur Fellowship Program），發表了一篇對谷歌搜尋的嚴厲批評。諾伯寫道：「當涉及提供有關女性和有色人種，尤其是關於黑人女性和女孩的可靠、可信任和具有歷史背景的訊息時，商業搜尋引擎的表現相當令人崩潰。」表面上看似毫無偏見的科技，立刻重現並強化了對於黑人女性的種族歧視和性別偏見。她繼續寫道：「持續研究這些現象，便是一種挑戰所謂科技『中立性』的機會，也是創造新的社會正義和線上公平代表性的機會。」[5]

2016年，數學家凱西・歐尼爾（Cathy O'Neil）描述了她從學術界、然後到華爾街工作，最後轉向批判演算法和數據濫用的心路歷程。在她的《數學破壞性武器》（*Weapons of Math Destruction*）一書中，探討了資料科學中的「激勵」（incentives，編按：例如點擊率、參與度、轉換率、效率指標等方便判斷的數字），如何削弱了研究對象個別的「人性」關注：「……傾向於用數據軌跡替代人（性），把他們變成更有效的購物者、選民或工作者，以優化某些特定指標。而當達成這些指標的方式是以去個人化的「匿名分數」形式呈現，且受影響的人被抽象化為螢幕上的跳動數字時，這種作法不僅容易實施，也很容易被認為是正當的。」[6] 如果我們不改變這些「激勵」，就算資料科學充滿潛力，都將明顯改變一個又一個組織的原始目標。而從大學、醫療再到社會福利等組織的這種改變，最終將以社會中最弱勢成員的利益為其代價。

大約與這些批判性評斷同時，愛德華・斯諾登（Edward Snowden）在911事件後，揭露了美國及其「五眼聯盟」（Five-Eyes，譯注：英美協定組成的

國際情報分享團體，成員包括澳洲、加拿大、紐西蘭、英國和美國）盟友在監視設備上的大幅擴張，因而重新喚起對於政府大規模監視行為的長期關注。這些關注是由前一代的早期吹哨人（檢舉者）、記者和公民自由主義者所提出。美國國家安全局（National Security Agency，編按：以下皆簡稱NSA）和英國政府通信總部（Government Communications Headquarters, GCHQ）以經費贊助學術研究和商業發展，並在數據收集和分析的戲劇性成長中獲益。以前理解政府監視危險的方法，必須對侵犯隱私進行更批判性的法律和技術分析。但現在這些侵犯隱私的部分，是由越來越多的數據和複雜的分析技術所造成。隨著這些重大的介入措施出現後，針對數據和演算法在現代社會核心地位的批判性評斷，也開始大量湧現。

近幾年，隨著批判關注的激增，像谷歌、臉書和IBM這樣的公司，都開始聘用內部的AI倫理學家。這些公司——其經濟實力相當於許多國家——快速應對批判運動的方式，就是聘僱當中許多最聰明的批評者；但當外部批評變得過於激烈時，卻經常讓他們噤聲或削弱他們的影響力。這就像如果教皇聘用了馬丁路德，並將他安置在梵蒂岡某個角落的辦公室時，引發宗教改革的贖罪券，便會相對無阻地繼續發放一樣（譯注：1517年，馬丁路德在威登堡諸聖堂門前貼出了反對贖罪券的《九十五條論綱》，最終引發宗教改革）。

被像谷歌這樣的公司所聘用的研究人員如蒂姆尼特・格布魯（Timnit Gebru）和瑪格麗特・米契爾（Margaret Mitchell），經常發現自己面臨挑戰，必須努力讓自己避免淪為**被收編**的地步（編按：指努力保持自己的獨立性和批判立場）。而電腦科學研究界的方面，則將對於公平性的深切關注，轉化

為新的演算法難題,但卻經常必須小心翼翼地,將這些難題與對權力的反思隔離開來。

像瓦拉赫、諾伯和歐尼爾等學者,都敏銳地察覺到新的演算法系統在自動化判斷中,以空前的速度和規模,重現了過去的系統性不平等。這種新能力也帶來了新權力,而這些新權力威脅到許多社會長期以來所努力解除的不平等,儘管這些努力的成效往往參差不齊,因而新科技等於是在加強現有的結構性不平等和差異。普林斯頓大學教授魯哈・班傑明(Ruha Benjamin)描述這些科技為「生成社會關係模式的一套技術」,把他們「黑箱化為自然的、不可避免的、自動化的」[7]。魯哈認為,來自使用數據的技術(編按:資料科技)所帶來的客觀性表象,實際上已經預先將不平等「編碼」在其中。

這種不平等也延伸至創建演算法系統的公司:如同前谷歌員工梅雷迪斯・惠特克(Meredith Whittaker)所強調的,「只有資源最充足的公司和政府,才真正具備大規模部署這些科技的能力。」[8]

一般認為,科幻作家威廉・吉布森(William Gibson)曾說過:「未來已經來臨──只是分布得不太均勻而已。」我對這句話的理解與他的原意相反。我認為,在高科技監控與管理紀律的背景下,那些生活在低權益環境中的人群,包括貧困者、工人階級社區、移民社區、有色人種社區,以及宗教或性別少數群體等,早已身處於這個數位未來之中。

──維吉尼亞・尤班克斯(Virginia Eubanks)[9]

瓦拉赫、博伊德、歐尼爾和諾伯以及其他學者及社會運動者所發出的警告，既不是第一次，也不可能是唯一一次，揭示了現在已經被廣泛認可、我們所生活的這個數據泛濫（data deluge）時代的種種弊端。正如莉莎・中村（Lisa Nakamura）所說：「我在密西根大學教授一門課，叫做《網際網路就是一場災難》，我不需要向任何人解釋這代表什麼意思。」[10]

　　從1960年代起，早期的學者和法律社會運動者們，就已經預告了數據收集和自動分析對於個人隱私的危害，並指出這種調查，經常加劇現有的不平等。社會學家曾對這種由數據賦能（data-empowered）的演算法，對於民主政治的影響表示擔憂。潔妮普・圖菲克奇（Zeynep Tufekci）在2014年警告說，「擁有資源和管道的人，就能利用這些工具在政治、公民和商業領域開展極為有效、模糊且不受課責的說服和社會工程（social engineering＊）活動。」[11]

　　雖然「政治說服」和「定量行銷或績效行銷」在2014年時，並不太算是新鮮事，但它們和政治影響操作以及「微定位」（microtargeting，亦即經過優化後，向個人傳遞不同數位訊息的能力）結合之後，瞬間開啟了將「選民現實」打散成芮妮・迪瑞斯塔（Renée DiResta）後來所稱的「訂製現實」的可能性。[12]

　　2016年的美國總統選舉便揭示了這種「微定位」的現實情況，特別是與劍橋分析（Cambridge Analytica）公司及其利用臉書獲取的相關數據有

---

＊ 譯注：原先指透過政府、媒體或私人團體進行大規模影響，現在則指在資訊安全方面影響人心。

關。公眾的想像和恐懼，被一個看似無害的臉書個性測驗的故事所捕捉，這個測驗被拿來做為「操控公眾」的工具。正如圖菲克西所說，導致了臉書執行長馬克·祖克伯（Mark Zuckerberg）在2018年春季必須親自向國會作證，並向立法者保證：儘管選民們非常擔心，但他們的資料並未被出賣，全都在加州門洛帕克（Menlo Park）妥善保存。（然而，這些國會立法者的現場反應，實在無法讓選民放心：一位困惑的參議員甚至問臉書與推特是否同一家公司，而另一位參議員則詢問祖克伯他的公司是否出售廣告──這當然是臉書的主要業務啊。）

人們對演算法在國家層級驅動「運算政治」（computational politics）的力量感到擔憂，這呼應了維吉尼亞·尤班克斯對演算法權力的看法，她擔心這可能會創造出「數位貧民窟」。她在2018年的著作《懲罰貧窮》（*Automating Inequality*）一書中，追蹤了三個關於演算法削弱貧困者和弱勢群體權力的故事，讓我們了解到國家使用演算法的方式並非公開透明，其中有些運作相對簡單，而有些則相當複雜。這種情況很可能會加劇社會不平等，並對那些最無法保護自己和批評其使用的人，造成大規模的傷害。她警告我們，這些不公正的傷害可能會影響到所有人（當然最有權勢的人除外）。一位訊息提供者告訴她：「你應該關心發生在我們身上的事，因為下一個就會輪到你。」[13]，預測性執法的故事，已經從反烏托邦科幻小說變成了現實，尤其是在美國以及某些地區的試驗中。其中最惡名昭彰的，或許就是芝加哥警方的「戰略性對象名單」[14]。當警方使用數據驅動的演算法時，很可能會導致錯誤的逮捕和監禁，對這些演算法在設計和部署中所存在偏見的擔憂也越來越受到關注。醫療工作者和公共衛生官員面臨著騷

擾、拒絕和反敘事（counternarrative，譯注：指與主流敘事相反的敘事，比如對不公的抱怨）的挑戰，國家也面臨大規模的不穩定和虛假訊息的威脅。

來自演算法決策系統的潛在威脅，是因為這些系統擁有大量關於越來越多人的詳細數據，而且在許多方面都是全新的方式。例如，它們可以讓政府和企業，以全新的規模來了解我們的日常活動：以前只針對小群體（通常是最邊緣化的人或異議分子）的科技，現在可以應用於整體人口。這些系統可以帶來前所未有的緊密關聯性，因為它們影響著我們的人際溝通、新聞和訊息來源，甚至以演算法方式調節我們的一切關聯。[15] 因而也讓這些系統（包括推薦電影、娛樂、新聞或浪漫交友的演算法），在濫用或設計不當的情況下，可能會造成更大的傷害。例如，在虛假訊息的情況下，開放資訊平臺的特性意味著，數據驅動演算法所帶來的危險，不光只會來自國家的尺度，還可能來自你的鄰居。

學術界對於機器學習系統大爆發的反應各異，從熱情到警覺都有，科技專家、社會科學家和人文學者的參與也逐漸增加。然而產業與學術界之間日益緊密的關係，無疑引發了警覺：隨著產業贊助的研究規模與傳統政府資助相當時，一種被「安撫」的現象出現了，亦即那些對科技公司「批評」的研究工作，會因為擔心失去財務支持而被積極阻礙或停止關注。[16]

在這個**產業─學術**複合體之外的人，包括社會運動者以及未從數據驅動科技公司中獲得直接好處或經濟利益的學術部門與教職員們，不僅表達了他們的擔憂，更採取了積極行動，企圖限制科技公司的權力。他們透過倡導國家監管或以私人倡議的形式，勸阻他人不要與那些對社會造成危害的科技公司合作。[17] 這些企業在過去幾年中，也以各種方式作出回應，既

有傳統手段,亦有創新做為。傳統回應手段如政府遊說和公關活動等,不僅提升強度也大幅增加資源的投入,甚至在策略上也變得更加狡詐。而針對演算法疑慮的回應,包括標榜「公平性」的各種技術修正,以及在企業內部成立「AI倫理」團隊、職位或準則等。這些措施在美國國會、關切團體和評論者間,引起了褒貶不一的不同評價。目前為止,這些措施並未明顯成功地改變那些最強大公司的內部流程。這些措施尚未能有效改變那些最具影響力企業的內部運作。法律學者法蘭克・帕斯奎爾(Frank Pasquale)長期以來持續提醒,大型企業往往會吸納並扭曲「透明度」等核心價值。2016年時,一個由研究人員組成的聯盟,提出了重要的《演算法課責法案》,該法案主張:

> 自動化決策演算法現已廣泛應用於企業與政府部門,涵蓋從動態定價、人事聘用到刑事判決等諸多領域。……在此脈絡下,課責性包含了對演算法決策提供報告、解釋或佐證的義務,同時也需要致力於降低其可能造成的社會負面影響或潛在危害。[18]

正如大多數論者目前所認同的,我們必須採取更積極的行動;我們需要建立健全的制度架構以落實課責,而非僅止於要求大型企業提供報告或解釋。為了因應演算法系統帶來的風險與機遇,我們必須凝聚政治力量,以決定數據究竟該賦權予誰、不該賦權予誰。同時,我們也需要清楚認知,當前的局勢並非必然,而是偶然形成。我們愈了解這些系統的源起,就愈能有效地對其提出挑戰、抵抗,並促使其朝更公平的方向發展。[19]

# 歷史與批判

還記得我們以克蘭茲伯格的《科技法則》第一條來開篇？這位科技史學家於1986年寫道：

我的第一條法則是：科技既非善亦非惡，但也絕非中立。這應當能持續提醒我們，做為歷史學家的職責在於比較短期與長期影響、理想願景與實際現況之間的差距；探究可能發生與實際發生的情況，以及各種『利』與潛在『弊』之間的權衡。這一切，唯有透過觀察科技如何以不同形式與各種價值觀和制度互動，更精確地說，是如何與整體社會文化環境互動，才能獲得完整理解。[20]

當前，對數據的警示之聲與樂觀論調形成此消彼長的態勢。樂觀者推崇運用數據理解世界，並讚揚科技進步對日常生活的助益。確實，語音識別與自動拼字校正的效能已遠超數年前的最佳水準。在科研領域，我們也見證了蛋白質摺疊預測、臨床影像判讀以及基因組疾病識別等方面的重大突破。科技媒體和企業行銷資料中充斥著自動駕駛車輛和個人化「精準醫療」的美好願景。然而，我們不應僅因「數據過度炒作」的媒體報導，就輕忽這些已深植於我們社會、政治和經濟體系中的科技所帶來的深遠影響，其中許多更是始料未及的結果。

伴隨這些發展，從科學家、廣告人員到醫師、律師等諸多專業領域和權威機構都面臨著前所未有的挑戰。「機器取代人工」的敘事自工業革命以

來便已存在；而當前的特殊之處在於，機器正加速滲透到白領菁英的工作領域。以醫療領域為例，醫師們逐漸意識到機器即將深入參與更多核心診斷工作：「雖然我們難以準確預測哪個領域最可能發生革新，但目前較為例行性的工作，未來極可能成為機器取代的目標。譬如放射科等臨床專科雖不會完全消失，但必定會經歷重大轉型。[21]」儘管這些傳統專業正面臨挑戰，但為維持這些系統的運作，全球仍然需要大量新型態的勞動力。

過去十年間，我們見證了企業與政府對個人權利、傷害與公平正義的威脅日益增長；同時，我們也目睹了個人生活和研究領域的重大進展，以及科技所勾勒的美好願景。顯而易見的是，若缺乏強大的公眾壓力與倡議，那些掌權者——特別是國家機器與企業——絕不會輕易放棄數據賦能所帶來的強大能力。我們必須正視克蘭茨伯格科學法則的挑戰，去理解短期與長期的影響，同時也要明白我們的選擇將如何在不同尺度上重塑權力結構。

## 歷史的溶解力

強勢的一方通常不願探究其主導地位背後的歷史根源，因為歷史的複雜性可能會動搖其權力的合法性與正當性。[22] 在檢視科技興起的複雜進程時，歷史研究也可能挑戰「科技決定論」的觀點——即認為特定科技的發展本身就主導了歷史進程的想法。

舉例來說，許多相關利益者宣稱，在網際網路時代，舊有的隱私觀念已然過時，甚至宣稱網際網路本身就導致了隱私的式微——這樣的論述為

他們帶來了可觀的利益。然而，這些說法並非事實。這類論述提供了一種強而有力的歷史詮釋，普遍存在於網際網路的相關辯論中，將現狀合理化為必然的結果。歷史研究固然可能淪為對「更人性化、更美好過去」的懷舊，但事實不必如此。無論當代演算法決策顯得多麼新穎、危險或規模龐大，冷酷的官僚體系運用量化指標的興起，往往都有其陰暗的歷史淵源。

諸多學者如米歇爾·傅科（Michel Foucault）、伯納德·科恩（Bernard Cohn）、賈桂琳·韋尼蒙特（Jacqueline Wernimont）、瑪莎·赫德斯（Martha Hodes）、西蒙尼·布朗（Simone Browne）和哈利爾·紀伯倫·穆罕默德（Khalil Gibran Muhammad）等人均指出，自十九世紀初以來，統治者對人群進行量化的歷史由來已久，包括對學生、種族、被殖民者、被奴役者、士兵、窮人、精神病患者和囚犯等群體的排序與分類。[23] 歷史學家如莎拉·伊戈（Sarah Igo）、伊曼紐爾·迪迪埃（Emmanuel Didier）、丹·布克（Dan Bouk）和艾蜜莉·默錢特（Emily Merchant）等人在研究這些調查和普查時發現，這些活動絕非僅是單純的紀錄：它們實際上建構了公眾和人口群體的概念，促成了各種形式的團結，並影響了政府的作為與不作為。數據並非被發現，而是被製造出來的，而資料收集和分析的過程，往往會反過來深刻地形塑那些被官方檢視的群體。[24]

在SAT以分數的形式篩檢大學申請者之前，心理學家查爾斯史·皮爾曼（Charles Spearman）就已提出了數學上的「普通智力」分數概念，試圖將智力簡化為單一數字。而在作家和亞馬遜網站能夠掌握線上讀者參與度之前，十九世紀的機械工程師腓德烈·泰勒（Frederick Taylor）就已引入科學管理法來量化工人的產出；歷史學家凱特琳·羅森塔爾（Caitlin Rosenthal）

更進一步指出，在這些做法之前，複雜的會計和簿記系統就已在種植園的奴隸制度中扮演了核心角色。[25] 然而，我們的社會確實能從嚴謹的量化研究中獲益，這些研究有助於組織社會、醫療和政治生活。以疫苗為例，我們對疫苗的信任，很大程度上建立在標準化的量化過程之上，這些過程用於評估效果並衡量潛在危害。儘管量化指標可以（也確實能夠）提供「課責」的部分功能，但這些指標也迅速被轉化為約束工具。「數字課責制度」（numerical accountability）的關鍵方法，主要是做為一種工具而發展，用以對抗根植於政府、教育及企業等重要機構中的專業判斷。

科學歷史學家席爾鐸・波特（Theodore Porter）指出，像「成本效益分析」這樣的標準化數值會計形式，其出現是為了對抗那些建立在傳統地位和不透明判斷形式上的「黑箱」專家權力。「數字課責制度」由於其承諾提供透明度和規範化的客觀性，在人們對專家產生不信任的環境下，特別容易凸顯其重要性。[26] 例如，1933年的《證券法》（也被稱為「證券真相法」），旨在透過建立統一的會計和報告標準，來增強對資本市場的信任，不過這些標準在當時遭到了華爾街及其會計師的強烈反對。之後，當銀行被要求公開其貸款協議做法時，不僅揭露了系統性的種族歧視標準，還迫使銀行必須建立新的標準。自十九世紀以來，儘管存在各種局限，運用量化指標來公開主要機構的資訊，已成為一項強而有力的工具，用以監督國家和企業權力，特別是針對專家決策不透明的問題。這種知識形式使人們得以挑戰專家觀點，確保公平性，並促進決策的透明化。

然而，這些原本設計用來增加強大機構透明度、提升可及性的有效機制，如今卻反過來成為監控公眾的工具。演算法系統不再是促使強大機構

對大眾保持透明的手段，反而使得公眾在這些強大機構面前變得越來越透明和脆弱。這種權力動態的逆轉，突顯了數位時代中資訊不對稱和權力失衡的嚴重問題。[27]

過去四十年間，企業、大學和政府機關以越來越快的步伐，對個別員工和公民施行數字化的績效考核（課責）制度。此類考核制度的推行，既非必然，也絕非無足輕重。[28] 在這四十年間，各種強調數據化績效考核的技術呈現爆炸性大量湧現，並且被調整、應用於具體情境之中。

經過數十年的努力，數字化考核現已遍及各類工作場域，從工廠到大學，從優步（Uber）司機到漁業，透過各種量化指標系統，使雇主得以掌握員工的動態，而且幾乎所有活動都可課責。這些數據經由演算法處理——往往具有機密性與專屬性，且幾無透明性——用以進行排名分類、決定升遷去留，以及施予獎懲。

績效考核（課責）制度往往施加於組織體系的基層人員，且可預見地沿著社會經濟和種族的界線而分布。

因此，這些數字化的衡量指標，並未促使強勢機構對外部人士公開透明，反倒讓普通員工和公民在這些強勢機構面前變得透明。這種透明化往往是透過「未經審查」（不受監督）的演算法決策和分類機制來達成的。

讓我們追溯谷歌搜尋和優步共乘服務出現之前的年代，探討那位發明「身體質量指數」（body mass index, BMI）和「社會物理學」（social physics）的比利時天文學家的願景。我們將會看到，他的目標聽起來非常現代：運用當時的最新技術，結合所指蒐集到的個人資料，賦予技術使用者改善社會的能力。

# Chapter 2 社會物理學與平均人
## Social Physics and l'homme moyen

　　十九世紀的比利時天文學家阿道夫・凱特爾（Adolphe Quetelet）啟發了佛洛倫斯・南丁格爾（Florence Nightingale）<sup>*</sup>的慈善事業。凱特爾是一位擁有制定法律新願景的先知，一個基於實證的願景。這位比利時學者建議：「寫下你對某項立法的期望。經過幾年後，看看哪些期望實現了，又有哪些失敗了。」因此在1891年時，南丁格爾抱怨當時的立法並沒有這樣的數據：「變更法律和執行方式的速度如此之快，沒有對過去和現在結果的詳細調查（編按：指沒有實證基礎），一切都像是實驗，朝令夕改，充滿教條色彩，立場搖擺不定，就像兩個球拍之間的羽毛球。」[1] 而關於這位比利時人，南丁格爾稱他為「這個世界最重要科學的奠基者」，認為他建立了「所有政治和社會治理不可或缺的唯一科學」。但凱特爾「始終未能親眼見證這門科學在任何實務層面上，對國家政策產生顯著影響，更遑論實現『國家政策或政府運作皆仰賴此科學』的願景」。[2] 儘管這門新興科學所帶來的

---

*　譯注：南丁格爾除了是大眾印象中的護士，被認為是現代護理學的創始人之外，同時也是一位作家、社會改革家兼統計學家。

能力尚未重塑權力結構，南丁格爾深信這終將實現，而我們的世界正逐步邁向這樣的權力重組。

凱特爾為我們帶來了「身體質量指數」（BMI）以及統計學上的「平均人」（average person）概念，更重要的是，他徹底改變了我們思考社會的方式。哲學家伊恩・哈金（Ian Hacking）打趣地說，「凱特爾鍾情於數字，也總是急於下結論。」。[3]

儘管凱特爾提出了諸多革新社會思維的理念，他卻極力避免激進的社會動盪。他所處的年代已歷經太多劇變——從法國大革命、海地革命到拿破崙帝國的興衰等。1830年，當革命者佔領了他位於布魯塞爾的新天文臺時，讓他非常懊惱。他懊惱地在寫給友人的信中寫道：「我們的天文臺，如今竟成了一座堡壘。」[4] 暴力革命早已失去其魅力。凱特爾致力於將數學應用於社會研究，致力創建一門探討漸進變革的新科學。他指出，無論是政治抑或社會生活，「驟然行動」都將導致能量的徒然消耗。（編按：他提倡的漸進式改革理念至今仍具有重要的參考價值。）他也指出：「這項原則對革命的堅定支持者而言實為不利。」社會固然需要改革，但革命並非唯一途徑。「除非他們能將能量導向更有益的方向，並願意接受部分能量的消散，否則激進行動終將徒勞。」[5]

一種基於人類數據的新型科學政治，應當用來重新調整權力分配。亦即必須循序漸進，無需占據建築物，亦不致造成社會動盪。

官僚體制、預算問題和工程建造的種種挑戰，使得他的天文臺遲遲無法峻工。在等待觀測星空的期間，凱特爾借鑑了研究星辰的最佳技術，來思考人類觀察的方法。[6] 他受到十八世紀末物理學和天文學在闡釋天地運

行上的輝煌成就所啟發，同時也為十九世紀初歐洲政治及軍事權力的動盪感到憂心，因而致力於創造一門嶄新的「社會物理學」（social physics）。

然而在1830年，（運用）**數據**並非理解人性或權力關係的普遍作法，因此，幾十年後的南丁格爾仍在提倡社會物理學，這絕非偶然。

## 庸俗統計學 *

我們為何會認為數字對於理解世界和人民的生活相當重要呢？從藝術家到人類學家，從小說家到高官大臣等，長期以來批評者都對量化持否定的態度。一位德國評論家在1806年寫道：「這些愚蠢的傢伙傳播著一種荒謬的想法，認為只要知道一個國家的大小、人口、國民所得以及吃草的牲畜數量，就能理解該國的國力。」[7] 他主張，真正的統計學、對國家的確實認知（genuine knowledge），不同於其「粗糙」（vulgar）的表親，必須涉及謹慎的描述與歷史知識。這類研究超越了物質層面，試圖掌握不同國家的道德和精神特質。自十七世紀末以來，為了道德指引、新聞報導和營利目的而統計死亡率的作法日益普及，但粗糙地將這些簡陋的統計表應用於重大的治國議題，在當時卻是不能被接受的。

那些數字分析者不過是「表格統計學家」，而非真正的統計學家。數值化的描述「無法觸及到國家、道德與神聖事物的精神力量及其相互關聯。」此類統計學家「完全看不見事物的本質，只見其量化的表象」[8]

---

\* 譯注：庸俗統計學（vulgar statistics），指過於簡單化或淺薄的統計方式。

兩百年後，前共和黨演講稿撰寫者兼《華爾街日報》(*Wall Street Journal*)專欄作家佩吉・諾南(Peggy Noonan)也譴責了一種她認為最荒謬的狀況：

前幾天，一位共和黨資深政治人物轉發一份招聘通知給我，來自於歐巴馬2012年競選活動，看起來就像火星人在搞政治一樣。「分析部門」正在招募「預測模型／資料探勘」專家加入競選團隊的「跨領域統計團隊」，該團隊將使用「預測模型」來預測選民的行為。[9]

到了2016年，兩大黨都擁有了強大的數據操作團隊。

數字並非一直都是理解和行使權力的理所當然方法，它如何發展到現在的地位？為什麼我們現在會轉向依賴著數字呢？而在電腦化之後，數字為何會變得同時具有病態又很有開放性的特質呢？為何對人和事物的數學分析會成為理解和控制世界、預測和規範的主導方式？啟蒙運動末期的數據統計批評者們深知，數據本質上是人為建構的產物。正如莉莎・吉特爾曼(Lisa Gitelman)幾年前所說「原始數據是各自相矛盾的表達」，因為所有數據收集都涉及人為的選擇——包括要收集什麼、如何分類、要納入和排除的對象；所有收集過程都帶有認知偏誤，以及在分類、儲存和處理資訊時截然不同的基礎架構[10] 無論是在1600、1780或2022年，數據都是被「製造」出來的，而不是被「發現」的。[11]

數據是如何變得具有影響力的？用來收集、儲存和分析數據的架構又

是如何建立起來的？為何使用數據的論證變得如此具有說服力，甚至在法律上成為必要？

在十八世紀的歐洲，戰爭、稅收以及生死大事等，都成為統治者的關切焦點。當時的歐洲歷經了持續的流血衝突（偶有短暫和平時期），這些衝突往往蔓延到美洲及其他地區成為殘酷的戰爭。戰爭需要資金；資金要靠稅收；稅收需要有更龐大的官僚機構；而這些官僚機構所需要的就是數據。啟蒙時代的歐洲新興國家，必須了解它們所擁有的資源，包括人民、土地、貴金屬和產業等。統計學最初是針對國家及其資源的知識，並沒有特別的量化傾向或預測性見解的傾向。然而從1780年起，數字計算的爆炸性成長開啟，伊恩・哈金（Ian Hacking）生動地將此形容為「數字的雪崩」。[12]

這種全新的、高度數字化的統計學，威脅了過去在理解統治和理解人民的方法。過去的方法基於政治哲學的經典論著，用古代和現代國家的歷史做為指導方針，而新統計學的倡導者則專注於「土地和人民」的量化描述，並用這些描述來導引統治者的相關決策。改革派的官員們，手握研究人民和國家的全新方法，試圖說服統治者，此方法對於國家的成長和健全是必要的。他們試圖描述這些現象，並將這些描述解讀為政策建議的依據。然而這種量化細目並不是「中立」的，都是帶有特定目標而收集，且其解讀方式往往指向政策方向，特別是在資源分配方面。

在十八世紀末期，新成立的美利堅合眾國將人口普查納入其最根本的法律《憲法》之中。無論是當時或現在，數字始終是政治性的。

個人資料的歷史，包括其收集和解讀，往往涉及政治、軍事、殖民和工業力量的相互強化。儘管中國、印加帝國和其他許多國家，在收集有關

土地和人民的訊息上,有著相當悠久的傳統,但量化卻在十八到廿世紀的歐洲、稍後的美國和全球殖民地中,獲得了更激進的「新」中心地位。[13]

統計學最初是國家在工業、商業和軍事競爭加劇時期的一項新技術。做為馬爾薩斯(Thomas Malthus,《人口論》作者)的信徒,我們擔憂人口過剩。相反地,十八世紀的歐洲思想家擔心的是「人口不足」,他們常常將經濟發展不足歸因於此。

君主和其智囊們開始認為,國家(states)——或者說種族(races)——的力量,可以透過人口的規模和活力來量化。英格蘭在十七世紀定期發布的教區死因統計報告,是最早可供識別的數據統計集之一。這些報告將死亡轉化為數字的報告,正如韋尼蒙特(Jacqueline Wernimont)所解釋的:「產生了一個具有諷刺意味的理想化世界,在這個世界裡,傳染病和大規模死亡的報導,看起來就像是整齊有序的會計帳簿一般。」[14]

從十八世紀起,歐洲人突然開始記錄大量數據,並創造出新的數學工具來檢視這些數據,以便強化政府、影響政策並說服人民。隨著數字資料加速累積,人們的生活中,有越來越多的部分,以抽象的數字形式被記錄下來。一開始是政府、教會和私人統計學家,記錄了有關異象、死亡、犯罪和疾病的數據。這些新舊機構都記下關於生活和死亡的詳細訊息,還有人們違背法律的情況也都會留下記錄。從1700年代起,統計學思維基本上是建立在國家、人民以及被視為偏差的人群身上,這些數據的收集呈現了爆炸性的成長。

這類數字的收集最初主要是描述性的,很少涉及到計算或數學運算。因此當倫敦統計學會(Statistical Society of London)在1834年成立時,他們

選擇的印章上面寫著「aliis exterendum」（意為「由他人來詮釋」）。因為他們的目標是「只收集事實，讓別人來解釋」。[15] 然而其他人卻是致力開發「新工具」來理解這些數字，並基於這些數字進行論證。[16]

從十八世紀起，金融家、科學家和官僚們，都開始開發新的數學和視覺化（圖形化）工具來理解這些數據，並根據數據提出主張，包括說服投資者投資或影響政策等。雖然我們的比利時天文學家凱特爾，可能對後來的統計學產生了最大影響，但德國的「官房學者」（cameralists）[*]、英國的人口學家和金融家等，也都發展出了運用新型數據分析方法，來重塑國家治理和經濟的方式。[17] 統計學已經大幅偏離原先的「定性研究」（qualitative），轉向一方面是關於從人口到氣候的所有數據（主要是數值資料）累積，另一方面則是用於得出結論和分析數據的一套強大、引人入勝但常常被誤用的數學工具。[18]

正如數據驅動分析在1990年代，顛覆了各地超市商品的行銷方式一樣，對於人口、產量和耕作面積的實證分析，也開始挑戰舊有的統治知識。資料研究還威脅到了其他形式的專業知識，範圍從科學到工廠生產再到雜貨店等。這些變化包括：與其描述富饒的田野景緻，不如計算該地的動植物數量；與其對價值進行倫理的討論，不如試圖以量化模型呈現特定政策的效果；與其面對死亡的可怕現實，不如用死亡率統計表；與其對消費者潛在需求進行專業判斷，不如收集和分析每一筆購買數據；相較於個

---

[*] 譯注：德國的財政金融顧問，經常參加王室會議，討論有關國家的財政金融事務。這些學者被稱為官房學者，其學派被稱為「官房學派」。

別醫師對藥物效果的臨床經驗，不如透過隨機測試來評估藥物的有效性和安全性；與其對申請上大學的學生品格進行評價，不如使用標準化測試來提供更「客觀」的衡量。

現代意義上的統計學誕生於以下這樣的認知：數據和數學分析的結合，既可以為權力服務，有時也可用來制衡權力。

現在，我們的比利時天文學家凱特爾登場了。

## 天文學家觀察世俗社會

了解主權政府（states）或國家（countries）的量化統計數據後，很快就讓科學家們得以嘗試不同的方式來了解人類，從道德上、實體上、社會上改變我們對自己的理解。政府和其他機構開始陸續收集死亡、犯罪和自殺等數據。大多數機構將這些數據保密，甚至將其視為國家祕密。凱特爾的目的就是要獲取這些數據並將其公開，於是他利用廣大的歐洲科學家網路，說服管理者提供數據，並在自己的期刊上發表結果。[19] 雖然從現在的網際網路時代來看，用期刊發表看起來有點緩慢可笑，但這在當時卻是公開數據和訊息流通的一項重大改變。

凱特爾開始分析這些數據。他採用天文學家分析資料的方法，將之簡化並應用於人口數據，以找出其中的規律。某些規律性在一個多世紀前就已為人所知——通常被視為「神的旨意」在安排世界的證明（譯注：例如出生率、死亡率、結婚率等，在統計上具有某種穩定性）。

歷史學家凱文・唐納利（Kevin Donnelly）強調，凱特爾試圖從死亡率

這類人為因素有限的主題，轉向像犯罪這種以人為因素為核心的「道德」領域。當他獲得了犯罪和人類身體特徵的數據資料後，凱特爾認知到另一種規律性，亦即數據圍繞平均值聚集的現象。

他不滿足於僅是注意到這些規律性而已，立刻為它們賦予意義，以及一種「現實形式」的詮釋。凱特爾解釋：「同樣的犯罪每年以相同的順序出現，對這些罪犯施以相同比例的相同懲罰，這種顯著的恆常性，是一種獨特的事實，這要歸功於法庭的統計數據。」[20] 然而這些統計規則似乎質疑了人的自由意志，暗示了並非每個人都能控制自己的命運。

## 從錯誤理論到平均人

凱特爾認為，當我們觀察大量人口的「道德現象」時，這些現象會呈現出類似物理現象的特徵。「觀察的個體數量越多，個人的特殊性（無論是生理上還是道德上的）就越趨淡化，而那些使社會得以存在和維持的一般性事實就會越發凸顯出來。」[21] 然而該如何處理大量的個體觀察數據呢？當時就像現在一樣，人們可以寫出很多小說，並希望從中揭示永恆的人性。不過，凱特爾選擇了另一條路，採用最初用於處理大量天文觀測數據的新數學技術。

在建立天文臺的過程中，凱特爾曾經前往巴黎，學習如何將大量的天文觀測數據（通常來自許多不同的觀測者）轉化為對夜空中星星和行星位置相當確定的認知。因為當幾個人觀測同一顆星星在天空中的位置時，觀測到的位置會因時間、觀測者和使用儀器的不同而有所變化。

偉大的數學家皮耶・西蒙・拉普拉斯（Pierre-Simon Laplace）和卡爾・高斯（Carl Gauss）已經證明，對同一個「量」（quantity，如天體位置）的多次天文觀測結果，往往趨向於形成我們現在所稱的鐘形曲線或常態曲線。曲線的中心點提供了最符合觀測證據的天體位置。凱特爾用這種處理大量數據的天文技術，做出新的嘗試。[22] 他把這種推論方法應用於有關人類的數據──例如，一個群體的犯罪發生率、自殺率或身高等數據。然後，他做出了一項影響深遠的突破性推論，這項推論在當時的科學看來，並不完全合理。

舉例來說，如果我們各自在多個晚上觀察同一顆星星的位置，我們可能會嘗試確定出一個真實的數值，亦即該星星在天空中的可能位置。但如果我們現在改成測量一座軍營中所有成員的身高，我們能輕鬆計算出平均身高，但該平均值僅為數據的抽象概念，並非對實際存在事物的測量，亦即並不像確定星星位置的作法。

凱特爾的靈光乍現（雖然缺乏嚴謹性），在於他把人類的平均值，視為一種我們正在探索的「客觀存在的實體」，也就是說，他把一群人口的平均身高，當成一個實際存在的東西（就像星星的位置一樣），這個平均數字「客觀地描述了人口」。[23] 他寫道，儘管會有「數字上的波動」，但我們知道「確實存在著一個我們試圖確定的數值，無論它是個體的身高……或是北極星的赤經（譯注：天體位置所用的標示方式，類似地球的經緯度）。」[24] 凱特爾主張，這樣的數字可以把給定人群特化為一群「普通人」（homme moyen）或「平均人」（average man）。

雖然現在回顧起來，會覺得凱特爾的「平均人」有點可笑，但創建可

Chapter 2　社會物理學與平均人　51

以描述整個人群的測量指標卻是政策的核心，例如，在犯罪率、國內生產毛額（gross domestic product, GDP）、智商等方面。有許多東西被理解為是抽象的，沒有實際存在，但也有其他如不同民族或種族群體的天生智力，經常被解釋為具有某種生物學上的真實度。這種處理方式對教育和資源的取得，以及人類差異的整體描述上，產生了根本性的影響。我們將在接下來的章節中看到其他科學家，如何在凱特爾開關的概念空間中建立測量，客觀的描述「種族」。

凱特爾在專注辨識「平均人」時，等於提供了一種工具，用以描述特定社會的最明顯特徵，或以十九世紀的說法就是「種族」的最明顯特徵。哲學家哈金解釋：「一個種族可以用其身體和道德品質的測量來描述其特徵，並總結為該種族的『平均人』。」[25] 以這種方式描述「種族」，便開啟了理解種族之間差異、男性和女性之間差異以及進行發展性分析的空間，用來了解人類隨時間變化的差異以及個體人類的發展。所有這些面向對於新興的「人類科學」來說相當重要，就像是一種科學式的理解人性的新方法。

## 「人類」科學

十八世紀的歐洲啟蒙時代裡，各種著作、傳單、小說、猥褻詩歌等，都宣稱揭示了人類的真實本性。如同湯馬斯·霍布斯（Thomas Hobbes）以及今日的許多經濟學家所主張的「人類是完全自利的生物」，他們是否懂得憐憫？在本質上是個人主義者或社會性生物呢？當時的人累積了大量所謂的「證據」，但對我們來說，多數看起來都只是軼事性質。凱特爾也是如此

認為，他在探討人性本質時寫道：「只有經驗才能確定一個問題，並沒有先驗推理可以直接解決問題。最重要的是我們對人類的看法，必須維持人類做為一個孤立的、獨立的或個體的狀態，並且只把他當成諸多物種之一。唯有如此，我們才能擺脫一切的偶然性，而個體的特殊性幾乎不會對整體產生影響，因而會自然抹去其特殊性，讓觀察者能夠掌握到整體的普遍性結果。」[26]

對於凱特爾來說，人性知識並不是來自於「扶手椅哲學家」（armchair philosopher，譯注：指那些喜歡討論哲學問題，但不會親自去經歷或驗證自己想法的人）對人類狀況的內省，或是精心描述的現實主義小說所捕捉關於個體生活的細微差別。人性知識應該來自數學化的過程，這些過程能夠提取出「真正人性特徵」的「普遍結果」，而非這個人或那個人身上的偶然性。

政府通常擅長記錄重大的生活事件，例如，出生和死亡，以及那些國家與人民有所「互動」的時刻。十九世紀初期跟現在一樣，「互動」通常涉及到警察、醫生、教育工作者與他們認為的犯罪或行為偏差之間的鬥爭。出生和死亡資料中的規律性早已為人所知，因此凱特爾強調的是犯罪數據中的規律性：

> 同樣的犯罪每年以相同的順序出現，對這些罪犯施以相同比例的相同懲罰，這種顯著的恆常性，是一種獨特的事實，這要歸功於法庭的統計數據。我在各種著作中都非常努力地把這些證據清楚呈現給大眾；而且我每年也都不遺餘力地重申，有一項預算是以可怕的規律在支付的——也就是監獄、牢房和絞刑架的預算。[27]

即使在道德行為領域，數學規律也很迅速顯現出來。由於凱特爾遵循著當時許多最優秀的科學思想，因此他避免對犯罪的具體即時原因發表意見。他以典型的凱特爾方式，把這些規律的證據，視為「超越個別人類」的某種證據，亦即做為「統一人群」的事實。他疾聲辯稱，「社會本身包含了所有已犯罪行為的根源，同時也具備了罪行發展所需的必要條件。社會狀態在某種程度上，已經預備了這些罪行，而罪犯僅僅是執行它們的工具。」要理解犯罪頻率和犯罪的增加，就必須了解社會的組織，而非僅是個體的組成。「每一種社會狀態都假設了一定數量和特定類型的罪行，然而這些罪行其實是社會組織的必要結果。」[28] 凱特爾在此等於是把物理學中的必要原因（necessary causes），應用於社會世界之中。

他確實將自己的研究成果，描述為將道德現象透過數據觀察，類似於觀察天文現象：「因此，我們在這類研究中達成了一項基本原則，即觀察的個體數越多，個體的特徵，無論是生理上的還是道德上的，越會被抹除，進而突顯出讓社會存在和維持的整體事實。」[29] 理解人類社會的意思就是在理解這些整體事實，而這一點正是透過累積越來越多有關社會及其人民的數據來實現的。

凱特爾堅持認為，他對道德法則的發現所揭示的不同社會特徵，不應讓人感到失望，反而應指向改善的可能性。他主張，犯罪的產生源於社會的組織，應該是件「可以令人感到安慰的事⋯⋯因為它顯示了透過修改制度、習慣、訊息數量，以及一般來說，所有影響人類存在方式的因素，來改善人類種族的可能性。」[30]

## 具體化與客觀性

哈金認為凱特爾徹底改變了我們理解世界的方式。透過他的研究，「原先只是用來描述大規模規律的統計法則，」轉變為「處理潛在真理與原因的社會和自然法則。」[31] 對凱特爾來說，他所尋找的「平均值」不僅僅是對某一群體的描述，而是更真實的存在。這個平均值捕捉到了超越每個個體的特徵，反映了整個群體的行為模式。

凱特爾將社會現象的研究（通常落入常態曲線）與人類觀察的變異性研究結合起來。常態曲線描繪了人類變異性（human variability）的根本特徵，並且令許多人驚訝的是，它暗示了人類在整體上的某種基本規律行為。每個自殺事件可能都是個人的選擇，但一年內的所有自殺事件統計，卻呈現出可預見的「模式」。將國家統計資料放入常態分布裡，有助於顯示出群體的特徵屬性。因此，凱特爾與同時期的其他思想家，令「將社會視為不僅僅是個體的集合」的思考成為可能。在捍衛個體行為和責任的過程中，在1987年，英國首相瑪格麗特・柴契爾（Margaret Thatcher）有一句名言：「世界上有個別的男人和女人，並沒有所謂的社會」[32]（譯注：指社會是由個人組成的集合體）；然而凱特爾及其繼承者卻一再展示數字法則所特徵化的社會，他稱之為「社會物理學」。

凱特爾關注「平均人」的特徵作法，激勵了其他科學領域關注那些可以理解為具有「可理解特質」的複雜整體，即使對其組成部分的理解有限。歷史學家席爾鐸・波特認為凱特爾展示了「即使構成群體的個體過多或難以理解，以至於很難詳細了解他們的行為時，統計法則都可以適用於

群體。」³³ 早期用於處理觀察數據資料的數學來源，主要來自物理學。在十九世紀中期，物理學跟隨社會科學，接受統計法則做為理解自然世界的適當方法。隨後，物理學的模型和統計程序，又回到了社會科學中。

## 防止革命

凱特爾的社會物理學不只是**描述現象**而已，它也是**規範性**的──用一種強而有力的道德語言，告訴大家該做什麼，闡明了現代社會在工業化和殖民化過程中所必需的改進。這種「人性的朋友」（friends of humanity）必須研究社會中緩慢的統計變化，以追求想要得到的漸進式改變。³⁴ 革命和分裂並非必要。波特指出，社會物理學必須「被視為是以漸進主義、自由主義的精神，對於社會秩序的頌讚。」³⁵ 如果鐘型曲線的中心區域是「常態」的，那麼其邊緣顯然是「病態」的區域。對於由社會環境以規律性方式所造成的偏離常規或病態的個體而言，理解人群是照顧和改善的先決條件。在這種觀點中，偏差扮演了新的角色。波特解釋「凱特爾對平均數的理想化，意味著所有偏離平均數的情況應被視為有缺陷的，是錯誤的產物。」³⁶ 而這些錯誤可以透過科學來了解。

在哈金著名的作品《機遇的馴服》（*The Taming of Chance*）中，他指出「平均人帶來了關於人群的新資訊，以及如何控制他們的新概念。」³⁷ 凱特爾的後繼者們，手上握著他對人群和種族的特徵描述，並將其更進一步發展。原先凱特爾試圖透過統計學來改善人類種族，他的努力也展示出運用新的「客觀」測量方法來描述人類的有效性，以及改善社會「種族平均特

徵」（average qualities of race）的必要性。不過他的思想繼承者們在此基礎上深入發展後，創造出一種新的科學種族主義（scientific racism），這雖然與凱特爾對自由開放的改良思想有所不同，但確實深受其影響。其中一位關鍵人物是查爾斯・達爾文（Charles Darwin）的表親，佛朗西斯・高爾頓（Sir Francis Galton）*，他把凱特爾的工作轉化為一種新的個體差異科學（science of individual differences）。[38]

## 邁向改善人類的新科學

1891年2月，英國的凱特爾派倡導者南丁格爾在寫給高爾頓的一封信中，列出了大量迫切的政策問題。改革者和他們的反對者們，長期以來在沒有確實證據的情況下辯論政策。因此她要求官方提供統計數據，回答以下迫切的問題：

……法律懲罰的結果──亦即監禁對犯罪的威懾或推動改善的效應如何。
……教育對犯罪的影響？

談到印度時，她問：

---

* 編按：佛朗西斯高爾頓爵士（Sir Francis Galton）是英國維多利亞時代科學家、統計學家、探險家和優生學的創始人，以其在遺傳學、心理學、統計學和人類學領域的貢獻而聞名。

……那裡的人民變得更富裕或更貧困，飲食和衣物改善或惡化？他們的體力是否在衰退？[39]

今日的我們認為，使用各種數據和統計分析來回答這些問題似乎是理所當然的。然而我們必須了解，這些知識形式是如何成為治理工具和權力的明確工具？因為這對當時的人而言，並非理所當然。南丁格爾呼籲高爾頓「記下他希望統計學能涉及的其他重要領域，並學習如何使用這些統計數據，以便以更精確和有經驗的方式來立法和管理我們的國家生活。」[40] 高爾頓的目標甚至還更宏大，正如我們接下來將看到的，他希望能夠管理全球不同種族的智力和身體素質。

# Chapter 3 偏差者的統計學
## The Statistics of the Deviant

　　1915年，一位青年劍橋畢業生登上了回印度的船。他隨身帶著當時最具活力和激動人心的完整系列期刊，該期刊專注於透過數據資料來理解當前現狀並建構更美好的未來。這本期刊就是《生物統計學》(*Biometrika*)，描述了一種以數據為驅動的方法來解決生物學和社會問題，其中包括種族和遺傳等議題，這是高爾頓夢想的重大進展。這位畢業生普拉尚塔・C・馬哈拉諾比斯（Prasanta C. Mahalanobis，編按：印度統計學家）看到這些技術雖然源於殖民背景，但卻是未來獨立印度可以運用的科技，能夠幫助印度更深入地了解自身，並指導其經濟和社會的發展。做為印度統計學的偉大制度化者，馬哈拉諾比斯在引入這些方法的同時，也對其過度自信的態度進行了調整。馬哈拉諾比斯為印度帶來的新科學，誕生於數據、達爾文主義和大英帝國信心危機的交匯點。也就是說，這些科學所產生的數理統計，正是在英國的權威及對衰退與衰亡的深刻恐懼中誕生的。

　　道德恐慌確實可以催生新的科學。在十九世紀末，英國的上層社會對其帝國的衰退深感擔憂。南丁格爾在1858年寫道：「現在似乎已到了這個時刻──只有靠英國民族自己，才能維繫這個帝國的完整性。」[1] 上層社會

出生率下降、數量有限的人口、酗酒問題以及在海外的失敗，無不顯示出大英帝國正處於危機之中。在此背景下，「優生學」這一新興領域，以及支撐其發展的統計學，提供了一種診斷社會並試圖治癒的途徑，成為讓英國重振雄風的方案。

## 現代的危機

當紳士學者*高爾頓檢視他在維多利亞時代的英國同胞時，發現他們令人失望：「我們需要更能幹的指揮官、政治家、思想家、發明家和藝術家，」他在一篇名為〈遺傳才能和性格〉（Hereditary Talent and Character）的文章中寫道，「我們種族的天生資質，並不會比過去的半野蠻時代更優越，」即使「我們出生的環境比以往複雜得多」也一樣。他認為，現代文明的負擔過於繁重，「當代最卓越的頭腦，似乎因為承受過重的智力負擔而跟蹌難行。」[2]（我們）迫切需要天才，但天才卻供不應求。光靠教育遠遠不夠，因為現實中並沒有足夠的天才可以應對這個時代的複雜性。因此，高爾頓得出結論，英國需要更多的天才，需要更多具有非凡才能的人；高爾頓決定，他們必須培育出這些天才。

高爾頓那位既顯赫又惹議的堂兄查爾斯・達爾文的著作，為未來提供了一條出路。[3] 在《物種起源》（Origin of Species）中，達爾文以人類飼養家

---

\* 編按：紳士學者（gentleman-scholar），來自上流社會或中上階層家庭，接受過良好的正規教育，多為名校畢業，經濟上相對獨立，不需依靠學術工作謀生，從事學術研究主要出於個人興趣與熱情，而非職業需求。

禽家畜的例子，如觀賞鴿和純種狗，來支持他的「天擇說」論證。正如人類飼養者選擇了他們希望的（飼養物種）特徵，某些動物的特徵也會在特定的環境中隨著時間被選擇展現出來。高爾頓認為，人類低估了自己改變物種的能力。「人類對動物生命的控制力量，」高爾頓解釋，「極其巨大，未來幾代的身體結構似乎幾乎可以像粘土一樣，被培育者的意志所塑造。」而且不僅是身體特徵，心智同樣可以被改變：「我希望能更明確地展示出精神特質同樣可以受到控制。——就我所知，這是之前從未嘗試過的。」[4]

高爾頓很快創造了「優生學」（eugenics）這個術語，用來描述刻意改善人類及其民族特質的努力。優生學迅即成為歐洲、美國和世界各地許多左翼和右翼政治計畫的核心。雖然高爾頓的想法本質上帶有種族主義色彩，但他主要關注的是「階級」。他的建議往往相當奇特，尤其是與後來在英國以外的各國優生學計畫中，經常與強制絕育和種族滅絕相關的措施相比較：

「讓我們放開想像，設想一個烏托邦——或者，如果你願意的話，我們也可以說是拉普達（Laputa，譯注：《格列佛遊記》中的飛行島國）——在這裡，為女孩和青少年設計的競爭性考試系統相當發達，可以涵蓋到身心的每個重要特質，而且每年還有一筆可觀的款項，用來資助那些願意讓小孩長大後成為國家卓越服務者的婚姻。」[5]

高爾頓與當時許多哲學家和經濟學家不太一樣，他基本上是一位「反平等主義者」（anti-egalitarian）。[6]他解釋：「我反對天生平等的主張。我對

那些偶爾出現的假設沒有耐心，也就是那些認為所有嬰兒出生時大致相同，男孩與男孩、男人與男人之間的差異，僅由持續地努力和道德上的努力來創造的說法。」[7] 高爾頓堅持認為，並非所有人都是平等創造的，也並非所有市場參與者都具有類似的心智能力。在他看來，自由政治思想和自由經濟學都是錯誤的。

我們現在會把優生學和科學種族主義與極右派、納粹主義關聯在一起，但在1900年左右的情況則有所不同。直到第二次世界大戰之前，許多激進派和保守派人士都認為，科學能夠改善人類種族，進而改善人類命運；事實上，一位倡導者指出，對於優生學的「信仰」，提供了「對一個人的視野廣度和對我們族群未來無私關懷的完美指標。」[8] 統計科學是以基於證據的新科學取代舊有的偏見：亦即可以把描述人類天生階級的方法，方便地從描述轉變為科學規範。[9]

為了改善物種，高爾頓需要探討才能和人類優秀（human excellence）的源頭。後天環境並不能解釋一切。高爾頓利用偉人傳記辭典，開始調查這些偉人家族中，有才能者和天才的出現密度。在他1869年的長篇研究《遺傳天才》（*Hereditary Genius*）中，高爾頓研究了顯赫的家族，並比較了當時世界的歷史狀態。雖然他研究了大量案例，但他的方法仍然是直覺和軼事性的。他經常認為現代人不如古希臘人，非歐洲人（他稱之為「種族」）不如歐洲人。

雖然他所說的主要是軼事性質，但高爾頓卻借助凱特爾的常態曲線，來支持他對人和種族排名的新觀點。凱特爾使用常態曲線來理解群體的整體特質，高爾頓則利用同樣的曲線來理解群體內的極端差異。凱特爾做的

可能是找出英國人的平均身高,而高爾頓則試圖理解身高的極端情況。他的研究主題是才能,而非身高,但他卻將同樣的工具應用於兩者上。法國社會學家亞蘭·德侯西埃(編按:Alain Desrosières,1940-2013,法國統計學家暨科學史學家)解釋高爾頓使用常態曲線做為「一種允許個體分類的『偏差』法則,而非『錯誤』法則」。[10]天文學家所認為的錯誤,被高爾頓視為需要排名和分類的個體。每個孩子獲得的測試分數,都會在高爾頓創造的世界裡以百分比表現呈現。

然而對於傑出家庭的優勢調查中,仍然存在著一個主要障礙:很高的父母通常被認為會有更高的孩子,但平均而言,這些孩子的身高通常不會超越他們的父母,而是會回歸到群體的平均身高。類似的觀察也能用來描述廣泛的人類和動物特徵。對於動物(無論人類或其他物種)的育種者來說,這確實是個謎團,等於限制了試圖培育所謂「優越人類」(superior human)的努力。關於這點到底該如何解釋呢?答案就來自高爾頓對凱特爾熱衷於常態曲線應用的重新演繹。

為什麼高個子父母的後代,身高往往不像他們的父母那麼高?更簡單地說,為什麼整個人群的特徵從時間的角度看,幾乎保持不變呢?高爾頓透過他所稱的「回歸」(regression)＊來解釋這兩種現象。從數學上看,「理想平均子代類型有偏離父母類型的趨勢,而且會『回歸』到可以大致合理地描述為『祖先平均』類型的狀態。」[11]經過統計調查,他發現了後代回歸

---

＊ 譯注:回歸分析是一種統計學上分析數據的方法,目的在於了解兩個或多個變數之間是否相關、相關的方向與強度,並建立數學模型以便觀察特定變數來預測研究者感興趣的變數。

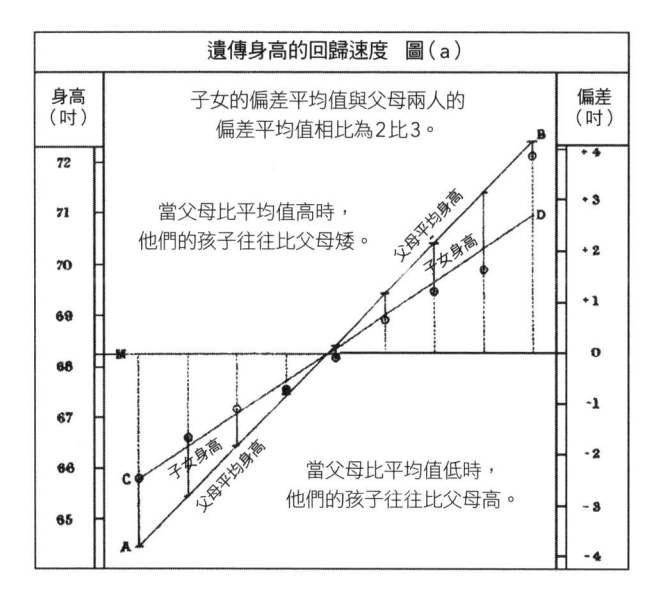

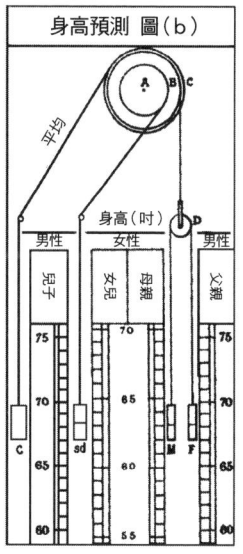

佛朗西斯・高爾頓。「遺傳身高的回歸趨向平均」《大不列顛與愛爾蘭人類學學會期刊》(*The Journal of the Anthropological Institute of Great Britain and Ireland*) 15 (1886): 246–63。圖 IX。

程度與父母偏離平均值程度之間的強大數學關係。他不僅展示了這種關係是線性的，還進行了我們今天在資料學所稱的「線性回歸分析」，根據高爾頓的方法應用於數據，找出了類似 **y = mx+b** 這樣簡單的線性方程式係數（譯注：例如方程式 y = 2x+5，2 就是變數 x 的係數）。

高爾頓為生成過程的各種方向建立模型，剛開始只將父母的身高做為 x，將孩子的身高做為 y，因為他專注於單一方向的生物過程。然而他很快意識到，這種回歸過程可以從生物學基礎中脫離出來，應用在更廣泛的數

據集上。亦即在研究「回歸」過程時，高爾頓無意中發現了一種更為廣泛的概念，也就是「統計回歸」(statistical regression，譯注：統計數據會向平均數回歸)。

## 相關性和資料

高爾頓的研究不光是引入一種強大的「資料建模」法，同時也是從資料進行預測的方法。凱爾特研究社會，高爾頓則研究個體在分布中的關係。他希望有更好的技術，能用在了解與排名個體及種族上。在研究如父母和孩子的身高等成對屬性之間的關係時，高爾頓還引入了「共相關」(co-relation)，也就是現在統計學所稱的「相關性」(correlation)。

雖然政府記錄了越來越多的統計數據，但他們並未收集高爾頓最感興趣的數據——亦即對廣泛人口樣本的「主要身體特徵」所做的詳細調查，例如：「視力測驗、色彩感知力、視覺反應、聽力、最高可聽音符、呼吸能力、拉力和握力、肌力反應、雙手臂展、站立和坐姿身高、體重」[12] 等。收集這些數據的難度相當大，以至於高爾頓在1884年南肯辛頓國際健康展覽會場上，設立了人體測量實驗室。該實驗室以17種方式為9,337人進行測量。他解釋「定期測量」對於家庭追蹤個體發展以及「發現國家整體及各部效能」都是相當有用的。這些記錄「讓我們能夠對學校、職業、居住地、種族等進行比較。」[13] 如此，測量所產生的數據，將可在進入廿世紀後繼續研究。心理學歷史學家庫爾特・丹齊格 (Kurt Danziger) 解釋說，高爾頓的人體測量是「定義了個體表現為先天生物因素的表現，因而抹除了個

佛朗西斯・高爾頓的《人體測量實驗室》表格；由高爾頓設計，用來測量身高、體重、雙手臂展、呼吸能力、拉力和握力、肌力反應、聽力、視力、色彩感知及其他個人資料（倫敦：威廉・克勞斯，1884年），第13頁。

體表現受任何社會影響的可能性。」[14]

　　高爾頓的作法開創了一種理解人類差異的全新方式。繼凱特爾之後，資料分析可以用來揭示在人類行為和特徵裡，可以量化的共性與範圍。而繼高爾頓之後，每個個人都可被放置與排名在以下的範圍內：例如前5％、最後10％等。受到高爾頓觀察大量人類的工作啟發，心理測試等各種測量也應運而生，努力把每個人放置於測量能力的範圍中。隨之而來的便是整個透過統計方式檢驗大量「主題」的一門科學。藉由高爾頓與承其志者卡

爾‧皮爾森（Karl Pearson）*的研究，「將心理學知識主張加以合理化的新方法，終於變得可行，」歷史學家丹齊格解釋道，「想對個體作出有趣和有用的陳述，不必對他們進行深入的實驗或臨床探索。只需將他們的表現與其他人的表現進行比較，然後將他們放置於某個總體中的個體表現即可。」[15] 沒過多久，這種方法就成了一門大生意。雖然像高爾頓這樣的先驅者，在當時很難獲取足夠規模的數據，但對這類調查的巨大需求很快就出現了，尤其是在第一次世界大戰後的美國。[16]

最重要的是，高爾頓展現出如何透過調查大量人群，來識別和鎖定個體的可能性。有了關於一大群人的大量數據，便有機會讓科學家、行銷商、軍隊、間諜等，能更深入的了解你——並鎖定你。於是我們便生活在這樣的世界裡：我們的「個體性」以相對於「網際網路的所有其他用戶」而被量化，廣告投放演算法就是利用這種差異量化來爭奪我們的注意力。

## 生物辨識技術的制度化

不屈不撓的高爾頓，並未親自將他的新統計方法加以制度化，不過他應該也沒有具備將這種方法專業化的數學能力。在高爾頓的思想和財政支持的基礎上，他的知識繼承人卡爾‧皮爾森兩者兼備。皮爾森是一位貴格會（Quaker）**傳人、自由思想家、數學家、社會主義者、女權提倡者和優

---

* 編按：卡爾‧皮爾森（Karl Pearson）：英國數學家、統計學家和生物學家。他是現代統計學的奠基人之一，尤其在發展統計方法和應用統計學於科學研究方面有重要貢獻。

生學家。他具有「偉大的願景，即創建統計生物學做為有效的優生學基礎，同時也發展可應用於幾乎所有人類知識領域的數理統計學（mathematical statistics）」——引自他的傳記作者席爾鐸‧波特的話。[17] 優越的數理統計學，將可把範圍擴展到凱特爾夢想探討的所有現象，亦即改革的範圍得以涵蓋整個社會。[18] 在高爾頓以及意想不到的倫敦裁縫行會（Worshipful Company of Drapers，編按：成立於 1361 年，是倫敦最古老的行業公會之一。現已轉型為慈善組織）等個人或團體的經費贊助下，皮爾森在這個領域的建樹使優生學制度化，並建立了一套用於社會及政治計畫的專斷新統計方法。

皮爾森需要數據、處理數據的勞動力和新的數學方法來完成這些工作。[19] 正如他在一次著名的演講中所說，「這項工作本質上是多年來合作研究的結果，依賴於一整個協作小組」，他們生產和分析「我所有研究結果所依賴的大量數據。」[20] 皮爾森跟一群工作人員一起辛勤工作了幾十年，才讓他的專案計畫得以實現；還有一整代偉大的統計學家在他的指導下一起工作，也改變了我們使用數據的方式。皮爾森經營多個實驗室，包括不同的生物辨識和優生實驗室，各自擁有不同的研究項目、方法、工作團隊和資金。[21] 在兩位女性助理愛麗絲‧李（Alice Lee）和愛索‧艾爾德頓（Ethel Elderton）的特別協助下，他收集到範圍龐大的數據，用於各式各樣的統計調查，並在大部分由他創辦和經營的期刊中，發表基於這些數據所產生的分析結果。

---

\*\* 譯注：貴格會在十七世紀時於英國成立，是基督教新教的一支，曾以宗教組織團體獲得諾貝爾和平獎。

獲取數據是相當艱辛的工作。1903年，倫敦開挖了一個瘟疫掩埋坑。不到一週後，「我的一位工作人員，S.M.雅各布先生，異常積極地『乞求』到了所有的顱骨和骨骼」，可供皮爾森的調查工作使用。[22] 其實大多數數據的獲取都比較一般，而為了擴展高爾頓對身體和精神能力遺傳的研究，皮爾森和他的團隊在專供校長和教師閱讀的雜誌上發出請求，希望他們能協助記錄兄弟姐妹之間的大量觀察，並在智力上對他們進行排名。他們一共發出6,000份表格（表格見插圖），並從各級學校回收到大約4,000份表格。皮爾森解釋說，「仔細的分類和表格工作，是負荷相當大的勞動」，感謝一群優秀的女性團隊：「愛麗絲・李博士；瑪麗・盧文茲碩士，E.佩林，瑪麗・比頓和瑪格麗特・諾卡特小姐」，他也指出「主要的計算工作落在愛麗絲・李博士身上。」[23]

即使有新機器的幫助，資料處理仍然相當繁重且昂貴。高爾頓資助優生學實驗室，倫敦裁縫行會則在1903年贊助500英鎊給皮爾森的生物統計實驗室，讓他得以開始支付愛麗絲・李的薪水，因為李之前無償與他合作進行大量計算。「她的職責包括縮減數據、計算相關係數、製作長條圖……以及計算一種新的統計量」——卡方檢定（chi-squared test，譯注：指統計量的分布在虛無假設成立時，近似服從卡方分布的一種假說檢定，後面章節會介紹虛無假設），以及指導男女計算人員等。[24] 使用機器進行計算，在皮爾森實驗室的工作中變得相當重要，以至於有位訪客注意到，對計算細節掌握的「過度專注」，可能會掩蓋新的數理統計學。[25] 這些勞動的成果產生了大量印刷表格，我們現在可能很難理解，這些表格做為數理統計學成長的計算基礎，是多麼的重要。

卡爾・皮爾森的表格問卷「人的遺傳法則：二、人的精神和道德特徵的遺傳及其與身體特徵遺傳的比較」，《生物統計學》，第3卷，第2/3期（1904年）：131-190，第163頁。

儘管這些女性同事經常忙於繁瑣的計算工作，但皮爾森也鼓勵她們進行更高層次的工作，並經常與她們合作發表論文。例如，他曾說，「不該再把艾爾德頓小姐稱為職員，而應該稱她為佛朗西斯・高爾頓學者，因為她完全有能力進行原創性的工作。」除了對統計學的貢獻外，她們還可以成為地方社會工作的領導者。「讓受訓於優生學實驗室的人，進入某種公共或市政服務工作，例如，處理精神缺陷者或病童等，都是相當有用的。我們將因此發展成為實習優生學工作的培訓學校。」[26] 這些女性中最著名的佛洛倫斯・南丁格爾・大衛（F. N. David，編按：後續章節將稱 F. N. 大衛，以與前面章節的南丁格爾區別），她的名字就來自著名的健康改革者南丁格爾，她也持續在統計學方面取得輝煌的職業生涯，包括在加州擔任教授等。

## 繼承與社會政策

所有關於數據的工作要證明的，就是「智力」是遺傳的，而英國正在輸掉這場智力競賽：「我們已經不再像五十到一百年前那樣，是一個培養智力的國家。國內智力較好的人口，不再以過去的速度生育下一代；能力較差且缺乏活力的人口，比智力較好的族群生育更多小孩。」這種結論對於社會改革有重大的影響，因為問題不在於學校，而在於生育族群（breeding stock）。「任何更大規模或更徹底的教育計劃，都無法在智力上提升遺傳性弱者達到遺傳性強者的水準。」唯一的「補救辦法」便是「改變社區中智力高族群和低族群的相對生育率。」[27]

對皮爾森而言，在這種既產業化又有種族衝突的現代化下，統計學

對於新優生學社會主義至關重要。如果目標是透過優生計畫培育優越的種族，那麼就不該將種族主義和階級主義信仰系統隨意強加於數據上。研究頭骨的結果，讓皮爾森和他的合作者愛麗絲·李否認了顱骨大小與智力之間存在任何可靠的關聯性，也否認了顱骨顯示女性天生智力較低的說法。[28]

優生統計揭示了一項艱難的事實：「我們未能意識到，在現代國家競爭中，構成國家的骨幹的心理特徵，並不是由家庭、學校和大學所培養，而是根植於血脈之中（編按：指遺傳）。而在過去四十年裡，國家的知識階級……已經不再按比例為我們提供所需的人才，來承擔讓大英帝國不斷增長的工作，或是在國家競爭日益激烈的前線戰鬥。」[29] 當時緊迫的政治問題，可能需要更優越的優生學知識：

> 移民議題對於理性推行國家優生學來說，具有根本性意義。如果（原有人種）隨時都可能被低劣種族的移民湧入所淹沒的話，努力立法以培育優越人種又有何意義？這些移民急於從更高文明中獲取利益。就優生學者的觀點而言，無差別的移民許可政策，必然會摧毀所有真正的進步。[30]

如同高爾頓一樣，皮爾森也認為「民族之間的競爭」實在太重要了，不能依賴虛假的優生科學：這場競爭需要更好的科學。

## 大數據的卓越科學

社會科學和生物科學，都需要基於數學和數據產出而進行重塑：「舊有生物學家鬆散的定性或描述性推理，必須讓路給精確的數理統計邏輯。受過訓練的生物學家可以發現和列舉出事實，就像現在的物理學家一樣，不過在推理方面還需要受過訓練的數學家來協助。而未來的偉大生物學家將像今日的偉大物理學家一樣，都是受過訓練和培育的數學家。」[31] 當然，許多當時的生物學家並不同意這種說法。皮爾森推崇大規模的數據收集和分析，而非小規模的實驗室與實驗性工作。

在生物學中成立的觀點，在政治上則更是如此。皮爾森帶著不滿地指出，人們對社會問題發表意見的輕易程度：「每個政客、每個站臺演說者，對於天文物理或細胞學這類問題可能會有所猶豫，但對每一個出現的社會問題，卻總是能夠給出斬釘截鐵的答案。」然而，社會問題遠比天文問題更加困難。「社會問題需要科學的解答。每一個社會問題都屬於一個包含所有最難問題的類別——它是攸關生命的，而不是物理性的；它不僅是生物的、醫學的，也是統計學的問題。為了解決這些問題，它所需要的調查不僅僅是學術性物理或生物問題的幾倍，而是更多。」[32] 皮爾森的實驗室為這些以新科學原則所組織的政治和社會秩序，提供了模型。[33]

## 相關性，而非因果關係

我們被教導過「相關性不等於因果關係」，對高爾頓的知識繼承者來

說，這點正是讓人興奮的原因。卡爾·皮爾森解釋，他意識到「比因果關係更廣泛的類別就是相關性（correlation），因果關係（causation）只是其極限。」所以現在有更多科學可以變得數學化：「這種新的相關性概念，讓心理學、人類學、醫學和社會學可以更廣泛地進入數學處理的領域。」[34] 在研究數據集時，相關性會特別具有吸引力，因為這些數據集沒有明確的因果關係。

在研究演化時，相關性有助於理解演化過程，而不需提供原因背後的知識。皮爾森深信，生育力與較低的智力和較低的道德水準之間，有著很強的相關性。因此，相關性對於了解一個國家應遵循的生育政策，用以避免國家衰退來說，相當重要。他在晚年時宣稱，相關性「不僅大幅擴展了定量方法和數學方法可以應用的領域，也同時改變了我們對科學，乃至生活本身的哲學思考。」[35]

我們在接下來的章節將會看到，廿世紀的統計學多半集中於因果關係。然而，我們當前的「數據革命」中，會大量涉及到「相關性」重新成為商業、間諜技術和科學中最重要工具的情況。無論是在尋找相關性，或是聲稱對社會世界的專業知識，皮爾森的精神，都貫穿於資料科學之中。

## 新的數據驅動種族主義

從我們的角度看，數據驅動種族主義者（編按：如標題data-driven racisms所述）在很大程度上似乎是落後的種族主義者和階級主義者。他們也確實如此，不過他們並非死板的傳統主義者或保守派。相反地，他們的科學是

其進步主義的核心一部分,是他們提出研究社會差異的方法,而且,以當時的最佳知識做為基礎,他們相信,(科學)是促進國家統一的方式。這些新科學將打破社會秩序的概念基礎——即使最終並沒有真正改變社會秩序。貫穿本書的主題之一,便是激進的「技術**變革**」(technical disruptions)往往會加劇現有的不平等。

優生學家發現有些他們偏愛的政策,很少會如他們所希望的迅速被採納,因此有些歷史學家對這項運動的重要性不以為然。歷史學家羅伯特・奈伊(Robert Nye)解釋:「優生學論述在英國的長期重要性在於,它把狹隘的階級觀點,轉化為宣稱代表整個社會利益的生物醫學概念基礎,並且成為幾代受過教育的英國人,無法抗拒的觀點。」[36] 優生學思想成為許多受教育階層的主流觀念,在英國,主要關注的是階級問題,在美國則是種族問題占顯著地位。優生學思想也影響了納粹德國的政策,並導致了種族滅絕的後果。

## 生物統計學、種族與現代社會的問題

「如果現代文明以其科學基礎與所有其他文明有所區別,」布拉詹德拉納斯・西爾(Brajendranath Seal)解釋,「那麼這種文明所呈現的問題,必須透過科學方法來解決。」在1911年第一屆世界種族大會的開幕演講中,當時 W. E. B. 杜波依斯也在場(譯注:W. E. B. Du Bois,美國社會學家暨民權運動者),西爾主張解決現代世界迫切的種族問題,需要的新人文科學:並非亞里斯多德或馬基維利的舊有人文或哲學方法,而是新的生物統計科學。他

還說:「唯有對種族和民族的構成要素及其組成、起源和發展,以及支配這些要素的力量進行科學研究,才能為解決種族間的訴求與衝突指出一條建立在穩健進步基礎上的道路」,不論是在分裂的美國、動盪的大英帝國,或世界其他地方都是如此。[37]

在擁抱優生學的計畫時,西爾指出,「唯有研究遺傳條件和成因,包括生物學、心理學、社會學等影響力量,也就是那些塑造並支配人類種族的興起、成長和衰退的力量,才能讓我們得以透過有意識的選擇,依循自然的體系與機制,智慧地引導和控制人類未來的演化。」[38] 然而,西爾對一般習慣將人類劃分為種族的慣例表示懷疑。他呼籲應該透過生物統計學,根據數據資料來適當劃分人類。西爾深受高爾頓和皮爾森方法的影響,他說:我們必須「在研究特徵和變異時採用生物統計法」,不要輕信平均值,因為「一個特徵的變異範圍與特徵本身同樣重要。」[39]

幾年後,西爾告訴馬哈拉諾比斯(編按:就是本章開篇那位搭船返回印度的牛津畢業生),「你必須在印度進行與卡爾·皮爾森在英國所做相同的研究。」馬哈拉諾比斯在建立機構和進行生物統計研究時確實照做了。他把生物統計計畫帶到印度,持續發展並挑戰皮爾森的做法,並且在印度創立了數理統計學。[40]

馬哈拉諾比斯致力於獲取生物統計數據,並進行更加嚴謹的研究,最後他把英國殖民時期產生的、極具問題性的數據,轉化為在印度獨立時,具有強大影響力的民族主義知識形式。經過一段時間後,他成功地讓這些殖民時期的資料,運用於新生的後殖民印度國家中。[41]

按照西爾的願望,馬哈拉諾比斯致力於尋求新的技術,能夠在不同人

口中，識別種族和種姓混合的情況。如今他最為人所知的，就是在統計學中使用的一種距離度量，稱為「種姓差異」（caste difference），這是對皮爾森研究種族差異科學方法的另一種選擇。他跟當時許多種族理論家的作法不同，西爾和馬哈拉諾比斯強調的是隨時間推移的緩慢而真實的轉變。在1925年對英國—孟加拉人進行的研究中，馬哈拉諾比斯觀察到一項戲劇性但可理解的變化。他聲稱種姓具有某種過渡性（暫時性的）現實，但「種姓融合」（caste-synthesis）正在緩步進行中。「省內的混合（intermixture）正在緩慢而穩定地進行著，即使難以察覺，一個更大的印度教社會確實已經演化形成，這不僅與吠陀時期或古典時期的傳統社會不同，在許多方面甚至是對立的。」[42] 資料分析揭示了一個緩慢的生物學進程：從種姓和宗派的分裂中，創造出一個具有真正生物統一性的新印度民族。

馬哈拉諾比斯量化種姓的方法，便是藉由強大的新工具來大規模地檢查社會群體之間的相關性。他認為他的新實證技術，既可揭示這種緩慢的統一化，也揭示了印度種姓和部落的多樣性。在一次大規模的資料分析中，馬哈拉諾比斯和他的合作者對「北方邦」（Uttar Pradesh）的種姓和部落，進行了由數據驅動的聚類分析（cluster analysis，譯注：聚類是指把相似的對象透過靜態分類，分成不同的組別或者更多子集，讓同一個子集中的成員都有相似的一些屬性）。

要得出這些分析結果，不僅必須涉及一組人工計算者，也必須用到存放在英國劍橋的「馬洛克機器」（Mallock's Machine）。[43] 無論是計算學校大規模的相關性數據實證方法，或是使用新的計算設備等，馬哈拉諾比斯和他的團隊早在資料科學形成之前，就已經應用了資料科學。他們找到

婆羅門（種姓制度中的最高階層）、工匠和部落群體之間的明顯區別。儘管馬哈拉諾比斯的技術非常強大，但他仍然了解這些數值差異在含義上的局限性。他表示「要取得進一步的進展，必須考慮部落和種姓的社會和文化歷史，也就是已知的民族學證據。」[44] 如果不轉向這種專家知識（expert knowledge）而過度依賴數據驅動的科學時，這種失敗將帶來困擾，而且至今依舊會帶來困擾。無論演算法多麼強大，數據多麼周全，如果未能將這些資料分析嵌入更廣泛的科學和人文知識中，那麼這種所謂的知識至少應被視為不完整，最糟的情況則可能變成危險的知識。

## 尋找原因——例如，種族和階級差異

回顧1911年「第一次世界種族大會」（First Unirversal Races Congress）時，身為印度知識分子代表的西爾，展望著國家的融合，美國與會代表社會學家杜波依斯（編按：他是非裔美人）則總結了最重要的啟示。他在自己的筆記中寫了：「歷史闡明了這些真理」，並引用一位傑出演講者的話，「如果我們發現某個非洲種族的心智與歐洲種族有巨大的差異，那麼我們尋找原因的方式，並不是尋找任何民族特質（national qualities）上的差異，而是從外部條件來尋找。這不是種族間的心智差異，而是教育的差異。我們或多或少會發現同一種族的不同階級之間，或在同一種族的不同歷史時期之間，存在著相同的差異。」[45] 種族和階級的差異，不應被視為理所當然；目前智力的差異，也不該歸因在這些既有的差異上。

# Chapter 4 數據、智慧與政策
Data, Intelligence, and Policy

在納粹以種族科學為基礎來建立國家的幾十年前，一位美國保險業員工聲稱擁有證據，可以證明「雅利安種族」與生俱來的優越性。1896年時，一位移民到美國的德國人佛雷德里克·霍夫曼（Frederick Hoffman），在美國經濟協會（American Economic Association, AEA）的贊助下，發表了對於十九世紀後半期美國黑人的冷酷描述。在霍夫曼眼中，資料分析可以徹底粉碎像約翰·斯圖爾特·密爾（John Stuart Mill）這種讓自由主義者自滿的平等主義。密爾強調的是性別和種族的平等，而根據霍夫曼的說法，**數據**無庸置疑地證明了完全相反的情況。他堅持認為，無論是在歐洲殖民地或是美國南部，政府和企業政策都必須關注這種可以證明不平等的科學。

霍夫曼寫道：「只有透過對構成這個國家有色人種歷史的所有資料進行徹底分析，我們才能理解所謂『黑人問題』的真實本質，並將過去經驗的結果，安全應用於解決這個國家目前所面臨的困難。」[1]

大約過了三百頁之後，作者霍夫曼轉向說明數據顯示的內容，「在所有地區、所有時代和所有民族所觀察到的事實裡，我們發現某一種族對另一種族的優越性，以及整體雅利安種族的優越性，並不是因為生活條件，

而是存在於種族和遺傳中。」[2] 霍夫曼的資料分析不限於美國黑人，他一再宣稱，資料明確顯示，如同美國黑人一樣，全球被殖民的人都有著較高的死亡率和較低的生活水準，並非因為任何環境或社會的條件，「而是，」霍夫曼說「來自於他們天生較為次等。」

在十九世紀下半葉，過去的舊種族主義在以人類學、社會學和統計學為基礎的新科學中，找到了新的正當性。這些種族科學替一系列剝奪美國黑人權利的法律和措施（即吉姆‧克勞法〔Jim Crow laws〕）提供了掩護。也讓今日所謂的「種族現實主義者」，繼續以科學的外衣，粉飾偏見和系統性的不平等。

霍夫曼實則是一名被僱用的打手。[3] 保誠保險公司雇用他來對付「禁止保險公司對黑人客戶收取更高費用」的反歧視法律，因為這些法律尊重了《美國憲法》第十四條修正案對平等保護的承諾。而霍夫曼那些「備受推崇」的工作，目的就是在向雇主證明，黑人根本無法保險。他聲稱資料顯示，黑人在達爾文的生存競爭中失敗了。而且霍夫曼利用各種資料來源，把顯示黑人和白人的不同死亡率，轉化為一種所謂「種族階級」的科學聲明。為了增加說服力，他還添加上對於種族混合的危險警告。

包括有色人種學者在內的批評者們，駁斥了霍夫曼的推論。在對這種說法的負面評論裡，社會學家，同時也是後來的全美有色人種協進會共同創辦人杜波依斯，徹底拆解了霍夫曼選擇的數據，並強調這些數據在得出一般結論方面的局限性。最重要的是，這些展示了很多有關種族的主張，實際上適用於所有種族的工人階級和新移民。杜波依斯指出，資料顯示的是黑人和白人之間的社會經濟差異，而非證明他們之間的根本區別。杜波

依斯指出,「作者並沒有避免統計方法中的許多謬誤。這種方法完全只是將邏輯推理應用於統計數值上,然而無論有多少統計數值,都無法證明『偏離』正確推理的嚴格規則,會有什麼正當性。」至於霍夫曼說的「種族特徵」和「生活條件」,杜波依斯指出,「他似乎有必要證明⋯⋯為何這些種族特徵會在擱置了至少一個世紀之後,才在1880至1890年代有了決定性的分析行為。」[4]

然而,即使杜波依斯否認了黑人整體上的次等性,他仍然接受優生學的觀點,亦即所有種族都有其天生的「退化者」(degenerates)。[5]

**杜波依斯的統計分析**是正確的,但他的分析在很大程度上被忽視了;而霍夫曼的分析實際上是荒謬可笑的,但其背後強大的利益集團卻有強烈的動機相信他的觀點。無論是1900年或是2022年,審計和分析演算法決策的方式,都能帶來深刻的啟發,但如果缺乏權力支持或公眾關注,這些方法往往難以發揮效果。所以,就像杜波依斯的情況所示,光是觀點正確還不夠。

霍夫曼的統計分析,成為了如歷史學家喬治・佛雷德里克森(George Frederickson)所說,「十九世紀末最具影響力的種族問題討論」。霍夫曼的工作,也正如他的雇主所期望的,為廿世紀初拒絕替非洲裔美國人保險提供了理由;這項工作以及其他類似的工作,等於是為創建整個歧視和剝奪權利的體系,提供了科學上的粉飾。[6]

而且,霍夫曼的工作不僅沒有拆解掉社會經濟的不平等,反而強化了這種不平等。對某一個種族類別斷然拒絕人壽保險的作法,產生了系統性

的影響，深化貧困而造成代代相傳。於是這種不平等並沒有被拆解出根本原因，反而被本質化地視為正常。新的統計方法徹底改變了對黑人身份的認知。歷史學家哈利勒・吉布蘭・穆罕默德（Khali Gibran Muhammad）解釋說，在廿世紀初，「黑人的身份透過犯罪統計而被重新塑造」。他認為透過「種族犯罪化」後，黑人身份「更穩定的成為與白人身分對立的一個種族類別」。反觀之前也被邊緣化的移民群體，包括義大利人和波蘭人，都得以洗刷掉他們可怕的名聲。[7]

統計並不光是簡單代表這個世界，統計也改變了我們對分類和看待世界的方式，而且還會改變我們如何分類他人和自己。統計改變了世界。並且，正如我們即將（在下面的章節）看到，當代資料科學**以超快的速度**改變了世界。

霍夫曼試圖用生物學來解釋不平等，讓特徵變得自然化，變成一種具體的事物。不過，他並不是一位偉大的統計學家。在廿世紀初，優秀的統計學家對人類差異的方式，提供了新的理解和辯護，然而他們也很容易犯下杜波依斯在霍夫曼身上發現的錯誤。

# 猶勒：貧困的原因（呃……相關性）

儘管霍夫曼的影響力巨大，但他在統計學方面的能力有所不足。在為政策辯護時，他並沒有利用加爾頓和皮爾森的強力新工具來進行預測和建議。此時有一位優秀的數學家，而且曾經是卡爾・皮爾森的員工兼同事的厄德尼・猶勒（Udny Yule），把這些新工具擴展到人類差異的研究之外，並

將其應用於當時的重要社會問題上。猶勒跟上他所在時代的社會焦慮，把最新的技術發展「多變量回歸」（regression with multiple variables），應用於研究貧困的起落。

貧困是怎麼造成的？十九世紀末，英國激烈討論了國家的政策，到底會增加或減少貧困？直接援助窮人是否會變相造成更多的貧困？1834年，英國國會通過了《窮人法》，目的在強迫那些被認定有工作能力的窮人，必須到條件相當苛刻的濟貧院（work house，編按：類似貧民習藝所）工作，以抑制自願接受救濟的貧窮人口（譯注：想當窮人就必須接受暗無天日的習藝工作，迫使你不想成為窮人）。對所有有能力的成年人及其家庭，禁止直接資助（即「外援」out-relief），取而代之的是對在這些濟貧院工作的人所提供的「內援」（in-relief）。但這些救助方式如何影響貧困呢？這種嚴厲的愛心援助（tough-love）方法，是否真的如同當時和現在的支持者所主張，能夠減少貧困呢？是否有數據和科學可以支持這種長期以來的道德爭論？

在十九世紀末，英國的統計學家試圖利用數據來回答這些問題。我們不該忽視這種即使在當時，仍然算相當**奇特**的做法。今日，我們都期待政策制定者以數據為依據──或者至少假裝如此。雖然現在某些批評者經常會質疑，關於疫苗和全球氣候變化的科學共識背後所依賴的數據。但一般而言，我們多半期望把民主決策過程中的重要技術層面，交給具有數據和分析手段的專家，亦即我們共同賦予了他們這種權力。

在政策問題上聽從科學專家的意見，並非明智的作法。因為這會把政策問題轉化為科學問題，超出了黨派爭吵或哲學辯論之外。正如法國

歷史學家亞蘭‧德侯西埃所說,「一個政治問題」被轉化為「使爭議得以仲裁的測量工具。」[8] 如前所述,霍夫曼等於是在為種族歧視和消滅種族提供科學基礎。

在1890年代,英國貧窮問題辯論的雙方,也都開始援引統計數據。改革者如查爾斯‧布斯(Charles Booth),把自己視為倡導利用科學方法來解決重大政策問題的擁護者,認為這種方法未曾受到傳統政治分歧和道德觀點的汙染。「科學必能重新制定生活的法則,」他寫道,科學的方法,而非宗教的方法,將「引導我們找到治理問題的真正解決方案。」[9] 布斯首次提出了「貧窮線」的概念,用來區分能夠最低限度地照顧家庭的人,和無法做到的人。1894年時,布斯發表了《英格蘭和威爾斯的老年貧困》(*The Aged Poor in England and Wales*),這是充滿數據和表格的一部描述社會的重要著作。布斯的做法相當腳踏實地,他的願景是透過一支團隊收集鉅細靡遺的「地方知識」,以實現關於整個倫敦的調查。藉由這些數據,他在書的結尾提出了一系列具有政治意義的主張。其中最特別的是,他否定了過於慷慨的「外援」會讓窮人變多的「嚴厲關愛觀點」(tough-love belief):「在外部給予的救助比例與整體貧困百分比之間,並沒有任何普遍的關聯性。」[10] 布斯的統計過程很快就受到厄德尼‧猶勒的持續攻擊。

猶勒將加爾頓和皮爾森為生物學開發的技術,應用在政策問題上。他把回歸分析從一種研究遺傳的方法,轉變為一種「擬合」(fitting)資料的工具,以探究因果關係。[11] 每一位心理學家、政治科學家、經濟學家在進行回歸分析時,都是在延續猶勒的做法。他把新的資料分析技術,應用於提出與社會世界相關的政策主張。因此新的專家需要的不僅僅是數據,還需

要強大的分析技術來表示、預測和規範。

1899年時，猶勒發表了一篇文章〈對英國貧困變化原因的調查〉（An Investigation into the Causes of Changes in Pauperism in England）。在這篇文章中，他探討了公共援助與貧困之間的關聯。猶勒的回答與布斯相反，他宣稱資料顯示，財物援助（外援）會導致窮人增加。猶勒也試圖揭示貧困變化的**原因**，他的方法讓對於回歸分析的解釋，從**預測**轉變成可能的**建議（解方）**；因為當問題被解釋為是跟「因果關係」有關的知識（譯注：研究造成問題的原因）時，便可被用來制定政策方針。

然而，該如何確定某件事物的因果關係呢？在猶勒的導師卡爾・皮爾森眼中，因果關係是舊式的，已經不適用了。皮爾森認為了解因果關係是**不可能的**。他更讚美「相關性」的力量，來取代我們對因果知識的渴望：

> 正是因為兩個事件之間的相關性概念，可以涵蓋從完全獨立到完全依賴的所有關係，也就是我們需要用來取代舊有因果觀念的一個更廣泛的類別。宇宙中的一切現象僅僅發生一次，沒有重複的相同現象，所以個別現象只能被分類。而我們的問題在於，一組類似但不完全相同的東西被我們稱之為『原因』，它會伴隨或後續出現另一組類似、但不完全相同的東西，我們稱之為『結果』。[12]

雖然最初是跟隨皮爾森的思路，但猶勒最終試圖克服這種限制人類知識的方式。因果關係的誘惑促使猶勒更深入探索：創造新的數學和新技術來處理與政策相關的數據。

猶勒了解其中的重大哲學危機:「經濟現象之間的因果關係研究⋯⋯提供了許多得出謬誤結論的機會。」社會和經濟領域的複雜性,無法進行像物理學上的那種大規模簡化。他解釋說,統計學家無法「自己進行實驗」,因此「他必須接受日常經驗的數據,並盡可能探討整體變化的關係。」與物理學家不同的是,統計學家不能「一次只把問題縮小到一種變量的影響。從這個意義上來看,統計學的問題比物理學的問題要複雜得多。」[13]

統計學需要新的工具,用來研究社會的複雜性並揭示社會問題的原因,像是窮人的增加等。我們如何在不同的地點和時期衡量這些問題呢?

為了開始回答這些問題,猶勒利用了加爾頓和皮爾森的工具。他們主要將工具集中在生物數據上:動物世代之間的關係,以及任何給定動物的身體部位之間的關係。眾所周知,這些動物當然也包括人類。猶勒特別利用了回歸分析工具,將其應用於經濟現象上。所以猶勒最終主張,當觀察數據與背景知識相互結合時,便可用來推斷因果關係,以及建立政策架構選項。

一門好的科學,必須能面對經濟變遷的複雜性 —— 在此情況下即指「可能影響貧困率變化的各種原因。」[14] 猶勒認為,可能的原因包括:

1. 在法律執行過程中的方法或嚴格程度的改變。
2. 經濟條件的變化,例如,貿易、工資、價格和就業率的波動。
3. 一般社會特徵的變化,例如,人口密度、擁擠程度或某個地區產業的性質變化。

4. 更多道德性的變化，例如，透過犯罪、非法行為、教育或某些特定原因的死亡率統計。
　　5. 人口年齡分布的變化。[15]

　　猶勒表示，第一類變數尤其值得關注，因為這類變化「可能透過相關負責當局的直接行動，可以更快速地實現。」

　　不過到底該如何調查起呢？

## 從相關性到因果關係

　　借助皮爾森和加爾頓的工具，猶勒還發現外部救濟和貧困，實際上有著很強的**相關性**：「總貧困率與外部救濟比例之間存在**正相關**，即前者的高平均值對應於後者的高平均值。使用的方法似乎毫無疑問。」[16] 布斯曾經提出相反的觀點，並根據幾個例子進行分析。猶勒則批評布斯把範例混為一談：「深感遺憾的是，像布斯先生這樣的統計學家舉出了這麼多的例子，卻犯了『將普遍結論建立在特殊例子上』的基本錯誤。」[17]

　　猶勒最初堅持必須謹慎理解這種論點：他的主張「並不代表外部救濟的低平均比例，就是讓貧困平均比例降低的原因，反之亦然。」他解釋說：「更清楚地說，我並不是簡單地認為，外部救濟在某一個聯盟（有濟貧院的救濟聯盟）中，決定了貧困比例的高低，而貧困在另一個聯盟（沒有濟貧院的救濟聯盟）中，決定了外部救濟的比例高低，因為從平均值來看，你無法說明哪個是因哪個是果：我的意思是外部救濟和貧困在同一聯盟中會

相互影響。」[18]

猶勒發現單憑相關性是不夠的,並不足以指導政策?但我們該如何克服基於相關性而得出錯誤推論所帶來的內在危機呢?

標準的回歸方程式會是:

貧困的變化 = A + B ×(外部救濟比例的變化),
其中A和B是常數。

這說明什麼問題呢?「貧困變化與外部救濟比例變化的關聯,可能歸因於外部救濟對貧困的直接作用,或兩者與經濟和社會變化的共同關聯。」[19] 換句話說,它們可能因為某個共同原因而一起變化。

猶勒試圖在他的回歸分析中加入其他特徵,來馴服這條巨龍:

貧困的變化 =
a + b ×　　（外部救濟比例變化）
　+ c ×　　（年齡分布變化）
　+ d ×
　+ e × ｝（其他經濟、社會與更多原因的變化）
　+ f ×

猶勒希望透過這樣的方法來隔離原因,例如顯示年齡分布變化（c×）並非唯一常見的原因。[20] 歷史學家史蒂芬‧史蒂格勒（Stephen Stigler）說猶

勒「使用回歸方程式做為一種工具，既揭示了他所尋找的關係，也能納入手上其他變數的潛在影響。」[21] 他有條不紊地進行，直到相信已經排除了所有可能的隱藏原因。「除非能夠顯示出另一個與外部救濟比例變化密切相關的量，可以解釋這種觀察到的關聯性，否則我們別無選擇，只能將結果視為政策變化對貧困變化的直接影響。」[22]

完成這項任務需要大量計算，猶勒使用了布朗斯維加（Brunsviga）手搖式機械計算機。他說，「如果沒有這台機械輔助計算工具，我幾乎無法進行這項工作。」[23]

猶勒在他的論文中總結：「整體貧困率的變化始終顯示出與外部救濟比例變化的明顯相關性，但與不同聯盟中的人口變化或老年人比例變化的相關性很小。」從政策的關聯來看，他指出：「無論如何，除了政策變化對貧困人口變動的直接影響之外，似乎不可能將觀察到的大部分貧困變化與外部救濟比例變化之間的相關性，歸為其他因素。」[24] 然而……猶勒始終未能真正克服，將關聯性與因果關係混淆，所可能導致錯誤結論的危險，許多後來的學科也未能克服這個問題。「經濟現象之間的因果關係研究，」他指出，「提供許多得出錯誤結論的機會。」[25] 正如猶勒最早且最尖銳的批評者、經濟學家亞瑟·皮古（Arthur Pigou）所指出的：

根據觀察，在國內的各個不同聯盟中，正在實施和已經實施過的各種政策，是以統計推理的方式，在「事後」證明某一政策比另一政策具有更好的經濟效果。[26]

「這種統計推理的根本缺陷，」皮古堅稱，「就是某些最重要的影響因素無法被定量測量，因此，不論其推理如何精細，也無法納入統計機器的管轄。」[27]

我們很容易假設出一個潛在原因，用來解釋外部救濟與貧困之間的相關性。實地的真實知識可以很快地提供答案，猶勒在1909年的對手皮古基於這些知識，提出「更好的行政管理」是導致貧困和外部救濟都增加的根本原因。「由這種情況來看，更自然的推論應該是，（觀察到的）外部救濟比例與貧困百分比之間的相關性，並非源自任何直接的因果關係，而是因為這兩者都受到了『一般行政管理』特性的影響。」[28]

然而，這位批評者並非盲目反對工業化與技術進步的「盧德派分子」（Luddite，譯注：英國民間對抗工業革命、反對紡織工業化的社會運動者），而是一位對「從相關性推理可能帶來的危險」，進行過詳細思考的學者。我們可以從圖表中看出這種差異。猶勒宣稱第一種情況為真，而他的對手則提出了一個替代原因。

過了將近一世紀之後的評論家，著名統計學家大衛·佛里德曼（David Freedman），讚揚了在面對統計建模時透過「實地考察」所獲得的知識：「統計的技術，很少能夠替代良好的設計、相關數據以及在各種情境中檢驗預測的現實。」[29]

儘管技術上非常出色，猶勒的方法對於如何只靠數學來區分相關性和因果關係方面，並沒有答案。然而跟許多後來的追隨者不同的是，猶勒清楚了解這點。儘管在他的論文標題中加入了「因果關係」（causes）一詞，但他以一個隱藏的注腳，做為其知識論的逃逸（epistemic escape，編按：

Chapter 4 數據、智慧與政策 91

用於面臨認識論上的困境或限制時，又做認識論的逃逸或出路）：「嚴格來說，『由於』（due to，譯注：因果關係）應作『與……相關』（associated with，譯注：相關性）。」[30]

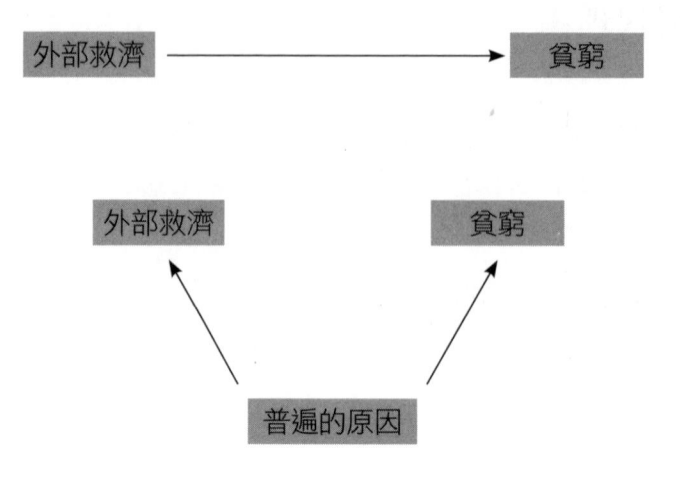

```
外部救濟 ──────────▶ 貧窮


外部救濟           貧窮
     ▲           ▲
      \         /
       \       /
        \     /
       普遍的原因
```

導致外部救濟和貧窮增加的其他潛在原因。這張圖表受到大衛・佛里德曼的啟發，《從相關性到因果關係：關於統計學歷史的一些評論》，統計科學14卷，第3期。（1999年8月1日），248–89頁。

儘管猶勒的工作在窮人法案的辯論中，並沒有立刻產生實際的影響，但他的技術將成為許多門學科尋求科學地位的核心：首先是經濟學，然後是心理學，再到政治學，所有這些學科，都將「多元回歸」（multiple regression）分析，做為撐起其專業聲響的基礎技術。雖然猶勒的分析在他的時代未能影響政策，但這類分析已經架構了好幾代人的實際生活。而且

雖然有著邏輯和論證的問題，但回歸分析仍然是社會科學和政策科學中的主導工具，也往往被當成科學分析的必要標記。

## 設計與代理指標

這場十九世紀的辯論，在根本上就是關於**貧窮**。貧窮與富裕一樣都無法直接測量，因此，任何希望量化貧窮的人都必須選擇一些更容易測量的東西，也就是一種代表貧窮的「代理指標」（proxy，編按：又作替代指標，用於貧窮等無法直接測量的概念）。科學家經常必須做這類選擇。雖然這些選擇是必要的，但既非中立也非無問題，因為它們是讓知識成為可能的一種設計下的選擇，但也容易被嚴重誤解。

在英國的辯論中，貧窮的關鍵代理指標是「窮人」（pauperism）。與貧窮不同的是，窮人是一個「行政上」（administrative）的分類，並不是人的特質，而是政府如何對他們進行分類的方式。行政分類提供了一種使用既定「定義」來分類人群的方法，這些定義使得官僚機構能夠在大規模範圍內進行管理，它們會產生可供分析的數據集。行政分類是強大的慣例，對於分析社會是必要的，但並非自然界的真理，只是被創造出來供人使用的工具。

法國歷史學家德侯西埃解釋說，像窮人這樣的對象「其存在依賴於社會的規範化，透過行政過程的結果具體化，而這個行政過程的形式是變動的。」

而「具體化」就是把概念當是實體的一個漂亮詞語，在字面上是指把

抽象的概念變成基於現實事物的實體。這雖然是個危險的錯誤，然而在考量社會、政治和商業問題而使用統計工作時，這種錯誤的危險性會持續存在。「正是這種從過程到事物的滑移，」德侯西埃寫道，「讓猶勒的結論在詮釋時如此棘手。」[31]

具體化牽涉到一種基本錯誤，亦即將對我們有用的規範當成實際的存在。在智力及其與種族關係的研究中，具體化的危險效果可能最明顯。

## 智力測驗的誕生

統計學家普拉桑塔・馬哈拉諾比斯的眾多職責之一，就是負責分析學校和學院的管理情形。如同當時及現今世界各地的行政人員一樣，經常會把智力測驗做為入學程序的一部分。而且也跟其他智力測驗者一樣，他將「學術成功」與一項最初基於學術成功的測試（IQ智力測驗，intelligence testing），進行了相關性的分析，進而發現兩者之間具有很強的相關性。馬哈拉諾比斯是第一位創建孟加拉語智力測驗的人，他謹慎地避免了許多同時代人的隨意做法。雖然他花了幾十年時間研究印度的種姓和部落，但他並未對種姓之間的智商差異作出任何重大說法，尤其沒有宣稱可以用先天智力的差異，解釋並合理化社會和政治地位的差異。也就是說，他並沒有把測驗結果變成關於智力本質的主張，也沒有用它來合理化這種天生的階級。

學者希夫朗・塞特勒（Shivrang Setler）也展示了他如何把測驗視為實用工具而已。[32] 許多同時代的人往往沒有這種克制，他們會把測驗結果與成

功指標之間的相關性,解釋為因果關係,將前面說過的代理指標「具體化」為毫無可行機制的事物。更糟糕的是,他們大規模地呼籲並提供科學理由,支持從反移民措施到強制絕育的荒謬優生學計畫。

1904年,一位英國心理學家揭露了一個令人驚訝的結果:拉丁語和希臘語的學習,即使在擁有蒸汽機、電報和鐵路的現代,也能提供良好的領導者資歷。因為拉丁語和希臘語的能力,與這位作者所說的「一般智力」(general intelligence)＊最為相關。

> 「與其持續徒勞無功地抗議說希臘語語法的高分,並不能測試出一個人指揮部隊或管理省份的能力,我們終將能夠確實判定各種測量一般智力方法的精確程度,然後以同樣**客觀正面**的方式,確定這種一般智力相對於其他特徵的實際重要性。」[33]

在一篇傑出的實驗心理學論述中,作者查爾斯·史皮爾曼(Charles Spearman)描述了各種不同的認知和感官能力之間,具有強烈的相關性。接著他推理說,這些能力都可以用一種基本的一般智力形式來理解,他稱之為「g」。在史皮爾曼的解釋中,某人在古典學科(拉丁語、希臘語之類)方面勝出的優秀,並非因為學習了古典學科,而是因為古典學科學習方面的優秀,最能與其他形式的優秀相互關聯(譯注:最能用來做為測量智力的指標);古典學科的優秀最能代表較高的先天智力,或稱為g。

---

＊ 編按:在臺灣心理學及教育學領域中,general intelligence 通常譯為「一般智力」。

| 活動項目 | 與一般智力的相關性 | 一般因子與特定因子的比例 |
| --- | --- | --- |
| 古典學 | 0.99 | 99 對 1 |
| 常識 | 0.98 | 96　　4 |
| 音高識別 | 0.94 | 89　　11 |
| 法語 | 0.92 | 84　　16 |
| 聰明程度 | 0.9 | 81　　19 |
| 英語 | 0.9 | 81　　19 |
| 數學 | 0.86 | 74　　19 |
| 無文化者中的音高識別 | 0.72 | 52　　48 |
| 音樂 | 0.7 | 49　　51 |
| 光線識別 | 0.57 | 32　　68 |
| 重量識別 | 0.44 | 19　　81 |

在創造 g 的過程中，史皮爾曼將大量的能力測量，簡化為可以用來排名的單一數值。這項工作基於一種新穎的數學方法：他展示了如何從許多變量中，識別出背後的或「潛在」的因素，這些變化及其相關性背後的因素稱為因素分析（factor analysis），是現代統計學的核心。如果你的目的是對人類進行「排名」的話，這種技術非常有效，因為它會把每個人多方面的豐富特質，簡化為由單一潛在因素衡量的東西。這在我們現今的演算法世界中是相當核心的技術。

史皮爾曼和他的許多追隨者們，又更往前邁進一步。他們把這個潛在因素，亦即一種從能力之間的相關性中抽象出來的「概念」，轉化為實體。他們「具體化」了它：這種相關性被轉化為人類擁有的真正存在的東西，即「一般智力」。而且史皮爾曼相信，這種智力大部分是遺傳的。

在高爾頓的優生學計畫中，他假設最優秀的人擁有更高的天賦能力（natural ability）*，但他沒有直接測量這種能力的方法。因此他主張，「名聲」是一個良好的代理指標，可以用來衡量天賦能力。然而，這種說法顯然需要更好的操作程序。而史皮爾曼提供了測量任何人的智力所需的技術，而且關鍵作法是把這些人按智力從高到低進行分級。正如某位歷史學

---

\* 原注：「我所說的天賦能力是指那些智力和性格上的特質，它們會推動著並賦予一個人具備贏得聲譽的行為能力。我不是說只有能力而無熱情，也不是只有熱情而缺乏能力，甚至不是指兩者在結合後，卻沒有足夠的能力去完成大量艱難的工作……天賦指的是，如果讓它自行發展時，會受到內在刺激的驅使，攀登通往卓越的道路，並擁有抵達巔峰的力量。當受到阻礙或挫折時，它會焦慮不安並努力奮鬥，直到克服阻礙，重新自由地跟隨其熱愛勞動的本能前行。」——佛朗西斯·高爾頓，《遺傳性天才：對其規律和後果的探究》（倫敦：麥克米倫，1869 年），37-38 頁。

家的解釋:「統計個體差異的科學是由高爾頓發明,皮爾森將其系統化,史皮爾曼則把它應用在心理學。」[34]

憑藉這些判別智力的技術,史皮爾曼終於讓心理學得以跨越到真正的科學領域。他在1923年解釋著:「我們必須勇敢地期待,心理學長期以來缺失的真正科學基礎,終於建立完成。讓心理學可以像其他穩固建立的科學一樣,甚至跟物理學並駕齊驅。」[35]

在討論1924年的《美國移民法》(亦被稱為強森─里德法案,這是個相當惡名昭彰的移民限制法案)時,史皮爾曼解釋:

> 幾乎所有研究者都強調的一個整體結論:以「智力」而言,日耳曼族群平均相對於南歐族群有明顯的優勢。這種結果似乎對最近非常嚴格的美國移民入境法政策方面,產生相當重要的實際後果。[36]

儘管如此,史皮爾曼仍然謹慎地指出教育方面的社會條件差異:

> 有大量證據表明,不同種族之間確實存在差異,至少在「g」方面的如此判斷。然而,即使這些種族差異真的存在,它們當然也比不上同一種族內部的個體差異。[37]

然而那些受到史皮爾曼啟發的人,在結論的表現上相當不受約束,其程度甚至不會讓這麼一點學術欺詐,妨礙他們的種族主義科學,正如史蒂芬‧傑伊‧古爾德(Stephen Jay Gould,美國古生物學兼知名科普作家)等

作者早已證明過的。高爾頓的追隨者中,有許多人比史皮爾曼更狂熱地支持優生學,熱切採用了他的技術。[38]

皮爾森擔心他的優生學同道們,可能會因為對於遺傳特徵證據的渴望,妨礙了更為謹慎的調查。他是對的。因此皮爾森批評了倫敦大學學院的同事史皮爾曼,指責他並未證明其一般智力假設:

> 非重疊的心理能力本質,應該在進行測試之前,由心理學共識來選擇,也應運用經過訓練的電腦,並且如果可能的話,還應該發展出更完備的整體數學理論。這樣我們才有更好的機會:要麼完全否定整個理論,要麼證明它值得投入更多精力去發展。然而,目前我們只能得出一個明確的結論:尚未得到證實。[39]

若要詳細講述有關智力的悲劇性故事,很可能會讓我們偏離本書主題。隨著智商測驗的普及,廿世紀初的十年間,人們對於「智力」的理解發生了戲劇性的轉變。歷史學家約翰・卡森(John Carson)解釋,智力突然變成了「一種可區分的、可量化的、單線性的實體,決定了個人或群體的整體心智能力。」[40]人類和種族可以被排列在一個線性量表上,而便利的測驗可以識別並確定人們在這個量表上的位置,使得分配學校或工作的任務變得簡單明瞭,這種觀念至今依舊迷惑著我們。

直到今日,科學種族主義者(scientific racists)仍然利用史皮爾曼的方法,對人類進行排序,而且幾乎完全忽略了他原有的細微差別。令人驚訝的是他們至今依舊如此做,這就像是一種永恆的重現,要求我們時時保持

在統計學上的警覺。每一代的人都會遇到另一個鐘形曲線，它自信地將當前的不平等偽裝成具有科學嚴謹性的假象。[41]

## 從數據的願景到數據的實現

南丁格爾、高爾頓和凱特爾都夢想著可以系統地收集關於人的數據，以便用來指導政策制定者；皮爾森則組織了一個主要由女性組成的團隊來進行資料收集和分析。這些改革者希望將人變成穩定的官僚實體的夢想，在廿世紀初開始得到了實現。[42] 在廿世紀前半段，對於人口資料的收集迅速擴張，美國、歐洲及其殖民地均有拓展。我們現在視為理所當然的記錄表格如出生證明，已經前所未有地把人變成一組組數據。這一切是透過大量、重要、但充滿爭議的工作來實現，因此被歷史學家萬貴穆伊蓋（Wangui Muigai）描述為一場「圍繞著如何為個人進行身份認定，以及如何構建和記錄這些身份的勞動過程中的互動、對抗和爭議。」[43]

正如150年前，德國的批評者對「庸俗統計學」（vulgar statistics）的瞭解：把事物放入數字類別或簡單分類中，就會忽略掉事實與差異性。如果對一個國家的所有居民進行這樣的分類，就不只是對他們分類而已，還會把他們對本身以及與法律、醫療和教育機構之間關係的理解加以結構化。例如，在美國，當局會謹慎地為每一個嬰兒精確歸類其種族和性別，以確保社會秩序。「修訂過的出生證明表格，」穆伊蓋解釋，「成為了在維吉尼亞州從出生時開始監控『誰被認定為白人，誰被認定為黑人』的一種重要工具。」[44] 印度在殖民時期，主要關注的是將人們歸類到行政和種姓類別

中。隨著出生證明和人口普查的普及,智力和人格測驗在第一次世界大戰後也蓬勃發展。這整個過程並不平順,常常遭到抵制和忽視,且往往不是通過複雜的數理統計,而是透過傳統的官僚文書作業和標準化程序來進行。馬哈拉諾比斯在努力進行對孟加拉地區致命的「後期殖民飢荒」統計調查時指出,嚴謹的數據收集需要建立「一個高效的人力組織,配備精心挑選和培訓的工作人員。這件事需要時間,如果沒有這樣的時間,結果往往不僅無效,甚至有害。」[45]歷史學家桑迪普・梅蒂亞(Sandeep Mertia)指出,馬哈拉諾比斯的努力集中於「資源和人力有限的條件下,在規模和計算工作的標準化上……而且是在印度這種大規模且語言和社會文化殊異的地理環境中。」[46]

從1930年代開始,美國政府的統計學家引入了一種稱作「代表性抽樣」(representative sampling)的技術,不必全面性登記每個人或每座農場的詳細資訊,就能做出關於整個國家的新統計推論。伊曼紐爾・迪迪埃認為「代表性抽樣調查的出現,伴隨、啟發並確認了新政府干預主義的誕生」,這種干預主義是新政(New Deal)之後,廿世紀中期「福利國家」的特徵。[47]當時德國及其他地方的專制政權,進一步深入公民和企業的私人事務中,建立更全面的監控系統。[48]而在毛澤東時期,中華人民共和國拒絕了樣本的代表性,將其視為資產階級的數學花招,並以真正共產主義的「全面報告和普查方法」取而代之。[49]在這些不同案例中,龐大的資料收集和分析工作,讓我們對於國家、人口和經濟劇變的理解成為可能,並且還能據此採取行動。伴隨著這些龐大的資料收集工作,出現了能夠自動處理資料的基礎設施。在數位電腦出現之前很久的年代,最著名的設備就是

霍勒瑞斯（Hollerith）打孔卡機。歷史學家亞當・圖茲（Adam Tooze）認為「全球的官僚們之所以會幻想自己無所不知」，就是因為打孔卡機的出現。「這是第一次，人們開始可以設想一整個國家在一個單一的資料庫中被記錄下來，並且可以透過機械處理設備瞬間存取。」[50] 一部講述早期全球統計學歷史的書指出了，「微觀統計數據所呈現的人口統計數據，在社會學上的價值尚未被完全理解。」作者解釋，如果沒有打孔卡機，「我們便無法期望可以揭示必須了解的所有真相，以便成功應對原先有所缺失的移民法，強加給我們的各種種族混合問題。」[51] 然而，不論這些資料處理機器能將人類生活的紋理整理到何種程度，把人類生活轉換為用機器處理資料的過程，依然會呈現出分層結構，我們可以正當化並擴展這種分層結構，當然也可以挑戰它。

## 科學種族主義的傲慢

在所有逃避思考「社會和道德對人類思想影響」的庸俗模式（vulgar modes）中，最為庸俗的就是把行為和品格的差異，歸因於先天的自然差異。

—— 約翰・史都華・密爾（John Stuart Mill）[52]

統計學的歷史，可說是與一長串試圖證明「社會階級是基於人與人之間的天賦差異」，包括按照性別、種族或階級區分的這種悲慘故事，緊密交纏在一起。我們屢屢被這些主張欺騙，就算到了現在的基因時代依舊如

此。[53]對於少數那些宣稱天賦差異恰好可以反映當前社會安排的主張，我們應該對它們抱持更多的懷疑態度。歷史教會我們，必須對這類主張所使用的數據、數據的操作方式以及從中得出的推論，提高警覺。該注意的事項相當簡單：我們對許多提供統計和統計推論的人所宣稱的事知之甚少，所以這個時代需要像杜波依斯這樣的人來提醒我們。

霍華德大學數學家凱利・米勒（Kelly Miller）在對霍夫曼種族統計處理的評論中，猛烈批評其推論不可靠以及資料有缺陷，甚至並未考慮其他解釋所造成的問題：「這個假設對於其所涵蓋的事實，解釋的並不如其他假設那樣令人滿意。作者未能考慮到，那些令人沮喪的觀察事實，主要是來自解放和重建時期的激烈動盪所造成，因此這些現象只是暫時性的。」[54]

儘管數據和新技術呈現爆炸性的成長，然而在廿世紀初，並沒有人知道該如何測試這些不同且相互競爭的假設。我們需要創造一種新的科學來回答一些迫切的問題：哪種肥料促進了大麥生長？哪種藥物效果最好？而這種科學最早是在健力士啤酒廠（Guinness Brewery）創造出來的，創造者是一位在歷史上被稱為「司徒頓」（Student）的人。

# Chapter 5 數據的數學洗禮
## Data's Mathematical Baptism

由於1886年健力士股票首次公開發行造成的聲勢如此巨大，以至於野心勃勃的投資者們，甚至擠破了他們的負責銀行、也就是著名的巴林銀行的大門。愛德華·健力士（Edward Guinness）出售了公司65%的股份，獲得了600萬英鎊，公司估值也達到大約900萬英鎊——以今天幣值來計算，等於超過了3000億美元。不論是因為投機狂熱或其他因素，都讓健力士突然擁有充沛的資源，可以利用當時最新的技術：「統計學」，來改變其業務。因此，早在資料科學承諾改變商業實踐的一百年前，健力士的團隊就嘗試創造一種工業化的「釀造科學」。擁有大量資金的健力士，就像今日矽谷或深圳的多金企業一樣，聘用許多年輕有才華的科學家和工程師，任命他們為「釀酒師」，並為他們建設新的實驗設施。情況就像現在一樣，新的科技威脅著讓舊有的專業知識變得過時，而且它們通常做得到。舊有的農業知識和專業技能，在面對新的化學和數學工具下，逐漸退場。

無論是在檢驗啤酒花、大麥或不同肥料的效果上，健力士的研究科學家都遇到了兩個主要難題：他們的觀察樣本數量有限，且這些觀察結果之間存在相當大的差異。[1] 他們需要一種方法來評估哪些差異是重要的，哪

些差異是顯著的。這就是所謂的「顯著性檢定」（significance test，譯注：當某次檢驗的結果在原假設下不大可能發生時，該結果即被認為具有顯著性差異）。威廉·高斯特（William Gosset）是其中一位數學傾向較強的科學家，正是他提出了顯著性檢定的方法。所有這些努力都是為了有更好、獲利更高的啤酒。（編按：前章節末提到的司徒頓，即為高斯特的筆名。）

在本章中，我們將探討三位與顯著性檢定與假設檢定（significance and hypothesis testing）的創立最為相關的科學家：威廉·高斯特、羅納德·費雪（Ronald Fisher）和耶日·內曼（Jerzy Neyman）。他們各自對問題有著截然不同的關注點。高斯特希望確定最佳的釀酒過程，以生產最好的啤酒，他的工作屬於工程範疇；費雪希望獲得科學知識，他的工作屬於科學範疇；內曼則希望根據證據做出最佳選擇。每位科學家都提出了用數據和新興的「數理統計」領域來做出決策的方法。不過他們對於「決策」的解釋完全不同，亦即最後導致了不同的結果。

高斯特是一位工業統計學家；費雪是位紳士科學家；內曼則是廿世紀中期的理性規劃者。高斯特設計了統計方法將利潤最大化，他透過提升味道、一致性（編按：指啤酒的品質、風味等）和耐存性來實現。費雪的目的則在透過統計，創造出針對世界真實狀況的科學知識。內曼則希望根據手頭的證據，以最理性的方式做出選擇。他們共同創造了一種新的科學理解——透過統計來測試假設。

# 高斯特：釀酒測試

1923 年，一位健力士的重要員工解釋了進行科學實驗的目的：「測試不同穀物品種的目的，是為了找出哪些品種能為農民帶來最大的收益。」[2]（編按：測試之英文「test」，隨行文之表達需求，可能譯為試驗或檢驗等。）

實驗很重要，但也很昂貴。我們現在比較擔心的是處理過多數據所帶來的麻煩。相較之下，當時的問題則是數據過少，以及進行更多實驗來獲得更多數據的實際成本。上述解釋的作者威廉・高斯特是一位從工程師兼實用數學家轉行的釀酒師，他對這個問題的解答，徹底改變了統計和實驗的科學。高爾頓和皮爾森過去使用的方法對於大數據集來說非常合適，但高斯特認為現在需要不同的方法：

> 有時候，我們必須從很少的樣本數中判斷結果的確定性，而這些樣本本身只提供了變異性的單一指標。某些化學實驗、許多生物實驗以及大多數農業和大規模實驗，都屬於這一類，而這些實驗至今幾乎都不在統計學調查的範圍內。[3]

相較於卡爾・皮爾森（Karl Pearson）所關注的大量生物數據，高斯特關注於數據量較小的工業應用。[4] 直接收集大量的人口測量數據，會比進行昂貴的工業和農業實驗更容易且便宜得多。這也促使高斯特發展出一套技術，用以評估小型數據集推論的可信度，並且盡可能降低成本。他認為實驗方法需要以最小化成本來實現利潤最大化。「在我們的工作裡，」他在

寫給皮爾森的信中說,「所要追求的確定性程度,必須取決於藉由實驗結果所獲得的『財務利益』,並且需要考量新方法(如果有的話)可能增加的成本及每次實驗的『成本』相互比較。」[5] 若不考量成本,就無法對顯著性(significance)差異,作出整體性的判斷。高斯特在假期裡,騎著自行車去見皮爾森,並學習「幾乎所有當時正在使用中的方法。」[6]

## 高斯特的檢驗法

假設你喜歡啤酒,而且更重要的是,你希望透過釀造啤酒來賺錢。由於你釀造的是健力士啤酒,所以你想改善大麥的產量。你可以進行不同的實驗,例如,肥料、灌溉、品種等,但你該如何確定你所做的改變是有效的?高斯特設計了一種檢驗方法來協助評估實驗,稱為「司徒頓 t 檢定」(Student's t-test)。假設你有十塊相鄰的田地,並間隔種植兩種不同大麥。接著你測量每塊田地的作物產量,並比較每塊種植第一種大麥的田地與每塊種植第二種大麥的田地的產量多寡,兩者幾乎總會有一些差異。但是,這些差異中,有多少是由於隨機變化,又有多少是由於不同的品種所致?我們需要確定差異是否僅由正常的波動造成,而不是任何特定的原因(在此是指不同品種之故)。在高斯特的檢驗中,我們透過將差異的平均值除以標準差再除以資料點的平方根來計算一個統計量。接著我們可以查閱表格,看看這些資料來自隨機變異的機率有多大。如果隨機變異「極度不可能」(extremley unlikely)產生與這些數據描述的植物產量相符的結果時,我們便有充分理由相信某一品種的大麥生長得更好。我們後來了解這就是「檢驗假設*」,亦即某一品種的大麥的生長更多;對比於虛無假設(null hypothesis）**，亦即「兩種大麥的生長量大致相同」的情況。

你可能在想什麼是「極度不可能」。1/10的機率能做為證據證明某事只是隨機變異嗎？1/20？1/100？1/1000000呢？這是一個實驗者的決定，也就是一種選擇。它不是由科學給出的，而是關於：什麼會讓我們感到安心，確信某件事是對的，其他的事則不是對的。

對高斯特來說，重點在於能為他的公司賺錢。他關心的是幫助健力士將利潤最大化，檢驗所能獲得的確定性必須考量這個重點。因此，高斯特並未提供一個關於統計顯著性的規則。

高斯特透過這項研究，提供了一種全新的思考，亦即「可以在不確定條件下做出決策」的方法。他提供了新的數學技巧，用於根據不確定的證據來選擇一種行動方案。這種新的數學方法協助我們決定某些證據是否足夠確定，以便應用於特定的問題上。高斯特稱這種方法為「金錢的」方法，可以用來解決「構成適當知識以便做出商業選擇」的問題。

由於聘僱與重視像高斯特這樣的應用科學家，讓健力士在啤酒生產以及過程中的所有工業和農業方面，開創了科學推理的應用。作物的變異逐漸被品種的標準化取代，在地釀造的特色讓位給標準化且品質更穩定的啤酒。實驗中小樣本量的變異挑戰，激勵高斯特進一步探索數學技巧。高斯

---

\* 編按：原文使用 testing a hypothesis。論文、期刊、教科書與專業組織如美國統計學會（ASA）、皇家統計學會（RSS）等的統計學既定術語為「hypothesis testing」，臺灣學界的標準譯名為「假設檢定」。

\*\* 譯注：虛無假設，又稱零假設，例如，在相關性檢定中，一般會取「兩者之間無關聯」做為虛無假設。

特和團隊的目標，並不是科學知識本身，而是在使用數學工具來優化整個釀造過程，以提高品質、耐存性，最後提高獲利。[7]

由於身為健力士的員工，因此高斯特被要求必須以化名來發表他的實驗結果，所有跟釀造相關的參考文獻，也都必須替換為其他主題。他的研究現在是以「司徒頓」（Student）的名義為人所知。就像我們接下來會看到關於統計學和資料科學的歷史一樣，都充滿了每位作者「隱藏」促使他們研究和創新的資料和動機的情況。

高斯特發表在皮爾森（編按：所創刊）首屈一指的統計學和優生學期刊《生物統計學》的工作內容，最初在整個統計界中獲得的關注並不多。因為這類社群更關心用數字來描述社會和自然界，而非對這些問題進行假設排序。隨著時間推移，高斯特的思想透過費雪和內曼的工作，逐漸重新定位了科學和社會科學的方向——他們各自大幅重塑了高斯特的研究成果。

費雪跟高斯特類似，都是將統計學應用於真實世界問題，尤其是農業生產力的問題。而與高斯特不同的是，費雪追求的是科學知識本身。他借鑑了高斯特在小樣本數據上的工作，提出了對科學實驗本身的革命性觀點。

談到數理統計學發展中的偉大人物時，統計學家 F. N. 大衛解釋：高斯特「提出了問題，然後埃貢·皮爾森（Egon Pearson，卡爾·皮爾森之子）或費雪將其轉化為統計語言，接著內曼則利用數學來解決這些問題。」[8]

## 費雪：尋求真理的測試

1925年，羅納德·費雪毫不留情地譴責當時統計學的實用性：「傳統機械式的統計處理過程，完全不適合實際研究的需求。這不僅像是用一門大炮來射擊麻雀，而且還射不中麻雀！」這門大炮對小樣本數據來說並不適用：「建立在無限大樣本理論上的精細機制，對於簡單的實驗室數據來說並不夠準確。」簡單的實驗室數據需要更新的技術，例如，高斯特的技術。這些技術基於更好的數學和對科學實驗本身更好的理解。「唯有系統地依據小樣本問題本身的特性來處理，似乎才能對實際數據進行準確的測試。」[9]

從費雪發展的假設測試形式中，誕生了無數的「p值」（p values，譯注：亦稱機率值，用來判斷實驗數據與原假設的相符程度，p值越低越具有統計顯著性），這些p值從廿世紀中期至今，主導了大量科學研究。在許多醫療和製藥治療相關的有效性評估中，都是法律規定要求的。費雪為統計學奠定了新的數學基礎，取代了過去對科學組成的理解。

就像高斯特一樣，費雪也是在實際的農業背景中發展他的工具，他的地點是洛桑實驗站（Rothamsted Experimental Station，現為英國洛桑研究中心）[10]。1922年時，高斯特曾經在實驗站見過費雪。而且跟高斯特一樣，費雪也為一個舊的實驗計畫帶來了新的數學複雜度。

費雪在洛桑實驗站面對幾代農業實驗累積的數據，並擁有協助指導實驗設計的自由。他的女兒兼傳記作家寫道：「洛桑實驗站的活動、工作人員的興趣和問題、杯盞間的討論等，大幅激發了費雪的創造力和發明

力。」[11]因此他在跟應用農業問題相關的新數學方法上,很快就寫出了論文,也立刻成為了首次集中觀察變異「顯著性」問題的論文[12]。這些問題解決起來,往往相當困難。「我們經常假設,」一篇論文開頭寫道,「栽培作物的差異,不僅在適應不同氣候和土壤條件上有所不同,對不同肥料的反應上也有所不同。」基本問題是,如何從「經驗證據」轉向對不同肥料相對價值的更具「結論性證據」。[13]

答案來自統計檢定(statistic testing),也就是高斯特開發的那種檢定方法。費雪利用他的數學技能和在農業實驗站的經驗,將高斯特的方法轉化為對科學實驗本身的新理解。

1925年,費雪將他的方法整合到一本教科書《研究工作者的統計方法》(*Statistical Methods for Research Workers*)中,他的實驗方法也藉由此書廣為傳播。「實驗室工作者日常接觸到的統計問題,激發了基於這些方法的純數學研究。」[14]該書極具決定性地將舊有的統計學,從關注「總體或平均值」轉向「研究任何變量現象的變異原因,包括從小麥的產量到人的智力等」,一切都需要「檢查和測量呈現出來的變異」。[15]

創建實驗會涉及到假設的提出,並與虛無假設(譯注:前面提過的兩者之間無關聯)進行比較。支持假設的顯著結果,意味著我們相信僅從虛無假設中獲得這些數據的機率非常小,例如,1/20,或5%。雖然費雪否認了任何普遍設定的門檻,但他認為「實驗者通常把5%做為顯著性的標準,亦即他們打算忽略所有未達到此一標準的結果。」[16]

費雪學說嚴謹的設計目的是用來排除那些影響數據判斷的偏見、期望和夢想。如何排除所有可能的干擾因素,不論顯而易見或隱藏的,讓我們

能專注於某個潛在原因的調查？

為了避免科學家在選擇比較時，出現潛在的無意間偏倚，以及排除可能干擾調查的無數其他原因，費雪堅持在實驗創建過程中必須「隨機化」。他主張對待測試的事物進行隨機化，以確保「顯著性檢定不會因為未被排除的干擾因素而受到影響。」費雪解釋隨機化「讓實驗者不必焦慮於考量和估計無數可能擾亂數據的原因。」[17] 為了避免在實驗後操縱數據的危險，費雪要求在數據收集開始之前，先將資料分析計畫和待測假設鎖定。舉例來說，在進行藥物試驗時，我們必須使用的通常是預先登記某種程序，隨機選擇哪些患者將接受我們正在測試的藥物，哪些患者將接受安慰劑。

儘管費雪的許多要求至今仍被視為良好科學實踐的核心，但他的某些要求仍然引起了爭議。自費雪時代以來，批評者對隨機化表示不滿，認為它最好的情況下是浪費，最糟糕的情況下則是不道德和致命的。就製藥領域而言，隨機對照試驗（randomized controlled trials, RCTs）這一黃金標準，無疑保護了消費者免受負面副作用和無效藥物的影響，但這也導致了藥物批准的緩慢和對治療有效性的認定標準變窄。實驗性治療（experimental treatments）上市的延遲，長期以來被製藥業界所詬病，也成為1980到90年代推動識別和治療HIV感染運動的號召點[18]。然而早在此前，高斯特便曾徒勞地試圖讓費雪承認隨機試驗所導致的低效率。[19]

## 自由、優生學與種族的提升

高斯特希望找出更好的流程以測試製作啤酒的原料，而費雪則追求更

遠大的目標：透過實驗所獲得的知識來提升人類的自由。他認為：「如果人類智慧只能在規定的教條性資料下推導出結果，無法獲得唯有直接觀察才能給予的未知真理，那麼人類智慧的解放就必然是不完全的。」[20] 費雪主張，唯有經驗性的知識才能戰勝教條。這種實驗程序的辯護，長久以來困擾著哲學家：我們如何能從個別經驗推導出普遍性的結論？在法西斯主義橫行歐洲之時，費雪認為人類的自由必須依賴實驗：「實驗設計的技巧和對實驗結果的有效解釋，在技術上得到完善的範圍內，必須成為實現充分智識自由的核心主張。」[21]

對於費雪來說，科學不只是提高利潤的機械事業。就他而言，人類進步所涉及的，「不只是生產一個高效的工業機器，或是一種『消極美德』（negative virtues，譯注：例如，謹慎、節制和忍耐這類美德）的典範，而是激發所有特別的人性特質，所有在我們的理解裡，可能有的顯而易見、有的無比微妙等，具有卓越人性的不同特質。」[22] 他的觀點更像是強調人類不同種族之間的衝突對比，而非人性的普遍提升。在一篇比較年輕時的作品中，費雪曾經解釋：「未來會廣泛分布、極富成果且成功的種族，屬於當前的主導國家；而國家之所以成為主導國家，主要是因為其組成人民的忠誠、進取心和合作能力。」[23]

費雪看到了國家種族之間的衝突加劇，但他並未以工業發展的角度來描述人類進步。他的優生學觀點是一種複雜的融合體，將達爾文、尼采和聖公會思想，不可思議地混合在一起。儘管種族戰爭正在進行，但他認為這不是一場企業化的種族戰爭\*。

偉大文明衰退的幽靈，糾纏著費雪的生物學工作。如同其他優生學

家一樣，他也感受到人類在生育力方面的顯著倒置。因為在經濟發達、市場驅動的文明中，最成功的人在生育上卻是最不成功的。因此他認為，社會中的菁英無法充分生育，最終將被較低劣的人所淹沒。文明社會的經濟關係，從羅馬到當代英國，都是退化性的。最優秀的人群逐漸被淘汰，最終導致文明及其創造者的衰退。換句話說，讓經濟邏輯位居主導的觀點，就是人類中最優秀部分的消逝，其中包括科學在內的最高文化形式，以及最具遺傳優勢的人。從他的優生學框架來看，費雪對於那些「以經濟效率為基礎，設計了假設檢定」的統計學競爭者們感到憤怒，這種反應毫不奇怪，因為他們把抵制教條主義的堡壘，變成了更低的文化形式。

## 反對成本函數

而如我們所見，高斯特是根據潛在利潤來評估實驗的有效性。這種實用主義理解的後續版本，讓費雪感到震驚。他認為這樣的做法玷汙了科學探索的純潔性。費雪解釋，任何金錢價值都無法決定知識的範疇：

在歸納推理中，我們不會引入錯誤判斷的成本函數，因為人們在科學研究中了解到，今年而非以後取得或未能取得某一特定的科學進展，都會對研究計畫和科學知識的有利應用產生影響，而這些影響是無法預見的。我們不嘗試評估這些後果，也不認為這些後果可以

---

\* 編按：費雪的這些觀點在當時的西方社會中相當普遍，但在現代社會科學和倫理觀念中已被廣泛批判和拒絕。

用任何形式的貨幣來加以評估。[24]

然而費雪的最大對手並不同意這種說法。大多數人認為假設檢定應該關心的是真理，但內曼認為不論是做生意或研究科學，關心的都是選擇。

# 內曼：為作出決定而測試

波蘭數學家內曼幾十年來一直認為，多數假設檢定的問題在於，大部分的人認為這是關於真理的，內曼則認為這跟選擇有關。「在不期望知道每個單一的假設是真或是假的情況下，我們可以尋找一些規則來指導我們的行為，遵循這些規則，可以確保從長期的經驗來看，我們不會經常出錯。」[25] 我們需要更有效的測試，而不是真理：「基於機率論的測試，本身並無法提供任何有價值的證據，來證明該假設的真偽。」

內曼及其合作者埃貢·皮爾森指出，費雪未能認識到假設檢定中的第二種風險。費雪擔心接受了錯誤的假設，而內曼和皮爾森則強調，應該擔心「錯誤拒絕了本該接受為真的假設」的重要性。因此，在測試假設時，我們需要平衡兩種錯誤，亦即被標記為第一類和第二類的錯誤。費雪建議必須把一個假設與虛無假設進行比較，而內曼和皮爾森則堅持需要比較競爭性的假設。

這種截然不同的統計測試方法是如何產生的呢？內曼結合了極為艱深的數學、對知識的懷疑視角，以及實際的農業工作，但統計學顯然並不是內曼的職業專長。在實驗物理學上以慘烈失敗告終後，這位於戰時生活

在俄羅斯的波蘭學生，轉而專注於將數學重塑為高度抽象的理論基礎。這種數學看似與所有實際應用，包括理論物理學等，都相距甚遠。當時就像現在一樣，類似爬上抽象冰坡般艱困的「純數學家」職位少之又少。不久後，內曼便發現自己不得不從事具有高度應用的統計工作，才能支付帳單和房租。

1920年代，他的觀點在新出現、而且短暫獨立的波蘭國家實驗農業工作中，逐漸成形。內曼當時正在進行一項由科學歷史學家席爾鐸拉・德萊耶（Theodora Dryer）稱為「透過實驗和當時最先進的理論數學，想像『主權獨立的波蘭，成為一個現代繁榮的農業國家』的一種充滿活力的運動。」[26] 就像費雪一樣，內曼和他的同事們也在司徒頓論文中，找到了分析農業實驗的有力工具。內曼的方法應該可以理解成一個以理性創造繁榮經濟的夢想。

他是如何將他所熱愛的高度抽象數學，並與這些具體的農業工作相互關聯的呢？內曼借鑑了英國優生學家和統計學家卡爾・皮爾森的名著《科學的規範》（The Grammar of Science）。[27] 他吸收了皮爾森在書中對於科學的觀點，內曼表示，皮爾森以「不對任何權威妥協的方式」，拋棄所有宗教的、社會的、科學的既有教條——對於那些在俄羅斯想著推翻沙皇和教會的年輕人來說，絕對是令人興奮的東西。他接受了皮爾森對我們真正所知一切，所抱持的深刻懷疑。內曼在晚年時解釋說：

「我最喜歡的觀點之一，是透過閱讀卡爾・皮爾森的《科學的規範》從馬赫（Mach）身上學到的，即科學理論不過是自然現象的模型，而且往

往是有所缺失的模型。模型是一組關於虛構實體（invented assumptions）的假設，這些虛構實體如果被視為研究現象的適當元素代表，那麼構成模型的假設結果，就被預期將與觀察結果一致。而如果在所有相關的實驗中，這種一致性程度讓我們滿意的話，我們就會認為這個模型是充分足夠的。」[28]

對皮爾森來說，知識總是暫時的。「信念，」他解釋，「應該被視為知識的附屬品：在必須進行決策時做為行動的指導，但其機率並不會壓倒性地達到知識的程度。」[29] 我們所能做的最好的事，就是對模型抱以信念，認為它最符合我們目前觀察到的現象。我們對於周圍事物的真正原因和運作，並沒有任何真正的洞察。內曼的任務是展示他所崇尚的高度抽象數學，如何能夠協助評估和建構模型。

年輕學者的手頭總是拮据，因此內曼曾經擔任過一系列應用統計的職位，直到他獲得足夠資金前往英國，與他曾經的偶像卡爾・皮爾森合作為止。令他驚訝的是，皮爾森對新興的抽象數學所知甚少，但他協助內曼獲得到巴黎的獎學金，因此內曼的研究重心又大幅轉回到抽象數學的世界中。

高斯特在此處再度回到我們的故事中，因為他也再度激發了那些更偏向數學的統計學家的靈感。1926年，高斯特就一系列有關假設檢定意義的問題，寫信給皮爾森的兒子埃貢：

如果有任何替代假設，能以更合理的機率（例如，0.05）解釋樣本的

出現……，那你將更傾向於認為原始假設並不成立。[30]

這封信讓埃貢‧皮爾森寫信給正在巴黎的內曼，使他重返統計學界。這段文字也包含了「那個想法的萌芽」（the germ of that idea），也就是內曼和皮爾森共同創造的根本性替代方案，用以對抗費雪關於檢定和科學知識的概念。[31] 內曼主張，與其追求真理，不如尋找支持某種行動方案而非其他方案的理由。「決定斷言」某件事是科學的，內曼說「並不意味著知道或甚至相信它。」而是，「藉由一些經驗和演繹推理，所執行的意志行為，就像即使我們預期會活得很久，還是會投保人壽保險一樣。」[32] 統計學家艾里希‧L‧雷曼（Erich L. Lehmann）指出，這種新觀點具有劃時代的意義。「因為這是第一次確定了統計理論的目標，那就是**系統地尋找最佳的處理步驟**。在接下來幾十年中，許多統計理論都朝著這個方向發展。」[33]

內曼的觀點讓費雪難以接受。[34] 費雪曾試圖利用統計學的新工具來解釋如何可能歸納知識。內曼則利用這些工具來否定此類知識的存在，主張根據證據做出決策。他說：充其量，我們不會獲得歸納的知識，而是基於證據的「歸納行為」。[35] 費雪和內曼（及其同事皮爾森）將在接下來的三十年中展開一場爭鬥。他們的爭論看起來晦澀難懂，但卻圍繞在數學是否足以解決人類知識和人類行為的問題上。

費雪認為內曼誤解了過去兩百年中促成科學重大發展的因素：「西歐數學思想的持續發展，從十七世紀的偉大法國數學家開始，經過與自然科學的交叉培養後，終於在這個時代結出成果，提供了歸納推理的正確使用模型，正如歐幾里得為演繹邏輯所提供的模型一樣。」[36] 不過這裡的誤解

更深,誤解科學,便意味著內曼及其眾多追隨者,誤解了知識如何使人自由,結果就是成為了極權主義的盟友。

對於成長於早期自由知識氛圍中的那些人來說,代表著理性推理「不能應用經驗數據來得出真實世界的有效推論」的這種意識形態運動,可能感到相當震驚。不可否認,西方人認為理所當然的知識自由,在現在世界上的許多地方都已經被成功剝奪了。因此,我們仍敢說出自己的結論「在邏輯步驟上的有效性」這點,在當今的時代,已經不能太明確闡述或強烈確認了。[37]

# 真相演算法:食譜式和「p值學」

在第二次世界大戰後,所有這些統計努力下的兩種截然不同遺產,朝著不同的方向發展。第一個方向導致了廿世紀下半葉,科學研究的意義劇變,甚至「什麼才是科學」的含義也大幅改變了。第二個方向則導向更專業化的統計學家,追求內曼那種嚴謹的深奧數學,偏離了日常使用的那些有問題的真實世界數據。

對實驗結果進行統計理解的努力,以及使用數據來裁定競爭假設的努力,都對我們建構今天的世界和其合理性上,有著持久的影響。最明顯的影響便是對「機會」事件統計顯著性的普遍關注,會透過演算法來判定結果是否為真。亦即如果我們能確立一個低於 $0.05$ 的機率,一般稱為「p值」(p value),就可以認為結果是顯著的。

更明確地說，這種演算法化的真理設定方法，對費雪、內曼和皮爾森來說都是不可接受的。[38] 然而面對客觀確定性和理性決策需求日益成長的情況下，他們爭論的力度並無法延續下來。到了廿世紀下半葉時，尋找在虛無模型下不太可能出現的效果，成為了發表結果、藥物批准，以及在更普遍的討論中「區分」機會和因果關係的標準。當費雪首次發表他關於實驗設計的戲劇性新觀點時，批評聲浪鵲起。隨著容易理解的教材推廣後，假設檢定逐漸成為各種科學的核心。[39] 科學歷史學家克里斯多福・菲利普斯（Christopher Phillips）解釋：「食品科學家、心理學家、社會學家和醫生們……都把統計方法視為提供可靠因果判斷的現成技術。」[40] 雖然費雪本人反對這種「食譜式」的實驗方法，但 0.05 做為確定顯著性閾值的建議，在廿世紀下半葉確實成為「可發表結果」與「科學垃圾」之間的界限。它所提供的是一種虛假的客觀性。在各個領域間，這些新的定量方法顛覆了舊有的專家認定和專業意義的觀點。而且這種轉變在藥物效果的研究中，最為戲劇性也最為重要。因為隨機試驗等於顛覆了醫生在評斷藥物效果上的權威性。

1961年，美國醫學協會禁止除了執業醫師之外的任何人，對治療效果提出意見：「對於藥物的療效和最後的用途，唯一可能做出最終判斷的，就是大量醫療人員在長時間內對該藥物的廣泛臨床使用。」[41] 在廿世紀中期，醫師和藥劑師仍然必須對抗失去「藥效問題」控制權的情況。不過這情況在1962年有了戲劇性的轉變，很明顯地，當時的美國食品暨藥物管理局（Food and Drug Administration, FDA），獲得了新的權力。

席爾鐸・波特解釋，「監管機構認為，醫生的專業知識不足以有效控

制製藥商的誇大宣稱。替代方案是建立一個更加集中的決策流程，主要依據書面資料來進行判斷。」[42] 1962年的凱法佛—哈里斯修正案（Kefauver-Harris Amendment，譯注：又稱藥品有效性修正案），讓隨機對照實驗成為衡量藥物效果的基準，成為藥物授權和副作用紀錄的黃金標準。該立法讓FDA能夠對即將上市的藥物進行評估，並且也回顧1938年至1962年間已經上市的藥物，撤回之前批准但現在被認為危險或無效的藥物。

費雪和內曼／皮爾森的爭論呢？在應用假設檢定時，幾乎沒人會關心這種哲學上的微妙問題。當事物被廣泛應用時，深奧的哲學辯論往往就會消失。假設檢定也是如此。「費雪的顯著性檢定理論……與內曼—皮爾森理論中的概念相融合，被做為『統計學』來進行教學……不用說，費雪和內曼以及皮爾森，都不會對這種被迫結合所產生的後代感到滿意。」[43]

## 數學而非數據：第二次世界大戰後的統計學定位

隨著美國參與第二次世界大戰，統計學在戰爭中的應用呈現爆炸性成長，而且主要集中在紐約的哥倫比亞大學、紐澤西的普林斯頓大學和加州的柏克萊大學。美國人口普查局的愛德華茲·戴明（W. Edwards Deming）說，「統計學家唯一有用的功能，就是進行預測，進而提供行動的基礎。」[44] 這些統計學小組在戰爭期間取得了許多成就，從炸彈近發引信（譯注：接近目標時引爆，造成最大傷害）的最佳設置，到工廠的品管控制，再到魚雷投放的最佳角度等。高度應用的統計學，促成了新的實驗分析法出現，其中最重要的是一種稱為序列分析（sequential analysis）的檢測法。序列分析將貝

爾電話實驗室的品管控制程序，以及類似於高斯特所推崇的經濟學方法相互結合。[45]

一些統計學家在大戰前，曾經試圖使用純數學的語言和程序來重塑他們的方法，並呼籲將「數理統計」與更偏向數據驅動的「應用統計學」區分開來。諷刺的是，應用統計學在戰爭期間的成功，證明了這種抽象化的作法是合理的。海軍研究辦公室在1946年的一份文件解釋：「戰爭的需求推動了基礎研究，也促使哥倫比亞大學新理論序列分析（Sequential Analysis）的形成。」[46]

哥倫比亞大學的統計學家哈羅德·霍特林（Harold Hotellin）等關鍵人物，利用這些成功案例證明，支持高度理論化和高度數學化統計學的必要性；傑出的數學家兼計畫管理者米娜·里斯（Mina Rees），則在政府內部給予支持。他們的戰時成功故事，正好可以說明這些「理論」使他們的成功成為可能。戰後不久，當科學似乎不再能獲得主要的政府資金時，海軍研究辦公室（Office of Naval Research）接受了這個說法（成功故事）。「數學進步是科學進步的基礎，這點雖然普遍得到承認；但卻是在第二次世界大戰中，才得到有力的證明。」[47]才讓大量軍事資金，得以投入極為理論化的統計研究上。

因此，戰爭中以數據為重點的工作轉移了重心。「在第二次世界大戰期間，」內曼在1940年代末期寫道，「大多數統計學家都在處理國防問題，這些問題經常具有立即實用的重要性。」所以他召開了一次重要的研討會「以促進回歸理論研究。」[48]霍特林解釋了應用領域如何吸引、同時也讓統計學家墮落：「應用的呼喚相當誘人，讓許多年輕學者放棄了對於統計理論

方面的鑽研。」⁴⁹ 不過抽象概念在數學中風靡一時，同樣也可以吸引以內曼模式工作的統計學家。

內曼在柏克萊大學的職業生涯不僅在數理統計學上取得巨大進展，同時也致力於將數理統計（mathematical statistics）確立為一門獨立學科。我們必須明確地說，這點並不完全只是一種學術上的追求，內曼還希望柏克萊大學可以了解，他的團隊應該成為一個完整的學系，而非僅是依附在數學系裡的一個「實驗室」而已。為了達到這個目標，內曼必須建立數理統計學的（數學）學術信譽，以證明該領域不論在學術上或數學上，都已足夠嚴謹，值得單獨設立一個學系。

回顧起來，數據資料與日常生活之間的關係，是否依賴於基礎分析的數學性，其實並不明確。然而在當時，數理統計學這個專業，越來越多地與純數學的嚴謹性和公理化方法結合在一起。如同美國海軍研究辦公室一樣，新成立的美國國家科學基金會（National Science Foundation, NSF）也接受了這個觀點：認為理論式的數理統計學，讓「戰時應用」的成功成為可能，並據此資助了統計學。自1951年給美國國家科學基金會贊助以來，統計學被定位為數學領域的一部分：而非工程學的一部分（這是從戰後活動或廿一世紀的經濟影響來看），當然也不是「自然科學」（如同費雪可能更希望的）。因此其「資金」，亦即學術領域賴以存活的生命線，主要依賴於建立足夠的數學性，以推動該領域朝向在2004年被數學機率學家李奧・布雷曼（Leo Breiman）批評的「過度數學化」方向發展。到了1962年，在普林斯頓大學，由拓撲學家轉行為統計學家的約翰・圖基（John Tukey）主張，「數據資料分析師」應該「以數學論證和數學結果做為判斷的基礎，而不

是做為一種證明或有效印證的基礎」──這種說法強烈顯示出數學已經滲透或扭曲了統計學。[50] 正如我們將在接下來的章節中看到，這是一個有趣的、跟歷史事實相反的假想：如果美國學術上的統計學，在二戰後一直到世紀末，並未變得如此數學化的話，「模式發現」（pattern discovery）\* 是否會在電子工程學中誕生？或，機器學習是否會在電腦科學中誕生？資料科學是否會在產業界中誕生？

---

\*　譯注：在大量數據中找出隱含的、有意義的規律、趨勢或結構。

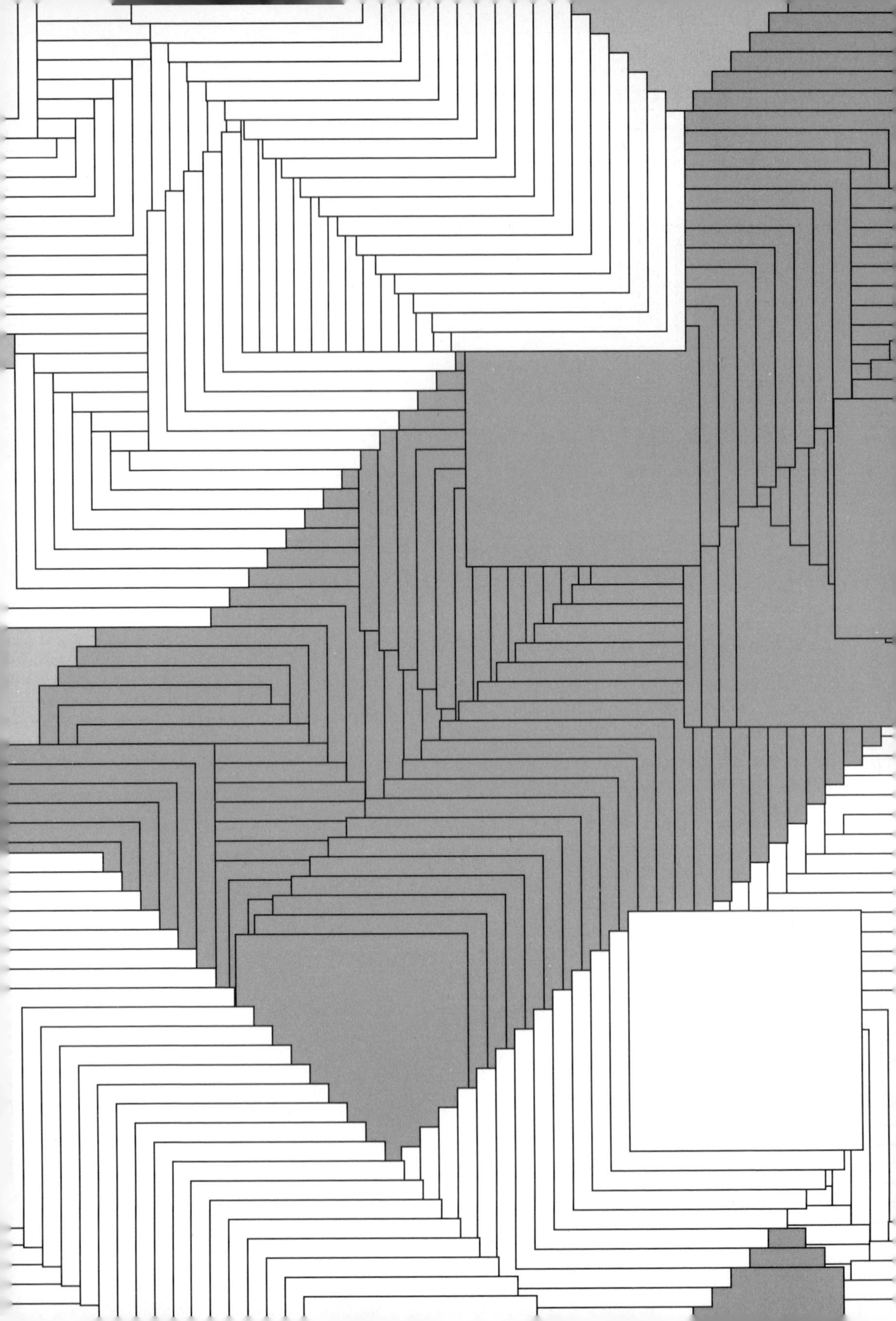

# PART

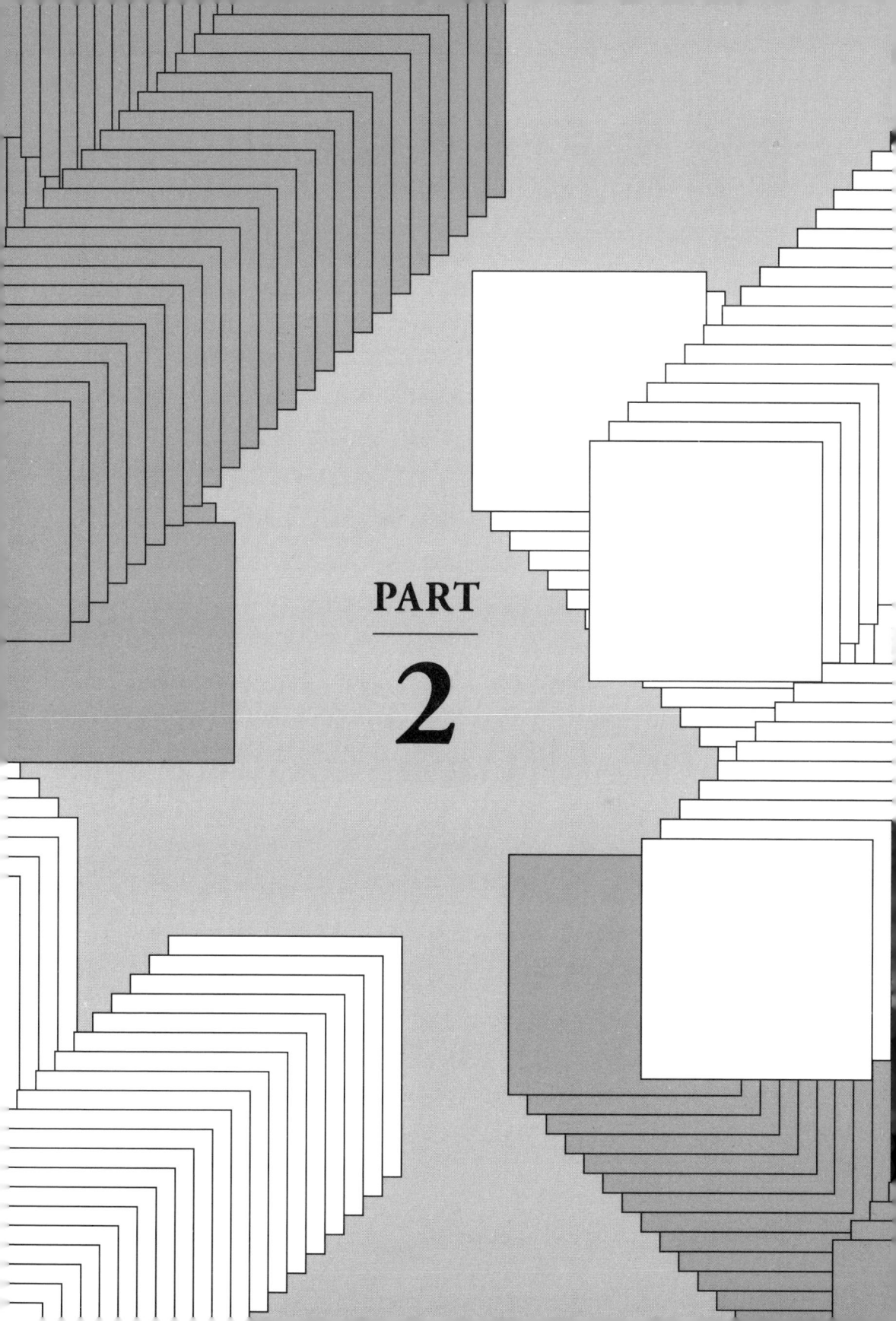

## 2

# Chapter 6 戰爭下的數據應用
## Data at War

在 1960 年代初期，加密專家胡安妮塔・穆迪（Juanita Moody）最感到遺憾的是她的雇主——也就是超級保密的美國國家安全局（NSA）——無法將其龐大的資料分析能力，好好應用於非機密領域中。她說：「我總是擔憂我們擁有強大的電腦化能力，運行速度快得超乎想像，而外面有整個龐大的醫療界需要這些技術。」她表示，一旦她離開 NSA，她將「去做一些可以幫助醫療界進行電腦化數據資料處理的事。不過，你知道那會是一個問題，因為我們所做的一切都是機密性的。」更糟糕的是，事情原本不必如此：「我知道這些技術不需被列為機密，但它們就是被列為機密。」[1] 在 1990 年代和 2000 年代，大數據興起之前的幾十年，NSA 就已經將數據收集、演算法和分析方法制度化了。

這是如何發生的？

我們必須先將場景拉到東伊爾斯利（East Ilsley）東北方 66 英里處；那裡是高斯特和卡爾・皮爾森在 1905 年相遇的地方；當地有一座安靜的英國小鎮——布萊切利園（Bletchley Park），這裡是第二次世界大戰期間，最隱密也最重要的場所之一。

## 布萊切利園

在統計學家費雪和內曼為真理和錯誤爭論不休時,一群外來者在戰爭背景下,把計算、勞動和數據結合起來,創造出截然不同的未來。這些統計學上的外來者,就是布萊切利園的工程師、語言學家和數學家們。這個祕密地點位於英國牛津和劍橋之間,以「萊利上尉狩獵隊」(Captain Ridley's Shooting Party)做為掩護,真正目的是在破解德國密碼。這些科學家和人文學者,大多透過「老男孩網路」(old-boy network,譯注:英國相同背景菁英學生的人脈連結)招募而來,實際工作則是為了理解大量資料流,建造出專門用來計算的硬體。[2]

這項工作牽涉到嘈雜的機器聲、紙帶、男人和女人,其中只有少數人在辦公桌工作,寫下的字母比公式還多。大多數的書寫者來自各種學術領域,具有棋類或填字遊戲的技能,而非學術上的統計學。其中最著名的人,艾倫·圖靈(Alan Turing),在1939年9月英國宣戰的第二天,就搭火車來到布萊切利。他是主要以邏輯工作而聞名的數學家,早期也從事過一些統計工作。

圖靈和他的同事們並未專注於「量化國家人民特徵」或「研究科學假設」,他們從事應用性的、軍事性的任務,涉及到各種數據和當時世界上規模最大的計算任務。

這是當時統計學和數據最積極的實踐形式,代表了歷史性的分水嶺:「數據資料」一躍成為由工程和解決問題定義其存在的實用新工具。

未曾在數理統計學的嚴謹爭論下學習過的布萊切利園研究人員,開發

了專用的計算硬體以及自己的一套統計方法，用來破解二戰期間德國所使用「無法破解」的密碼（最著名的就是 Enigma，恩尼格瑪密碼機）。事實上，「德國人非常清楚破解這臺密碼機的方式，不過他們認定需要一整棟建築的設備才能做到，」數學家兼美國海軍上尉、後來成為NSA研究員的霍華德‧坎培恩（Howard Campaigne）說，「而我們就擁有那樣的建築，一棟裝滿設備的建築。」[3]

　　破解德國密碼所需計算的假設組合數量，就像天文數字一般龐大，每組假設都對應著當天德國加密機器的最可能設置。每天都會有額外的數據來進一步精煉每組假設的概率，而其初始設定則是基於對德國軍方常用語言的猜測和啟發式推理。因此，做為新興學術「統計學」基石的數學嚴謹性，在此並非考量的重點。面對生死攸關的任務，圖靈和他的同事們採用了現在稱為「貝式統計」（Bayesian statistics，編按：又稱貝葉斯統計，稍後將會介紹此人）的機率法則。他們使用各種裝置，包括被稱為「龐貝斯」（Bombes）*的專用電機計算設備。這些設備運轉時噪音轟隆作響，一直到「停下來」為止；而當機器「停止」時，便會出現可能的解決方案。

　　儘管有像圖靈這樣的天才做出了重大貢獻，但布萊切利園的重要性在於：實現了數據分析的產業化。歷史學家大衛‧肯揚（David Kenyon）寫

---

\* 編按：又稱 Bombe，由英國數學家艾倫‧圖靈（Alan Turing）和戈登‧韋爾奇曼（Gordon Welchman）在波蘭密碼學家的早期工作基礎上改進設計的密碼破譯機。主要功能是透過快速測試大量可能的密碼設定組合，來找出恩尼格瑪（Enigma，謎）機器的每日密碼設定。其運作原理類似於一個機械版的暴力破解工具，能夠大大加快破解密碼的速度。

道:「1944年的布萊切利園,並不是大眾神話中那種簡陋、學院式、非正式的組織。」在1943年後,「任務不再是為個別天才提供發揮天分的環境,而是把大師級破譯者所開發的技術,加以擴大、產業化並創建系統,讓他們的方法能夠高速應用於幾千項數據分析工作,而且工作人員不需要劍橋或牛津大學的教育程度就能操作。」[4]

布萊切利園的努力,最終促成了「巨人」(Colossus)的誕生,某些歷史學家認為巨人是世界上第一臺「電腦」(computer),這個字詞代表了現代意義上的數位化、電子化且可程式化的機器。一位工作人員描述了處理的資料量和機器的特性:「齒輪孔經過電眼,每秒走過五千個齒輪孔,因此每秒就可登錄五千個字符。」[5] 資料主要記錄在易損壞的打孔紙帶*上,處理這些資料需要耗費大量勞力,而且主要是來自女性的勞動。布萊切利園裡的工作有著相當明顯的性別階級:「所有使用巨人電腦進行工作的密碼破譯員都是男性,而所有巨人電腦的操作員則都是女性,」儘管當中許多女性接受過大學教育[6],但軍方最初都是讓女性操作員而非男性數學家來進行演練和操作。科學歷史學家珍妮特・阿巴特(Janet Abbate)解釋,「對巨人操作員的要求,說明了她們的上司不言而喻的假設,亦即認為女性的工作本質上是平凡的,不需要充分的能力。」[7] 讓資料進出機器是相當艱苦的工作,紙帶以每秒四十英尺的速度穿過巨人電腦。一位操作員艾莉諾・愛爾蘭(Eleanor Ireland)解釋:「這是一項棘手的操作,必須將紙帶調整到正確的張力……因為我們擔心紙帶斷掉。」[8]

---

\* 編按:巨人機使用的紙帶材質是一種特殊的五軌紙帶(five-track paper tape)。

在戰爭中，時間相當重要。而像愛爾蘭這樣的女性操作員承諾保密，她們也幾乎保密到生命的最後一刻。當英國政府終於解密布萊切利園的相關訊息時，巨人電腦的操作員凱薩琳・考基（Catherine Caughey）回憶：「我最大的遺憾就是，我摯愛的丈夫在1975年去世時，依然不知道我在戰爭期間的貢獻。」[9] 由於保密如此徹底，以至於在資訊科技史的相關記載中，這些設備和女性團隊都沒沒無聞。歷史學家瑪爾・希克斯（Mar Hicks）解釋：「最弔詭的是，這種情況讓英國在歷史上的這項重大成就，在以美國為主的早期電子計算（電腦）發展史中，淪為配角。」[10]

## 與此同時，在美國

　　在大西洋對岸，美國海軍和陸軍建立了更大的、工廠規模的設施，以處理截獲的軸心國通訊。其所使用的新舊機器，包括從微縮膠卷到被稱為標籤機的IBM打孔卡片處理機。雖然雙方皆長期保持祕密行事，美國和英國卻也逐漸發展出密切的密碼學關係。1941年初，當美國密碼學家造訪布萊切利園時，起初並未獲知破譯恩尼格瑪密碼機器的相關資訊，僅被告知破解方法的概略說明。[11] 後來兩國關係迅速升溫，美國密碼學家所羅門・庫爾巴克（Solomon Kullback）在1942年到布萊切利待了幾個月。他說在布萊切利期間，英國人「向我展示了所有的東西，包括他們在破譯德國系統上的操作細節……他們展示了『龐貝斯』及其運作方式。」[12] 圖靈本人也曾赴美參觀美國版的「龐貝斯」破譯機（譯注：通常被稱為「US Navy Bombe」或「American Bombe」）製作工廠，同時也參觀了位於紐約市的貝爾實驗室。圖

1943年在布萊切利園破譯密碼的照片。布萊切利園信託，getty圖像。由已知為桃樂西‧杜博伊森（Dorothy Du Boisson，左）和一位身分不明的女性操作的巨人電腦（Colossus）。取材自珍妮特‧阿巴特（Janet Abbate），《重新編碼性別：女性參與計算中的演變》（麻省理工學院出版社，2012年），第15頁。

靈團隊所用的方法，很快就被整合進密碼分析的工作流程中，相關機器也經過改良，以適應這種新型的工業規模統計分析。

「密碼學可以重塑權力結構，」菲利普‧羅維（Phillip Rogaway，編按：著名密碼學家，現任加州大學戴維斯分校的教授）寫道，它「決定了誰可以做什麼事、從何處做起。」[13] 第二次世界大戰便證明了這一點：破解密碼可以

徹底改變全球權力關係，例如，獲得最佳情報的盟軍，便可在歐洲和太平洋取得決定性的勝利。1942年，美國海軍密碼學家成功破解日本海軍的加密通訊，讓他們得以洞悉日軍攻擊中途島環礁的時間和方式。雖然美國海軍仍未從珍珠港襲擊事件完全恢復，卻得以對日本艦隊發動突襲並取得勝利，讓美國海軍爭取到重整受創海軍的寶貴時間。

隔年四月，美國海軍的密碼分析發現日本海軍大將山本五十六，即將搭機出發巡視南太平洋的密電，於是一場「復仇行動」成為了可能，這場行動不僅成功擊斃山本五十六，提振了美軍士氣，更讓日本海軍失去一位被譽為「最佳海軍軍官」[14]的領袖。

1944年盟軍登陸諾曼第時，布萊切利園的分析人員與美國同僚共同合作，提供前所未有的情報，讓盟軍得以深入掌握德軍在法國和低地國家\*的部署狀況。[15]工業化規模的資料分析，明顯改變了權力關係。在戰後不久，北約成立之前一年，美國和英國將二戰中的密碼聯盟和前所未有的「情報共享」關係（譯注：二戰期間，英美兩國並未有大量、定期的情報分享方式），轉化為持續至今的緊密合作關係，而且是一個長期的正式聯盟；這個由英語國家組成的聯盟，後來迅速擴展到包括加拿大、澳洲和紐西蘭，形成了「五眼聯盟」（Five Eyes）。

這並不是為了探索人類或自然潛在真理而收集的數據，也不是被記錄在筆記本上的小規模實驗數據。這是由迫切需求所驅動的數據——為了在極短時間內提供答案，付諸行動並拯救生命。這些答案唯有透過產業規模

---

\* 譯注：一般指荷蘭、比利時、盧森堡三國。

的資料分析才能獲得。

這種精明的啟發式方法，加速了在天文數字般的不同假設中所進行的計算搜尋，以及基於先驗信念（譯注：依據先前的信念或假設）動態更新機率。費雪和內曼無疑會反對這些方法，但正是這些方法推動了「應用計算統計學」（applied computational statistics）的新紀元，而這正是現今企業資料探勘和人工智慧的核心。布萊切利園分析工作的核心，便是採用了一種被數學家所鄙視，但在戰時被廣泛採用並實現了產業化的統計方法：貝式統計。

## 貝氏：從神到解密

費雪抱怨內曼和皮爾森只是純粹的數學家而非科學家；內曼和皮爾森則反駁說費雪只是個科學家，算不上數學家。然而，在他們的數學論戰中，最嚴重的侮辱莫過於被指控為「貝氏學派」（Bayesian）。結果貝式統計學卻被證明是一種優秀且直接有效的方法，非常適合布萊切利園，每天用來評估敵方訊息的可能解密方案。

舉例說明一下貝氏方法的概念：假設有一所大學正處於COVID新冠疫情中。現在先假設剛開始時，每位學生都接受了一次「完美」檢測，所有確診與未感染案例均已確知。然而，由於嚴重的系統錯誤，這些紀錄在通知學生之前就遺失了。唯一保留下來的數據是：有1%學生確診。該所大學立刻為所有人進行快速但較不可靠的篩檢，這項新檢測對生病的人有99%的機率顯示「陽性」（確診），對於健康的人有99%的機率顯示「陰性」（未

感染），而所有被測試為陽性的學生都被隔離在同一棟宿舍中。現在假設你在這棟宿舍遇到一位學生，你必須判斷：這位學生實際染疫的機率是多少？對一位「貝氏學派的人」（Bayesian）來說，這個問題的答案再簡單不過。

事實上，我們所謂「貝氏學派的人」，只是表示他使用了貝氏定理（Bayes's rule），這是一個將我們的已知事物與欲知事物連結起來的基本數學方程式。這樣的數學規則有什麼好爭議的呢？為何「貝氏」如此令人反感呢？所謂的貝氏**統計**，不只是使用那條公式而已，它同時也代表了一種機率的詮釋方式，這種詮釋經常被批評為「主觀學派」（the subjective school）。

在貝氏解釋中，某事發生的機率是相信該事件將會發生的程度。之所以稱為「主觀」，是因為它涉及到一個人類——一個「主體」。相對來看，到目前為止，絕大部分數理統計學家，都偏好將機率解釋為一種客觀頻率的陳述——也就是在一個假設中，若同一個實驗重複無限次，某件事發生的機率。舉例來說，一顆公平的骰子每擲六次，應該會出現一次5點。數學和科學都考慮了這種「客觀性」，事實上，「主觀性」正是費雪和內曼以各自方式所譴責的思考特質。這一切都相當重要，因為數據最強大的影響之一，正是它做為一種修辭工具時，所能喚醒的「客觀真理」的力量。然而，對「貝氏方法」進行哲學探討（詮釋問題），跟使用稱為「貝氏定理」（Bayes' rule）的公式（計算問題）是截然不同的。

讓我們回到COVID診斷的例子：我們開始於「假設一個人真的感染了COVID，他被檢測出陽性的機率是多少？」事實上，我們真正需要的是把

這個問題顛倒過來:「假設一個人的測試結果為陽性的話,這個人實際上感染COVID的機率是多少?」[16] 用文字表述時,就像是個小小的文字遊戲,但事實上,如此輕微的改變,將涉及到我們如何決定何者為真,以及如何做出決策的根本差異。

貝氏方法的魅力在於:我們可以透過簡單地計算各種機率來做出「信念」的判斷(譯注:對某件事情發生可能性的主觀判斷),也就是只要仔細地統計每個獨立的機率即可。所以,問題出在哪裡?癥結就在於這句陳述:「已知每一百個人中就有一人確診。」生活中很少會有如此明確的已知數值(回想一下,在這個刻意假設的例子中,只有「一場完美的檢測以及一次明顯的系統錯誤」這兩個條件的結合,才會出現這種機會)。這個機率只有在我們能夠知道或能夠估算某人確診的整體機率(不考慮檢測結果)的情況下,才能計算出來!

這個問題出現在貝氏定理最初的表述中,該定理出自十八世紀的牧師兼學者湯馬斯・貝葉斯(Thomas Bayes)的一篇逝世後才發表的文章中。這篇文章包含了重要的見解,亦即數據和假設的機率必須是兩個項的乘積:給定假設的數據機率和假設本身的機率。第二項是剛才提到的比較有問題的量。它通常被稱為貝氏的「先驗」機率:這是一個相當有趣的東西,因為它「先於」實驗數據,且獨立於實驗數據之外,理論上甚至可以在進行實驗之前就計算出來。然而在完全沒有實驗和觀察數據的情況下,要如何知道一個假設的機率是多少呢?

雖然貝葉斯在原始文章中並未提到上帝,但歷史學家史蒂芬・史蒂格勒(Stephen Stigler)認為,貝葉斯寫這篇文章是為了反駁蘇格蘭哲學家大

衛・休謨（David Hume）關於基督復活的可能性的論點，而這種貝氏定理的應用方式也一直延續到現代。[17] 以懷疑論者著稱的休謨，希望在有報告奇蹟（耶穌復活）的情況下，計算基督復活的機率。從數學上看，依據貝氏定理，奇蹟被報告為真的機率是奇蹟被報告的機率與奇蹟本身的先驗機率的乘積，再除以奇蹟被報告的機率（無論它們是否真的存在）。一個效果相同但較容易理解的問題是：耶穌復活的機率是多少？也就是：

$$\frac{P\text{真實奇蹟在報告奇蹟的情況下的機率}}{P\text{報告奇蹟在無奇蹟的情況下的機率}}$$

$$=\frac{P\text{報告奇蹟在真實奇蹟的情況下的機率}\times P\text{真實奇蹟的先驗機率}}{P\text{報告奇蹟在無奇蹟的情況下的機率}\times P\text{無奇蹟的先驗機率}}$$

問題變得非常明顯了。即使我們對於有人會報告奇蹟的機率（假使真的發生了奇蹟）達成共識，也可能對於奇蹟發生的先驗機率（即P「奇蹟真實存在」）有很不同的看法。[18] 即使我們同意報告奇蹟的機率，無論是否發生奇蹟都相同，但如果我們對這些先驗機率的數值沒有共識，也會無法就奇蹟發生的機率達成共識。因此，如此重要的數值（真實機率）竟然要依賴另一個極其主觀的數值（先驗機率），這個問題一直是數理統計學家對貝氏方法持反對立場的根本原因。在休謨的情況下，人們必須預設「神存在」的先驗機率；在內曼的情況下，則需要兩個「競爭性科學假設」（檢驗假設與虛無假設）的先驗機率。

儘管存在嚴重的質疑，但正是這種以產業級規模應用的貝氏分析方法，成為了艾倫・圖靈和布萊切利園密碼破譯者們努力工作的核心。在圖靈於布萊切利園撰寫的一篇入門論文中，他解釋：「幾乎所有把機率應用於密碼學的情況，都依賴於因子原則（factor principle，或稱貝氏定理Bayes' theorem）。」[19] 在二戰期間，數位運算剛剛起步之際，他們就開始實際運用這種以貝氏法則（Bayes' rule）為框架的決策方法。[20] 在學生是否確診案例中的對應方程式如下：

$$\frac{P(\text{有病} \mid \text{測試陽性})}{P(\text{健康} \mid \text{測試陽性})}$$

$$= \frac{P(\text{有病}) \times P(\text{測試陽性} \mid \text{有病})}{P(\text{健康}) \times P(\text{測試陽性} \mid \text{健康})}$$

$$= 0.01 \times 0.99 / (0.99 \times 0.01)$$
$$= 1（即機率相同）。$$

這應該能幫助你做出決定，例如，你是否應該遠離那個宿舍（譯注：因為機率相同，難以判斷該學生是否確診，最好離遠一點）。

由於無法取得明確的先驗機率，布萊切利園的密碼破譯者不得不依靠嘗試錯誤法和推測，例如，德語中各個字母的使用頻率等。為何密碼破譯

者願意遵循上述這些計算方式？一個合理的解釋是：在大數據集（large data sets）的限制下，某一假設的可能性會遠遠超過其他競爭假設，讓最後的決策幾乎不會受到原本未知的先驗機率影響。一份NSA文件明確指出，「對於密碼破譯者來說，無論是多麼巧妙的先驗機率分配，都不會影響電腦程式的有效性。」[21] 當時在計算密碼學（computational cryptography）方面的成功創新，當今在數據驅動的應用中已成為常態。如今，貝氏方法因其統計上的先進性而備受推崇，不再是羞於見人的東西！[22]

這些解密技術雖然保密了幾十年，但新的計算方法和認同的態度，慢慢地從情報界向外傳開。圖靈的工作雖然只與少數合作者和盟友分享，但這種方法對大西洋兩岸都產生了深遠的影響。1942年，儘管德國U艇在大西洋巡行，圖靈依舊冒險進行了一次長途旅行，前往貝爾實驗室，與克勞德・香農（Claude Shannon）、約翰・圖基（John Tukey）和其他未來美國應用計算統計學名人討論密碼學。圖靈密切的合作者I.J.古德（I. J. Good）和唐納德・米奇（Donald Michie）在接下來的五十年裡，成為了計算統計學和「機器智慧」（machine intelligence）等新領域的領導者。

戰後幾十年間，古德是推廣貝氏方法應用在統計領域的最堅定和最具說服力的倡導者之一。在維吉尼亞理工大學度過大部分職業生涯的古德，持續與NSA及其英國對應機構政府通信總部（GCHQ）保持密切合作，從事一些至今仍屬機密的工作，同時推廣著貝氏學派理論。在一系列精心撰寫的論文和著作中，古德詳細闡述了最適合使用貝氏推理框架來處理的有趣統計問題。他經常以隱晦的方式，暗示這種方法最早是由圖靈所提出。[23] 在整個冷戰期間，NSA和英國政府通信總部根據這些方法，持續在計算

統計上執行大量計畫，內容多半仍在保密中。

## 二戰世界大戰之後

　　這種蓬勃發展的實踐，在情報世界之外，一直以一種次文化（subculture，譯注：指相對於某個主流文化的小眾文化）的形式存在，直到1980年代，當時即使是微型電腦（microcomputer，譯注：早期形態的「個人電腦」）也有足夠的運算能力，讓計算統計學在學術和商業領域得以大幅擴展。因此就如同在情報機構內部一樣，關於數學嚴謹性或機率適當性解釋的哲學辯論，呈現出與學術界截然不同的特徵。

　　數學很重要，但數據的工程處理同樣重要。數據分析固然需要像圖靈這樣的數學家，但同樣也需要工程師和操作員。

　　在數據分析上，新的數學方法極為重要，儲存和處理數據的工程也同等重要。1948年的某一天被稱為「黑色星期五」，美國及其盟友的解密單位，突然之間幾乎無法破解蘇聯的加密系統。這些密碼改變了NSA的運算需求，轉向處理越來越龐大的數據儲存庫。到1955年時，有超過兩千個監聽點，每個月會產生37噸需要處理的截獲通信（印出的紙張），以及3千萬字的電傳通信。光是中國部分就產生了大約250,000條截獲訊息。[24] 比起快速執行計算的能力，NSA更需要處理大量數據的能力。因為資料處理的需求極其龐大，超出當時的科技水準。歷史學家科林・伯克（Colin Burke）解釋道，在1950年代中期，「NSA陷入了美國歷史上最龐大的科技賭局之一：向電腦公司投入幾千萬美元」，以期破解蘇聯的加密系統。[25]

IBM科學家法蘭西絲・艾倫（Frances Allen）是首位獲得圖靈獎的女性，她描述了NSA所需的機器：「一臺資料流處理器，可以接收全球各地監聽站（當時主要是監聽蘇聯）所收集的資訊，對這些龐大資料進行破譯，其中有些是加密的，有些則未加密。」[26] 大量資料就表示需要一部大型機器：「這臺機器連接著一個名為「拖拉機」（tractor）的磁帶系統，可以儲存大量資訊。這些資訊從磁帶系統匯流入Stretch Harvest記憶體中（譯注：Stretch是第一臺電晶體超級電腦IBM7030，Harvest為其第二版IBM7950），透過解碼元件、Harvest元件，然後再輸出——不論得到什麼結果（答案），都不間斷地輸出。」[27]

　　她後來解釋：「這是一個龐大的卡閘（磁帶）系統，每個磁帶都有自己的位址，系統會程式化地自動抓取磁帶，送到讀取器，然後放下磁帶，接著讀取內容。」[28] 這臺機器是一個即時處理資料流的大型模式識別設備，因此需要一種為了這個目的而優化的程式語言。[29]

　　在著重於「大量資料處理以及非數值邏輯運算」的靈活性和多樣性方面，NSA的需求更像是大型企業而非物理學家。[30] 如同大量聯邦資金促進了運算速度更快的機器出現，密碼學的聯邦資金，也贊助了對更大儲存機制的研發。在1950年代中期，兩種資助結合在一起，對IBM提升技術能力方面，產生了相當大的幫助。

　　一位NSA的先驅曾經想過，如果是由密碼學家創造出了最早的電腦，命名可能就會是「分析器」或「資訊處理器」甚至是「資料分析器」。[31] 而在美國核子武器相關的美國國家實驗室贊助下，電腦發展主要著重在提高「模擬核爆」所需的運算處理速度。因此他們需要大量的乘法運算，而非大規模的資料分析。

NSA出資贊助了IBM和雷明頓公司（Remington，譯注：當時為電腦及武器製造商），就如同他們後來大力資助控制資料公司（Control Data Corporation, CDC，譯注：製作超級電腦的先驅）和克雷公司（Cray，譯注：也是專門製作超級電腦的公司）一樣，希望製作出運算速度更快的電腦，但或許更重要的是，能夠並行和即時處理更多資料的電腦。[32] 從1970年代開始，在未來超級電腦的設計方面，NSA逐漸失去其影響力，但它仍然是這類機器的主要市場──甚至可以說是最主要的市場（買家）。*

## 資料即工程

NSA內部的各團隊處理資料的統計方式，很像布萊切利園裡的工作人員：他們視其為工程問題，而非科學問題。**

他們需要不同的電腦，也需要不同的數學方法，就像那些從布萊切利

---

\* 原注：美國原子能委員會的「電腦需求著重於強調高速乘法運算，NSA則著重於處理大量資料以及非數值邏輯運算的靈活性和多樣性。」──Samuel S. Snyder, "Computer Advances Pioneered by Cryptologic Organizations," Annals of the History of Computing 2, no. 1 (1980): 66.

\*\* 原注：「我們發現自己現在已經開始變成一座工廠了。對某些人來說，當你看不到資料時，工作就沒那麼有趣了。我認為最重大的轉變之一，就是當我們監控的目標國家開始使用電傳打字機，並且開始用電子方式傳送資料時。過去我們曾經以為會需要長達一哩半卡片，而且整棟大樓都會塞滿打字員來輸入所有資料。幸運的是，目標國家開始成為我們的打字員，讓我們能夠以電子方式轉發這些資料（譯注：以前截獲資料需聽寫印出，攔截電傳打字訊息可以直接傳送或印出）。目前我們每天透過電路處理（編輯）一些資料，這些資料直接傳進大樓並自動處理。資料當中有許多從未被任何特定人員看過。在某些情況下，不到一分鐘內就可得到結果，事實上卻從未被任何人看過。當然這並不是說在準備資料時，不必進行大量分析工作。」──約瑟夫‧伊庫斯（Joseph Eachus）等。"Growing Up with Computers at NSA (Top Secret Umbra)," *NSA Technical Journal* Special Issue (1972): 14.

園工作傳承下來的數學。雖然NSA的數學方法高度機密，但少數已解密的文件內容顯示，該機構追求的不僅是計算統計，更要能夠對即時接收的大規模資料進行計算統計。NSA擁有數學素養極高的員工，結合不斷增加的資料流和專門建造的電腦來處理資料。跟學術界統計學家不同的是，他們不必為了證明自己是數學家而努力。「效率」才是最重要的關鍵：從NSA解密文件來看，即使大量敏感內容已被塗黑，我們也可看到大規模運算的成本，始終是核心的議題。

在一篇關於判斷大量假設的貝氏分析論文中，作者探討如何判斷大量關於正確解密訊息的假設，並提出分析預估所需的高成本：「幾乎與實際測試假設的成本一樣高。因此，從通信安全（communications security, COMSEC）的角度來看，上述表達在實際上並不實用。」[33] 然而從通訊信安全的角度來看，其所需要的並不是學術界所要求的純粹性，而是在統計嚴謹性和大量資料需求之間取得平衡。另一篇論文則指出：「在密碼分析中，我們經常進行一百萬次或更多連續實驗，每次實驗都要計算貝式因子（Bayes Factor, BF）*。」事實上，期刊中的論文已經明確排除了統計學家和哲學家的擔憂，亦即在缺乏先驗機率下，逕行使用貝氏分析。[34] 鑑於任務的需求，其價值觀必須超越我們在費雪和內曼身上看到的哲學和統計價值觀。因為在大規模應用時，貝氏分析的威力實在太強大了。[35]

從1990年代之後，由日常商業交易自動累積的數據資料所建立的大型

---

\* 譯注：貝氏因子是一種「量化」證據強度的指標，用來比較兩個競爭的統計模型或假設，在給定數據下的相對可能性。

演算法模型，徹底顛覆了媒體業和廣告業。而在此之前，NSA就已在內部開發了「計算密集型統計」的機器學習形式，並把重點放在即時產生的大量數據上。如同之後的機器學習一樣，它會大量但選擇性地借鑑統計學，並且就像當代資料分析一樣，該機構同樣也會面對實際資料庫的需求挑戰，不過他們的目的並不相同。

無論這些工作如何保密，其計算數據的態度和儲存技術的變革，都慢慢地找到了進入非保密世界的方法，也許最著名的便是以兩位NSA科學家命名的統計距離：「相對熵」（Kullback-Leibler divergence，亦稱KL散度，簡稱KLD）。

科學界當然也隨之跟進。1950年時，海軍研究辦公室的米那・黎斯（Mina Rees）注意到早期機器上的「高度重視」（great emphasis）現象，亦即這些機器「可以接受少量資料，並對這些資料進行非常快速的大量操作，然後再給出少量訊息的答案」。她說現在的興趣，「似乎是在於進一步探索使用機器接受大量資料，然後對資料進行非常簡單的操作，並可能印出大量結果」。[36] 高能物理學中產生的實驗數據，快速挑戰了儲存和處理能力。[37] 在科學研究和監控活動中，需要分析和儲存的資料量，一直超出了處理能力、記憶體和儲存容量。「在過去的40幾年裡，」2009年的一篇《科學》（*Science*）雜誌文章指出，「摩爾定律使得矽晶片上的晶體管越來越小，處理器也越來越快。與此同時，磁碟儲存技術的改進，無法跟上由更快的電腦所產生的、持續增長的科學數據洪流……」[38]

在二戰後，這股知識脈絡或許在AT&T的貝爾實驗室發展的最為蓬勃，那裡處理的數據資料不再是密碼和加密，而是關於更廣泛的通訊內

容：美國國內和國際間的電話通話。

## 實驗室中的資料

NSA與貝爾實驗室有非常密切的聯繫。他們非常，這麼說吧，願意與我們合作。
——所羅門・庫爾巴克（Solomon Kullback，1907-1994）在1982年接受採訪所說的話。他在獲任NSA首席科學家的卓越職涯之前，曾在1942年於布萊切利園工作。

如同布萊切利園和NSA，貝爾實驗室也是運用數據資料進行計算的早期典範之一。貝爾實驗室的資料聚焦於人們彼此通訊的內容——而且是在這些內容成為網際網路命脈的幾十年前。

雖然就像是那個時代的谷歌研究一樣，然而，AT&T的貝爾實驗室是在政府容許的壟斷中，直接處理有關人們的資料和訊息，並幾乎擁有所有的資料、研究人員和計算能力等。雖然他們與學術界保持緊密聯繫，但貝爾實驗室的研究人員，強調他們的工作與學術傳統和陳規戒律的不同。

在1962年的一場宣示中，普林斯頓—貝爾實驗室的數學家約翰・圖基（John Tukey），呼籲採用一種他稱為「資料分析」（data analysis）的新方法。該方法更專注於「發現」，而非透過數學證明來確認事情。圖基認為，做為一種科學實踐的資料分析，就像是一種藝術、一種判斷形式，而非邏輯上封閉的學科。他鼓勵大家創造新工具，從圖表紙到電腦圖形均可，以促進

新的發現。

間諜們率先開創了大規模資料儲存（large-scale data storage）的先例，因為在第二次世界大戰後不久，美國情報界就意識到這項技術的必要性。商業界很快也開始跟進。從1960年代航空公司訂位系統的資料開始，企業快速累積關於客戶的所有資料。在接下來的二十年中，企業收集了日常交易資料：諸如特定地點的信用卡消費、航空旅程、租車，以及後來的圖書館借閱紀錄等。

在商業電腦發展的幾十年間，各種公司如IBM等，紛紛開始採用這些技術，尋求將資料（主要是消費者資料）轉化為利潤的新方法。到了1970年代中期，越來越多的自由主義者、政府官員和消費者安全倡議者，開始關注這個現象。洛克斐勒基金會的負責人指出：「我們逐漸意識到（編按：經過整理和）組織的知識，會把巨大的權力交給那些願意投入心力掌握它的人手中。」[39]

儘管戰時已經體驗過數據資料及其威力，以及隨後企業界在數據運算方面的蓬勃發展。然而在1940年代，學術界和數學家們對新型數位電腦的期待，主要仍集中在其做為邏輯運算機器的功能上，而非將其視為資料處理器。正如統計學家傾向於抽象數學一樣，從1950年代迅速興起的智慧型機器的早期支持者們，大多專注在邏輯和數學上，而非關注於人和事物的數據資料上。

# Chapter 7 沒有數據的智慧
## Intelligence without Data

### 對學習機器的想像

貝爾實驗室的科學家克勞德‧香農在 1952 年寫給一位以前老師的信中說,「我最美好的夢想,就是有一天能建立一臺真正可以思考、學習、與人類溝通,並以相當複雜的方式操縱其環境的機器。」[1] 在第二次世界大戰後,工程師、數學家、社會學家和神經科學家都在猜測:機器是否能執行以前被認為是人類智慧專屬的任務?其中的關鍵問題是,哪一種智慧?數學家的?語言學家的?電腦的?專業烘焙師的?在二戰後的幾年裡,最常見到的回答是,這些研究人員所優先考慮的智慧多半是:能證明定理、能下棋、能有效地處理官僚系統等。

你可能認為「數據資料分析」應該會在這個計畫占據核心位置,並沒有。今天的人工智慧,主要是指在大量數據集上的機器學習,但在當時並非如此。[2]

## 圖靈

艾倫・圖靈在 1950 年發表了一篇劃時代的論文，捍衛了機器執行一系列動作的可能性，這些動作通常被認為需要智慧才能進行。他反駁了那些認為電腦沒有原創性、只能遵循規則而無法配合適應，亦即不能從真實世界中學習的論點。雖然圖靈以邏輯所產生的結果而聞名，但他並未在論文中過分讚美邏輯是人類智慧的巔峰之類觀點，因為他的觀點更加包容，涵蓋了廣泛的創意、智慧甚至情感活動等。

在布萊切利園的工作之前，艾倫・圖靈已經發表過在數學史和邏輯史上都留下一頁的重要成果，而且比任何數位電腦形式都早好幾年。這就是他所提出的抽象通用機器（現在稱為「圖靈機」）的概念，該機器能夠執行幾乎所有的邏輯運算。在戰爭期間，他和布萊切利園的其他人，對於從大量資料中得到暫定結論的技巧相當了解。他們經常在晚上花時間推測機器是否可能具備智慧行為。戰後，圖靈構想了一系列可能具有智慧行為的機器，這些機器既依賴邏輯也依賴數據。[3] 在他的論文〈計算機器與智慧〉（*Computing Machinery and Intelligence*）中，圖靈把猜「隱藏的人是男是女」的社交遊戲，轉換為一種可以在操作上判斷機器是否展現智慧行為的模擬遊戲：「原先遊戲的目標，是讓提問者以提問來確定兩位隱藏的人 A 和 B 中，哪位是男性，哪位是女性。」圖靈則建議將男性 A 換成一臺機器：

> 現在我們提出問題：「當機器在這個遊戲中扮演 A 的角色時，會發生什麼事？」當遊戲以這種方式進行時，測試者做出錯誤判斷的頻率，

是否會和在男女之間進行遊戲時一樣？圖靈用這些問題取代了我們最初想問的「機器能思考嗎？」

圖靈並不是詢問機器是否像會人類一樣的思考，來衡量機器是否具有思維能力，而是要求我們檢視其行為。「如果……一部機器能夠令人滿意地通過模擬遊戲的話，我們就不會被『機器不是以人類思考方式運作，無法被認為具有意義的思考』的這種懷疑論點困擾。」

圖靈在他的論文中，對機器智慧進行了廣泛思考。雖然他以邏輯學家的身分聞名於世，但他把經驗和資料放在核心地位，而不會只考慮形式推理（例如，數學或棋類遊戲）這樣的活動。他甚至納入通常不認為機器可以表達的特性：

要善良、足智多謀、美麗、友善、具有主動性、具備幽默感、分辨對錯、犯錯、戀愛、喜歡草莓和奶油、讓別人愛上它、從經驗中學習、正確使用詞語、成為自身思想的主體、具有和人類一樣的行為多樣性、做一些真正創新的事物。

圖靈認為，我們對於「機器可能做到這些事情」覺得難以置信，是因為我們只接觸過有限的、不美觀的、為「特定目的」而製造的機器。由於這種有限的經驗，我們錯誤地得出結論，認為機器無法做到這些事。他認為現有電腦的真正限制，在於電腦的記憶體，亦即「絕大多數機器的儲存容量非常小。」[4] 擁有更大的記憶容量，將可使電腦展現出多種不同的行

為:「批評機器無法擁有多樣化行為的說法,其實只是在說明它無法擁有更大的儲存容量。」[5] 要能徹底實現這些結果,機器必須能夠進行自我修改:「機器無疑可以成為自己的主體。它可以用來協助編寫自己的程式,或預測對自身結構變更將產生的效果。而透過觀察自己行為的結果,便可修改自己的程式,以更有效地達成某些目的。這些都是不久的將來可能發生的,並非烏托邦式的夢想。」[6] 圖靈因英國政府對他進行的化學去勢而輕生,不幸早逝,讓他未能親眼見證自己的宏大願景,可能在未來帶來什麼樣的成就。

在圖靈對智慧機器的願景中,他把「從大容量記憶體儲存中學習數據」與「電腦自我重新編寫程式」二者相結合,這是相當令人興奮的構想。人類學家露西・薩奇曼(Lucy Suchman)認為,人工智慧的研究努力「可以像強大的顯示劑一樣,揭露人們對人類本質的各種假設。」[7] 因為圖靈揭示了一個充滿包容的智慧願景,這個願景來自於人類和動物世界,充滿了邏輯、愛、創造力、工藝和笑聲。在隨後幾年中,許多追求機器智慧的人,謹慎地大幅縮小了他們的視野。

讓機械裝置模仿人類智慧這件事,反而是在人類讓自己像機器一樣行動的領域中取得最初的成功,例如,在生產上使用的演算法規則(譯注:例如,工業化生產線流程),或玩簡單的基於規則的遊戲(譯注:例如棋類遊戲)時。在這種早期過程裡,「智慧」概念失去了圖靈所提出的那種包容性。與此同時,數據資料和經驗在創造智慧行為方面的核心地位也喪失了。這是怎麼發生的?為何會這樣?

第二次世界大戰後出現的新型電腦,結合了數值計算、資訊處理和

依照邏輯規則操作符號的能力。原子彈製造者讚揚其計算能力；企業界和密碼學家讚揚資料處理；其他人則關注於其邏輯運算。戰後機器智慧的重要派系堅持認為，人類智慧最重要的特質是邏輯性、符號性思維，而非依賴感官經驗（數據資料）或進行大量計算的較低層次能力。在1950年代中期，最熱心支持邏輯方面的年輕數學家約翰・麥卡錫（John McCarthy），擔心那些專注於數據的研究者影響太大。他的解釋是使用數據並不會創造智慧行為：「直接將嘗試錯誤法（trial-and-error methods）應用於感官數據和動力活動（sensory data and motor activity）之間的關聯上，將不會產生任何較為複雜的行為。」更複雜的行為只有在將感官數據抽象化後才會出現。[8] 我們必須做點事，才能讓機器智慧回歸到正確的路徑上。

等等，我們聽到你在大喊了：如果說戰時的科學活動（譯注：例如NSA收集情報），一方面導致了一個祕密的資料密集型國家（譯注：國家運作高度依賴大量數據的收集分析），但另一方面也促進以下想法的蓬勃發展：亦即電腦可能模擬人工智慧，而這種智慧被更狹隘地理解為編寫程式到電腦中的符號推理規則，而非從數據資料中推理，那麼，為什麼一個科學家會反對數據呢？（編按：這意味著，人們有時會把人工智慧看作是遵循固定規則的系統，而不是能夠從大量數據中學習和推理的靈活系統。）

## 反對數據：沒有測量的數學

在第二次世界大戰中，基於大量數據的應用統計對戰爭相當重要。矛盾的是當戰爭結束後，許多科學家的心智，被「把社會科學變成更像抽象

純數學的學科」願景所吸引,而非被「利用數據來理解社會」的願景所吸引。科學歷史學家艾瑪・斯坦加特(Alma Steingart)解釋:「戰後,社會科學的數學化特徵不是測量和量化,而是公理化。」[9]舉例來說,偉大的法國人類學家克勞德・李維—史陀(Claude Lévi-Strauss)在1954年反思社會科學的未來前景時指出,那些研究人類的人需要擺脫量化;他們必須擱置數據的累積,轉而研究抽象的數學和邏輯處理。對於人類的新數學,他說:「它所關心的領域不是由大量資料累積所揭示的微小變化。」事實上,人類研究應該「毅然決然地擺脫『大量數字』的無望前景──也就是這些社會科學不該在數字的海洋中,無助且緊緊依附著木筏。」[10]李維—史陀抱怨社會科學「只是借用了被視為傳統但多半已經過時的量化方法。」新興的「定性數學」(qualitative mathematics)顯示出「嚴謹的處理不再一定意味著訴諸測量。」[11]

在前一章中,我們看到統計學從數據收集轉向數學模型的建立;同樣地,在第二次世界大戰後,企業也尋求可以成為科學的領域,例如,社會學、經濟學和政治學,也都從以實證數據為主的總結,轉向尋求更一般化、簡化、抽象的理論。二戰後的數學和邏輯理論──無論是人類決策、經濟學或智慧方面──都受到重視和讚譽。累積數據雖然也很重要,但相比於那些以抽象數學術語呈現的概括理論,確實相形見絀。

思想過於重要而無法簡單地被量化。許多領域的研究者提倡人類是理性假設的形成者,是由策略程序來規範,而非由數據來驅動。這些討論牽涉到科學的主要特質,也涉及了人類最具特色的部分。而且正是由於這些不同的觀點,提供了對於何謂真正的科學和人類本質究竟為何的

不同見解。

基於規則或符號的人工智慧，正是在這些「反統計」的背景中游走。理解語言或思維並不需要累積大量的資料。事實上，這些資料還可能會成為阻礙。理解和模擬人類智慧需要的是抽象和「基模」（schemas，譯注：綱要性的基礎模式）。它需要的是公理和規則，而不是基於數據的演算法。

正如我們將看到的，計算統計學和數據並未消失。但在人工智慧的前幾十年裡，從數據中進行推斷並非其目標。這種反統計的傾向，在人工智慧中持續了近半個世紀。1984年某個對於人工智慧的定義解釋說，這個領域處理的是「符號性的、非演算法的方法來解決問題」，因為「人們對像醫學這樣的主題的知識，多半不是數學上或定量式的。」這些方法涉及到的不是「數學或資料處理的程式」，而是「定性推理技術」和「理論法則與定義」。[12] 換句話說，是規則而不是數據。

## 打造「人工智慧」

充滿熱情的符號法擁護者數學家約翰・麥卡錫，經常被認為（包括他自己也如此認為）是「人工智慧」（artificial intelligence, AI）這個術語的創造者。「我發明了『人工智慧』這個詞，」他解釋：「當時我們在為一次夏季研究計畫募集資金，目的是想實現『達到人類水準的智慧』之長期目標。」這個「夏季研究」全名為「達特茅斯夏季人工智慧研究計畫」（The Dartmouth Summer Research Project on Artificial Intelligence），資金來自洛克菲勒基金會（Rockefeller Foundation）。麥卡錫在當時是達特茅斯學院的

初級數學教授，他在向洛克菲勒推銷研究計畫時，得到了過去的導師克勞德・香農的協助。在聽取麥卡錫的描述後，「香農認為人工智慧這個詞太過招搖，可能會引起不必要的關注。」然而，麥卡錫希望能避免與現有的「自動機器研究」（automata studies，包括「神經網路」和圖靈機等）重疊，因此決定宣布一個新的領域，「所以我決定不再掩飾真正的意圖了。」[13] 這個提案的野心頗大；1955年的提案宣稱「學習的每個層面或任何其他智慧特徵，原則上都可被精確地描述，以至於可以製造一臺機器來模擬它。」[14] 在後來被稱為「達特茅斯研討會」（Dartmouth Workshop）的1956年會議上，麥卡錫最終得到更多的大腦模型研究者，而非他原本所期望的那類公理數學家。[15] 該事件見證了不同的、經常是矛盾的努力，讓數位電腦的執行任務被認為與智力相關。然而如人工智慧歷史學家喬尼・潘（Jonnie Penn）所說，該研討會缺乏心理學專家的參與，使得智慧的相關解釋「主要由一群非人文科學領域的專家」[16] 來進行。與會者各自對自己本身的研究根基抱持著不同觀點。麥卡錫回憶道：「任何在場的人都堅持他們來之前就已抱持的想法，而且根據我的觀察，似乎也沒有真正的思想交流。」[17]

如同圖靈在1950年的論文所帶來的影響，現在回頭來看1955年這份人工智慧夏季研討會的提案，也具有相當驚人的前瞻性。麥卡錫、香農及其合作者提出的七個問題，成為了電腦科學和人工智慧領域的重要支柱（括號內是現代的說法）：

1.「自動電腦」（程式語言）

2.「如何讓電腦可以被設定使用語言」(自然語言處理)

3.「神經網路」(神經網路和深度學習)

4.「計算的大小理論」(演算法複雜度)

5.「自我改進」(機器學習)

6.「抽象」(特徵工程)

7.「隨機性和創造力」(蒙地卡羅方法,包括隨機學習)

　　1955 年的「人工智慧」一詞所代表的,比較像是一種願景,而非對某種特定方法的承諾。廣義而言,AI 涉及兩個面向:一是企圖透過創造機器智慧來探索人工智慧的本質;二則是較不涉及哲學爭議的目標,亦即只讓電腦執行人類可能嘗試的困難任務。在這些願景中,僅有少數推動了目前使用中、與人工智慧意義相同的努力:即機器能夠從數據資料中學習的概念。然而這種理念,在未來幾代的電腦科學家們反而淡化了。

　　在人工智慧發展的前半個世紀,多數工作都集中在將邏輯與知識硬塞到機器中。日常活動收集的數據幾乎沒有受到重視;相較之下,邏輯的聲望更高。而在過去五年左右,人工智慧和機器學習已開始被當作同義詞來使用;但值得思考的是,這並不是唯一的可能性。在人工智慧的最初幾十年,從數據中學習,被視為是錯誤的、不科學的方法,甚至被認為是那些不願意「直接編寫」知識到電腦中的人的做法。在數據盛行之前,規則占據了主導地位。

　　所以儘管充滿熱情,達特茅斯會議的多數參與者所帶來的具體成果不多。其中的例外之一是蘭德公司(RAND),這組人員由赫伯特・西蒙

（Herbert Simon）領導，他們帶來的成果是一個自動定理證明器（automated theorem prover），該演算法能夠生成基本的算術和邏輯定理的證明。然而，數學對於他們來說只是測試案例，正如歷史學家杭特・海克（Hunter Heyck）所強調，這個小組的出發點並不是計算或數學而已，而是從研究如何理解大型官僚組織，以及人們解決問題的心理學開始。[18] 對於西蒙和紐厄爾（Newell）來說，人類的大腦和電腦屬於同一類的「問題解決者」：

> 我們的立場是，描述一段人類用來解決問題的行為模式，可以利用一個程式來說明：「這是一種根據有機體能執行的某些基本資訊處理，說明該有機體在不同環境情況下將會做出的反應。」而數位電腦之所以出現，同樣是因為它們可以透過適當編寫的程式，執行與人類在解決問題時所執行、相同的資訊處理過程。因此我們應該可以發現，這些程式等於描述了人類和機器在資訊處理層面上，對於問題的解決過程。[19]

雖然西蒙和紐厄爾提供了許多早期人工智慧的主要成功案例，但他們專注的是對於人類「組織」的實際研究，亦即他們關心的是人類解決問題的研究。這種研究融合了喬尼・潘稱為「混合了廿世紀初英國的符號邏輯，以及美國高度理性化組織的行政邏輯。」[20]

在採用「人工智慧」這個名稱之前，他們把自己的工作定位為「資訊處理系統」的研究，這些系統包括人類和機器在內，並以當時對人類推理的最佳理解為基礎。

西蒙及其合作者，深度參與了關於「人類做為理性動物的本質」辯論。後來西蒙也因研究「人類理性的限制」，獲得了諾貝爾經濟學獎。他跟這群戰後的知識分子一樣擔心，他們反駁「人類心理學應理解為對正負刺激的動物反應」的觀點。西蒙還跟其他人一樣，也反對行為主義把人類視為「由反射驅動，而且幾乎是自動的」觀點，以及認為「學習就是把這種自動經驗所獲得的事實加以累積」的觀點。例如，一門自然語言或進行高級數學等，較高等級的人類能力，絕不可能只從經驗中誕生，因為它們需要的更多。只關注資料是對於人類的自發性和智力的誤解。這一代知識分子，對於認知科學的發展來說相當重要，強調的是抽象和創造力，而非資料、感官或其他形式的資料分析。

歷史學家傑米・科恩─科爾（Jamie Cohen-Cole）說：「學習不僅是為了獲取關於世界的事實，也是為了發展技能或掌握可創造性應用的概念工具。」[21] 這種對於概念的重視，對西蒙和紐厄爾的邏輯理論程式來說相當重要，該程式不是只處理邏輯過程，還會利用類似人類的「啟發法」來加速尋找達成目標的手段。像喬治・波利亞（George Pólya）這類學者，研究的是數學家如何解決問題，並且強調在解決數學問題中，使用啟發法的創造性。[22] 因此，數學並不枯燥──它不像進行大量的長除法或處理大量數據那麼乏味。它是一種創造性的活動，而且在其創造者眼中，也是對抗人類極權主義（無論左翼或右翼）觀點的堡壘。[23]（同樣地，在官僚組織中的生活也不必然是苦差事──官僚系統不必是枯燥的，甚至可以是發揮創意的場所。不過，還是別告訴那裡的員工吧。）

## 麥卡錫與常識

約翰‧麥卡錫（John McCarthy）對於組織的邏輯並不感興趣。他關心的是邏輯與常識的結合，尤其是創建能夠結合邏輯與常識來實現日常目標的程式。然而麥卡錫的邏輯程式遭到嚴厲的批評，在1958年倫敦特丁頓舉行的「思想過程機械化」（Mechanisation of Thought Processes）會議上，奧利佛‧塞佛里奇（Oliver Selfridge）揶揄了對演繹邏輯的過度關注，並稱「演繹邏輯是一種神聖的東西，可以用在特定的神聖用途上，以產生無可挑剔的結果，簡直就像一堆胡說八道……」。為了說明邏輯與日常推理之間的鴻溝，他以女性工作的情況引入令人震驚的厭女言論。「大多數女性從未推理過，但她們卻能生活的很好，嫁給幸福的丈夫，養育快樂的孩子，根本不需要用到演繹邏輯。」

會議上的另一位批評者，也延續這種糟糕的推理，強調女性是透過回饋機制學習，而非邏輯推理：「如果她很災難性的不小心摔了嬰兒，她要不是沒有第二次機會，就是會聽到大聲的哭叫。所以她很快就能透過粗略的技術，學會如何實現精確控制，因為這是最直接的回饋！如果她嘗試贏得佳偶，而其方式未能得到正確回應的方式，她會很快地改變策略。」[24] 這種對女性知識的舉例，在論證中發揮了相當大的作用，並與後來女性主義批評AI的觀點產生共鳴。[25] 塞佛里奇和其他人關心的是一般大眾的知識和智慧（包括男性與女性），而麥卡錫身為邏輯傳統的傳承者，目的則在獲得類似於他自己和他合作的男性，所擁有的在公理數學領域的深奧知識。

使用大量數據來計算的情況如何呢？它並沒有消失，但它並非真的是

當時所稱的人工智慧。在1961年的一篇重要文獻回顧中描述了某些統計方法的馬文・敏斯基（Marvin Minsky）指出，「我對『增量』或『統計』等學習方法是否應該在我們的模型中扮演核心角色，抱持懷疑態度。」他承認這些技術「肯定會持續存在，以做為程式的組成部分而出現」，但實際上只是「預設」發生。真正的智慧存在於其他地方：「一個人越聰明，就應該越能從經驗中學到一些確定的東西；例如，拒絕或接受假設，或是改變目標等。」[26] 儘管如此，麥卡錫和其他同樣想法的科學家，相較於更廣泛的、可以被模仿的潛在人類知識，更偏愛於數學和管理模式的推理和行動。他們的方法專注於「基於形式符號表示的程式指令」。從1950年代中期到1980年代中期，成為人工智慧的主流（雖非唯一）方法。[27] 這種人工智慧的願景依賴於知識的層級結構，因此許多事物都可能被納入智慧的一部分。然而，這些人工智慧的核心人物大幅縮減了「機器能模擬的人類活動」的範圍，只專注於他們認為可行的部分。歷史學家喬恩・阿加爾（Jon Agar）認為，廿世紀中期的「電腦化之所以能夠實現，是基於既有的計算實踐，」而這些實踐包括已經存在的計數、分類和商業管理方式。[28]

把機器標準化，使其能夠編寫程式來執行邏輯任務，絕非一件容易的事：1950年代的電腦核心便是創建程式語言、編譯器和其他工具，以便讓人們能夠編寫不依賴於特定機器特性的程式。最著名的例子是葛麗絲・霍普（Grace Hopper）創造的第一個編譯器，它使得科學家能夠編寫程式和進行邏輯運算及資料處理。[29] 正如電腦歷史學家史蒂芬妮・迪克（Stephanie Dick）所說，以西蒙和紐維爾為例，在實際實施他們的問題解決程式時，程式設計師必須適應電腦的功能，並在一定程度上放棄他們對模擬人類行

為的承諾。[30] 在本書隨後的章節中，我們將會看到實際的電腦及其真實限制的挑戰，如何成為了資料科學發展和獨特性的核心。

## 資助建立人工智慧

在資料革命之前，資金問題長期困擾著人工智慧領域，直到有錢的科技和創業投資公司開始投入資金，才大幅填補了原先只有軍事和公民政府資金的困境。打從一開始，私營和公共資金就對人工智慧的前景持懷疑態度。當麥卡錫首次向洛克菲勒基金會尋求資金時，該基金會人員並不熱心，直到更有聲望的香農加入後，才給了他所要求的一半資金。因為在1970年代時，美國的大部分資金是來自國防部的各個部門。在蘭德公司工作的西蒙和紐厄爾，主要依賴於空軍和海軍研究辦公室的資金。

美國國防高等研究計劃署（Defense Advanced Research Projects Agency, DARPA）資助了麥卡錫數十年，也包括其他一系列與達特茅斯人物密切相關的研究者（DARPA至今仍資助先進的人工智慧科技，多年來一直扮演著科技發展的重要推動角色，例如，無人駕駛車的研發，便是其中較為顯著的例子）。因為在美國，人工智慧完全是國家安全的一部分，這就像是一種分散的投資策略，目的在發展潛在的軍事和商用科技——雖然有時可能與實際用途相差甚遠。隨著這些資金到位後，在大學和國防機構中形成了小型的研究社群，並且對哪些形式的智慧值得研究，抱持著狹隘的觀點。

這些資金由於受到過度承諾和激烈批評的影響而起伏不定。1969年，

《曼斯費德修正案》（Mansfield Amendment）要求軍事資金必須有比以往更直接的軍事潛力，也使得政府的慷慨支出受到質疑。1973年，英國應用數學家詹姆斯·萊特希爾（James Lighthill）發表了一份對人工智慧研究狀況的尖銳批評報告。萊特希爾對於「符號人工智慧」（symbolic AI）[*]的成功，幾乎以不加掩飾的輕蔑語氣指出：「在這些抽象遊戲情境中解決問題時，已經產生了許多巧妙且有趣的程式。」這些成功依賴於整合「關於特定問題領域的實際大量人類知識。」然而，儘管心理學家們很感興趣，「但這些程式在實際問題上的表現始終令人失望。」[31] 此份報告的重要性經常被誇大，但它確實反映了對於高度通用的人工智慧問題解決方法的熱情，已經逐漸減退。

在萊特希爾報告之後，BBC播出了一場辯論節目，讓身為圖靈夢想和新興領域的捍衛者麥卡錫和米契（Donald Michie，圖靈在布萊切利的合作者）參加辯論。英國提供的資金減少，而美國那些資金不足的研究人員的不滿情緒也隨之增加，他們對於人工智慧創辦人未曾兌現的承諾感到挫折，取而代之的便是針對更專門形式的人類智慧的「複製」嘗試。

## 專家系統

到了1970年代中期，人工智慧研究經歷了一次轉變，從嘗試以一般化方式複製人類智慧，轉向嘗試複製專家知識。[32] 這不光是程式碼改變

---

[*] 譯注：泛指所有「基於問題、邏輯和搜尋的高級符號（人類可讀）」表達的方法。

而已，對於誰擁有智慧以及這種智慧應該是什麼樣子的看法，也已經產生變化，等於從一般能力轉向狹隘但深入的專業知識。不再嘗試複製有天分的人，而是複製特定專家。然而其重點仍然是建立規則；不過這些規則不再是一般智慧的規則，而是專家的特定規則。例如，三位史丹佛大學的主要研究者的結論是：人類問題解決者的行為「又弱又淺薄，除非該人類問題解決者是某方面的專家。」[33] 1971年，馬文‧明斯基（Marvin Minsky）和西摩爾‧派普特（Seymour Papert）指出，「一個非常聰明的人可能因為其知識特定的局部特徵而具有智慧，但不是因為其『思想』上的整體特質。除了自我應用知識的影響外，他的思想可能與一個孩子的思想沒有多大的區別。」[34]

這種對於人類強烈的再思考，也帶來了對於使用機器的強烈再思考：「理解智慧的根本問題，並非要去找到一些強大的科技，而是如何重現大量知識，並使其有效使用和互動。」[35] 因此，其挑戰在於如何將專門的專業知識轉移到電腦中，亦即創造所謂的「專家系統」（expert systems）。

值得注意的成功案例，包括嘗試將科學家對有機化學結構加以形式化的判斷，例如，由電腦科學家愛德華‧費根鮑姆（Edward Feigenbaum）、布魯斯‧布坎南（Bruce Buchanan）和生物學家約書亞‧萊德伯格（Joshua Lederberg）合作創建的專家系統DENDRAL（譯注：可以協助化學家判斷某待確定物質的分子結構）。[36] 而這項努力的榮耀巔峰，或許就是MYCIN——它把判別細菌的過程自動化，確保醫生能開出適當的抗生素。[37]

## 知識獲取瓶頸

然而,這些專家系統的創建過程費時費力。醫藥或工業生產的具體複雜世界,跟電腦所需要的狹隘規則之間,有著巨大的鴻溝。具備臨床知識的專家們在這些領域遊走時,往往不依賴像電腦那種明確的決策規則。結果發現,想清楚了解專家的規則,是件既困難又昂貴的事,而且這些規則往往既不單純也不簡潔。因此,到1970年代初,許多AI研究者都在努力克服將人類專業知識轉化為「知識庫」和將推理規則正式化的挑戰。人工智慧研究者將這種基本困難稱為「知識獲取瓶頸」。[38]

無論專家在感知上的表現或做判斷的能力如何,他們都難以解釋自己的專業知識,更難以將其轉化為電腦所需的明確規則。光是理解一道簡單的食譜,就需要大量的背景知識。例如,要把肉煎成「褐色」,就是指在平底鍋上透過熱能使其變灰黑。澳大利亞研究員J. 羅斯‧昆蘭(J. Ross Quinlan)指出,要求專家解釋他們的規則,就像是「要求他們完成一個平常不做的任務,或要他們針對一個主題寫下完整的所有指示。」[39]

在1985年接受《專家系統》的採訪時,唐納‧米奇(Donald Michie)被該刊描述為「專家系統領域最著名的發言人之一,最近也『發出警告』」,提醒我們理解專業知識需要對其本質有不同的認識:「精通不是透過閱讀書籍獲得,而是透過嘗試錯誤和教師提供的範例所獲得。這就是人類獲得技能的方式。」米奇還說,這需要對於人類做為知識擁有者的本質,有著截然不同的概念:

人們對此非常不能接受。這種不情願接受,反映出我們做為會思考的生命體,所偏好的哲學自我形象。但這並沒有告訴我們,當老師或大師(專家)在訓練某人時,實際發生了什麼?這個某人必須從範例中重新創造規則,並將這些規則融入自己的直覺技能中,成為不可分割的一部分。[40]

早期的AI模擬一般的問題解決能力;專家系統則致力於模擬高度專業的行為;後來的專家系統則基於對人類知識的不同理解:這種知識往往是切身的實踐,難以轉化為規則。因此,創建量化的方法來預測專家熟練判斷的能力,對於以資料為中心的人工智慧來說,相當重要。然而,做到這點卻會讓規則受到限制。到了1990年代,研究人員在嘗試以演算法,從專家活動資料中產生符號規則時,創造出了機器學習的形式。雖然成功地預測了結果,但未能產生理想的簡潔規則。如同我們將會看到的結果:簡單的規則並不是成功預測的路徑。

就算專家系統在學術和商業應用上,都取得了實際的成功,但它們已經變得高度專業化,在面對陌生情況時,會缺乏像人類推理時的彈性。[41] 批評者們也注意到了這一點,一位批評者指出:

大體而言,我們可以說,專家系統是藉由大幅縮小傳統人工智慧研究的目標,以及模糊了「巧妙的專業化程式」(譯注:針對特定問題精心設計的程式碼)與適用於多種領域的自行組織統一原則(譯注:能在不同領域自主學習和適應的通用原則)之間的區別,來加強其實用性。儘管

這些技術被期望具有實用價值，但它們對於未來更深層次人工智慧技術發展的重要性，仍然有待商榷。」[42]

讓專家系統社群失望的是這段話的作者傑克史瓦茲（Jack Schwartz），被任命為DARPA資訊系統科技辦公室（Information Systems Technology Office, ISTO）的主任。這個部門過去曾（以IPTO的名義）對人工智慧開發者們，提供了大量資金。

## 回到布萊切利園，回到數據

1959年，來自鐵幕兩邊的學者們，齊聚英國國家物理實驗室，為機器智慧和「自動程式化」設定了討論議程。這些討論引發了激烈分歧，例如，有人諷刺麥卡錫的論文「應該發表在《半成品思想期刊》上」[43]。在這些對於邏輯和視覺機器的諸多夢想中，英國數學家馬克斯．紐曼（Max Newman，曾經是圖靈的老師，後來成為同事），講述了表面上看似平淡的主題：將「更複雜的文書處理過程」加以機器化，例如確定工資和管理圖書館資訊等。

雖然紐曼對此情況無法明言，但他巧妙地導入布萊切利園的教訓，也就是當時他所設立被稱為「紐曼利」（Newmanry）[44] 的操作部門。在戰爭期間，紐曼設計了一種技術，可以透過大規模統計分析大量的加密文字，來破解德國密碼；更重要的是，紐曼也協助促成了突破性的「巨人」專用電腦的問世，這些電腦被用來進行上述這種技術分析。當然他也集合了未來的

英國人工智慧和統計學界的重要人物一起工作。戰後他在曼徹斯特成立了一個電腦操作部門，說服了其他布萊切利園的校友，例如，圖靈和統計學家傑克·古德（Jack Good）等人一起加入。

就像統計學家把來自布萊切利園與NSA的數學經驗，改造成生物學和醫學範例一樣，紐曼也把大型數據集上的密碼學經驗進行了通用化。他寫道：「顯而易見，大量的資料處理涉及到模式的識別，以及判斷模式之間是否相似。」[45] 紐曼把「在大型數據集裡尋找模式」置於學習核心，並指出完成這項任務需要龐大的資料儲存空間：

> 似乎沒有充分理由認為數位電腦無法被編寫成高效率的學習機器。它或者必須一開始就被輸入大量關於人類符號之間相互關聯和機率的資訊（譯注：預先輸入大量知識）；或者必須像人類一樣，在至少同樣廣泛的背景下，針對同樣多的問題，做為一臺學習機器來獲取這些相互關聯（譯注：讓電腦像人類一樣地學習），為了做到這一點，它必須擁有巨大的儲存容量。[46]

雖然美國和英國學術界的人工智慧社群，多半忽視了圖靈和紐曼所看重的資料學習理念，但許多在戰爭、製造業和商業領域工作的人們，並未忽視這些思想。

情報界的資料研究繼續在高度保密之下進行，其中的模式識別在應用計算統計領域得到發展，經費大部分是由軍方資助，用於在影像資料中識別物體。與此同時，萊特·希爾的報告則尖銳地批判了人工智慧。而

國際史丹佛研究所（SRI International）的電子工程師理查德・杜達（Richard Duda）和彼得・哈特（Peter Hart）所寫的《模式辨認與場景分析》（*Pattern Classification and Scene Analysis*）一書，向學生和研究人員介紹了機器學習的基本理念，包括監督式和非監督式學習框架。[47] 這種範圍較窄但最終更為強大的人工智慧形式，在行業中持續蓬勃發展，尤其在與軍事產業緊密關聯的領域更是如此。

從1950年代起，數據迅速成長，理解這些數據的努力也隨之成長。當時很少有人把這些努力視為「人工智慧」。但正是這種以數據為驅動的人工智慧方法（無論是好是壞），讓我們當前的世界成為可能。

# Chapter 8 容量、多樣性和速度
## Volume, Variety, and Velocity

> 大數據是2012年的熱門IT流行語,在經濟且高效率的方法出現後,我們可以控制大數據的數量、速度和多樣性,讓大數據已經變得可行。
> ── 艾德‧鄧比爾,《何謂大數據?》2012年

1953年夏天,在從洛杉磯飛往紐約的航班上,IBM業務員R. 布萊爾史密斯(R. Blair Smith)發現自己坐在一位衣衫不整的乘客旁邊:「他的白襯衫應該穿了好幾天沒換,鬍子也該刮了。」鄰座這位邋遢的人,竟然就是美國航空公司總裁C. R. 史密斯(C. R. Smith)。這兩位史密斯開始聊天,聊到航空公司在網路上管理預訂資料的問題,以及IBM的新數位資料處理工具。「我告訴他,」這位IBM業務員向他說明,這臺電腦不僅能夠維持個別航班的載客效率,還能儲存乘客的詳細資料:「它甚至可以記錄乘客的名字、行程。而且,如果願意的話,還可以記錄他的電話號碼。C. R. 史密斯對此深感興趣。你知道嗎,他就是那種真正的企業家。」[1]當時的IBM在軍方和NSA的工作中,正在深入開發用於「大型感測器網路」所收集到的即時資料處理的新設備;也正在尋找將這些先進技術移轉到商業應用的機

會。理想的情況下，這種設備應該能夠實現非常高的利潤。[2] IBM希望主要的商業客戶，都願意支持新硬體和軟體方面的研發，就像軍方和情報部門的情況一樣。IBM也期望將「處理潛在敵機的即時大量資料」所創造出來的處理能力，移轉到「處理客戶潛在相關的即時大量資料」的技術中。

「收集資料和填補座位」：這是美國航空公司在描述SABRE系統所用的副標題，該系統便是在這次對話之後開發的。[3] 這項歷經十年開發的半自動商業研究環境系統（Semi-Automatic Business Research Environment, SABRE），便是解決「分散式網路」（distributed networks）中，關於即時資料處理和決策問題的早期商業解決方案。SABRE借鑑了政府耗費巨資、最終卻失敗的嘗試——亦即未能建立一個名為SAGE（Semi-Automatic Ground Environment）的網路化防空系統的經驗教訓。SAGE系統誕生於學術界（麻省理工學院）、企業界（IBM）、軍方贊助的智庫蘭德公司，以及新成立的空軍等各方交匯處。系統涉及到紀錄保存自動化、高品質顯示器和即時網路技術等。

二戰結束後的四十年間，有關公民和消費者的資料收集規模急速上升，收集資料的機構數量也不斷增加。1940年代末期，負責資訊情報的軍事部門及其軍事承包商，已經能使用電腦來處理資料流。十年之後，早期的數位電腦UNIVAC，已經可以支援美國的人口普查；私人公司也為美國海軍的密碼破譯員和新成立的NSA提供了「擴充」能力，補強過去只能使用打孔卡和人工勞動來完成的計算。1977年，美國隱私保護研究委員會提出，「企業與個人關係在多樣性和集中度上的改變，體現在現今幾乎每個人都被納入記錄系統，並影響了每個人的生活。其範圍從申請個人貸款的

企業主管，到申請全國家性信用卡的學校教師；從尋求當地銀行對支票進行擔保的焊接工人，到試圖為第一個家購買家具的年輕夫妻等。」[4]

對於資料的累積，以及它們在評估個人的信用等問題，其影響遠遠超出了狹義上的隱私範疇。因而也引發了根據這些資料進行決策的流程應該如何被觸及，以及如何糾正的手段等問題——亦即「誰有權根據資料做出決策」、「誰可以質疑這些決策」等根本問題。

在1970年代資料收集呈現爆炸性成長後，批評者們開始提出關於資料收集對於隱私和公平性影響的重大問題。正如我們即將看到，許多相關的法律和政治問題，在1980到90年代期間都被擱置一旁；許多關於隱私的檯面對話，也被削弱成空殼，因而與私人權力的問題脫節。重點也轉向對於政府的恐懼，而非對於私人企業的擔憂。資料使用的擴張速度，遠超過對其潛在危害的普遍認知，尤其是在1990年代中期到2000年代更是如此。自2010年以來，關於商業資料使用上的最新辯論焦點，又重新回到隱私及公平性「絕對」與現代數據世界密不可分的觀念上。

## 規模、國家與企業

1950年8月，一篇在全美範圍內連載的專欄文章，在調查後報導了數位海軍軍官協助建立了一家公司，專門進行極其機密的專案。不久之後，「同一批完成這些專案的海軍軍官，竟然都以高薪副總裁的身分出現在公司內。」在接受這份「肥缺」之前，他們都曾經在成立NSA的前身專案中工作；該項專案是為了密碼學而建造的第一臺通用電子數位電腦，由新成

立的明尼蘇達公司「工程研究協會」（Engineering Research Associates, ERA）[5]製造。然而在不久之後，該公司便開始銷售這臺機器的商業版本，但刪除了一條關鍵指令，以隱瞞其密碼學用途。儘管這種潛在的不當官商行為令人關切，但當時大多數電腦發展都是來自緊密交織的商業軍事協作，這也是冷戰時期由國家驅動資本主義的重要特徵。

NSA在支持發展新數位電腦的大量資料儲存能力時，最先是與ERA合作，然後是與IBM合作。在合作過程中，他們組織了重要的早期會議，鼓勵企業發展強大的資料庫解決方案。廿世紀中期的商業資訊處理領域主導公司IBM，在進入數位電腦業務的時間稍微落後。雖然我們傾向於將新型的通用電腦，視為與打孔卡處理設備完全不同的東西，但它們最初仍執行與舊機器類似的行政任務，並且一樣要面對類似的行政組織問題。

大數據需要大規模的基礎設施，而這些基礎設施必須得到資金、發明與維護。1950年代末期，美國政府主要是透過軍方，為電腦的研發費用提供了超過一半的資金，政府研究人員也密切參與整個開發過程。[6] 原本用於模擬原子彈爆炸和破解密碼用的電腦成功之後，很快就有了商業版本。即使是非常昂貴的失敗項目，例如，前面說過的SAGE防禦系統，也為包括映像管顯示器（編按：早期的電視機就是使用這種顯示器）和網路技術在內的重要技術發展，提供大量的資金。NSA可能就擁有第一臺電晶體電腦[7]，並且因為對資料儲存和處理的需求，所以也等於在實質上資助了像是自動化磁帶系統等儲存裝置的開發。這些系統的發明，也讓即時串流資料的分析成為可能。而在這些科技商業化後，從打孔卡上儲存的資料進行轉移也成為可能，最後也讓他們可以對這些資料進行全新型態的統計分

析，還能收集到新的資料類型。

　　因此，數位電腦不僅可以在執行計算時提高速度，更重要的是在資料的收集、處理和儲存方面擴大了「規模」。最初的許多作業都牽涉到將先前可用的訊息加以數位化，後來在捕捉和儲存接近「即時訊息」的能力上，電腦便讓資料收集和大型行政組織運作（從航空公司到社福機構）發生了根本上的變化。不過這一切並非必然，雖然許多改變在事後看來，似乎顯而易見且預期會發生，然而它們涉及到的是推動組織參與這些新能力的倡導者和銷售人員、以及昂貴且始終被低估的技術成本，加上機構運作邏輯的轉變等。同時它們也涉及到對何種工作和知識具重要性，以及其應如何變革（或維持現狀）之抉擇。軍國主義和資本主義不僅是導致電腦資料處理轉變的原因，因為這些過程本身透過使電腦成為核心，也轉變了軍事和資本主義的本質。

　　為 NSA 開發的技術背後的推動力，在幾十年間一直祕而不宣，但有時從軍事到商業應用的轉移卻是相當公開的。早期的電腦公司大力宣傳他們這些昂貴且維護成本相當高的機器的潛在應用。1948 年的 UNIVAC 電腦宣傳小冊便寫著：「您遇到什麼樣的問題呢？」並同時提到了資料處理和計算的能力：「是商業和工業上的繁瑣紀錄保存和困難的數字運算嗎？還是科學中複雜的數學計算呢？」UNIVAC 可以應用於「各種不同領域，包括空中交通管制、人口普查統計、市場研究、保險紀錄、空氣動力學設計、石油勘探、化學文獻搜尋以及經濟規劃」。於是，收集資料正在被正常化，其推銷的核心訴求是未來更低的營運成本：「**自動化作業乃是處理各類資訊以達成更高經濟效益之關鍵所在。**」儲存功能允許保存

「大量文件檔案和龐大紀錄」，這些資料可以「無限期保存⋯⋯而且在不再需要時亦可刪除。」[8] 這份宣傳小冊並未隱瞞研發這臺電腦背後的政府資助和國防開支，反而大力讚揚 UNIVAC 承襲早期實用電腦的淵源，特別是「陸軍軍械電腦」（ENIAC），以及來自美國人口普查局和國家標準局的支持。

轉換和儲存大量資料的現實挑戰，很快就顯現出來，等於提醒我們這些資料始終是有形的，必須依賴於密集的基礎設施來確保其安全，也要用上往往被隱蔽的大量勞力來實現。例如，儲存磁帶非常容易被凹折損壞，這個問題被掩蓋在技術術語「dolf」之下，其解決方法是減少潤滑劑的使用，並調整施加到捲軸上的電力。[9] 歷史學家珍妮特・阿巴特強調，新電腦科技的宣傳，經常會淡化運行它們所需要的人力勞動。阿巴特還指出，關於電腦節省勞動力的計算，例如，宣稱ENIAC可以在兩小時內完成二十五「人月」（譯注：一個人在一個月內所完成的工作量）的工作時，其實並未考慮到「女性工作」──亦即準備程式的工作，也未包含「男性工作」──也就是機器維護的工作。[10]

就「電子大腦」和「電腦」的各種討論來看，雖然將舊系統轉換為大規模數位系統的主要術語仍然叫「電子資料處理」，而且把各種商業、科學及行政工作轉換到數位電腦上，現在看來或許顯得理所當然，但每一次的轉變，都需要針對性的倡導。[11] 引入新資料處理技術的專家們也一再強調，避免來自員工和管理階層的抗拒相當重要。一本早期的指南書裡也談到這點：「引入任何新操作系統所面臨的最大障礙，就是改變人們的習慣，因為人為問題在複雜性和難度上，絕對超過技術問題。」[12] 在一些雜誌如

UNIVAC的廣告。艾克特─莫齊利電腦公司（EMCC），1948。加州山景城電腦歷史博物館提供。

《Datamation》（編按：創刊於1957年的資訊科技雜誌）的廣告中，也強調了組織面臨的挑戰。1965年，全錄公司的廣告指出，「當具有前瞻性的公司轉向電子資料處理（electronic data processing, EDP）的簿記方式時，在過渡期裡維持資料不中斷是最大的問題。即使是精心計劃的變動，也可能遇到紀錄缺失、延遲和混亂等困擾。」[13] 在同一份刊物中，「控制資料公司」（Control Data Corporation）的廣告用的提問是「強大的資料打孔卡是否會像算盤一樣地被淘汰？」，他們承諾「新方法可以避免打孔卡和打孔帶，阻擋您與電腦之間的關係」。[14] 然而，結果卻遠不如預期的那麼具有革命性。《商業周刊》（Business Week）在1958年的一份報告指出，儘管行業「幾乎以宗教般的熱情」，採用這些極為複雜的電腦，但卻「對於如何使用它們，經常感到無法確定」。而且這些企業似乎也同時感到「不滿」，因為早期成果並未能達到廣告包裝出來的美好前景夢想。然而，該文章仍然宣稱這些機器的過渡期是必要的，因為「電腦仍然掌握著為工業、商業和政府等龐大機構建立新組織系統的重要關鍵。」[15]

到了1960年代，企業和政府資料庫確實已經大幅發展，而把過去全國各地經常以紙張形式收集的資料，加以中心化和標準化的過程，絕對是一項艱鉅的工作。歷史學家保羅・愛德華茲（Paul Edwards）在談到此一時期氣候模型的電腦化時便指出，「就像所有基礎設施專案一樣，這些變化不僅涉及科學和技術創新，還會牽涉到制度轉型。」[16]

信用評分就是其中一個重要案例：社會學家瑪莎・潘（Martha Poon）展示了信用評分是如何從「根據不同公司收集到的個人資料，加以量身定制」的動作開始，擁有了高度具體的信用評估模型。將交易資料轉換為信

用資料，是一項既艱鉅且費力（勞力密集）的過程，過去通常是由家庭主婦以家庭代工的方式參與，長時間地進行打孔卡的操作過程。[17] 而隨著紀錄的電腦化，出現了新型的信用統計模型，正如歷史學家賈許・勞爾（Josh Lauer）的解釋，「電腦輔助的信用評分，加速了對『信用』的概念和語言的根本轉變，甚至比電腦化報告的影響更為深遠。」

除了減少或消除了債權人和借款人之間的人際接觸外，評分系統還將「信用度」重新定義為「用來抽象統計風險」的一種功能。[18]「對於消費者資料的大規模收集，結合大規模運算後，加強了對消費者的信用評估。」到了1980年代，電腦建模還能讓信貸業發展新的金融產品，並將客戶的信用資訊商品化。[19] 電腦本身並未促成這種變化：這些信用機構主動積極利用電腦的運算能力，並因應這些機構本質的改變而進行轉型。

整合這些新科技的做法並非自動產生；從1960年代到1990年代的行業期刊和會議上，充滿許多重新定義過的問題，以及推薦用新電腦系統所儲存的資料，可以進行的各種解決方案。例如，對於如何說服那些抱持懷疑的管理階層，或者是應付工人和工會的建議等。1965年，某家洛杉磯電視臺播出了一場辯論，題目為「電腦會是威脅嗎？」其中幾位從蘭德公司來的知名人士，討論到自動化的信用評分和大學的入學決定，是否會「讓個體在定義狹隘的機械效率面前顯得無助？」《Datamation》的編輯認為並非如此，他指出「人為的失誤以及無法量化決策過程中所有元素，才是現在無法提供既具一致性、靈活性又公平系統的原因。」設計者應該更努力，「我們相信，」編輯寫道，「對於一些目前還純粹依賴於情緒性、隨意性和偶然性的問題，確實可以更理智和更有組織地處理。我們認為可能的（也

是更明智的）作法，是去嘗試組織和權衡影響決策的因素，即使最後的決策不得不依賴於效率最差的情感判斷，也沒關係。」[20]

## 資訊的價值與隱私的重生

「透過巨型記憶機器的發展，一種截然不同的電子監控（與控制）就變得完全可能了。」這是引自萬斯・帕卡德（Vance Packard）在 1964 年出版的《裸社會》（*The Naked Society*）一書的話。[21]「目前為止，有關個人的資訊通常會被輸入超級電腦，以便用於對社會有幫助或在經濟、政治上吸引人的某種目的。但情況會一直如此嗎？這個問題尤其可以對應到那些正在建立累積檔案的記憶機器上。」[22] 帕卡德並不孤單。1976 年，史坦頓・惠勒（Stanton Wheeler）也說，「紀錄的製作過程本身必須被視為問題，我們不僅必須可以詢問在何種條件下，一個人的生活事件會成為紀錄的內容，還必須可以質疑它們成為紀錄內容的合法性？」[23] 紀錄和分析能力雖有其必要性，但如果掌握在政府和企業手中，也是一件危險的事。那些建立資料庫的人，必須考慮如何確保這種破壞隱私對人類有益。帕卡德的預言，可說走在數據收集和分析的發展尖端。

到了 1971 年，個人資料的經濟價值變得越來越清晰。「新的資訊技術似乎已經催生了一種新的社會病毒——『數據狂熱』」，哈佛法學教授亞瑟・米勒（Arthur Miller）寫道，「我們必須開始意識到，生活在一個把資訊視為經濟上的可用商品和權力來源的社會，到底意味著什麼？」[24]

在水門事件和非法（美國）國內情報活動被揭發之後，共和黨參議員

貝利・高華德（Barry Goldwater）和民主黨參議員山姆・爾文（Sam Ervin）致力於把個人資料的控制權，確立為每個美國公民的權利。他們的法案試圖限制聯邦政府、州政府以及私人企業對於隱私的侵犯。該法案提議為美國國民保障以下的權利：

一、必須保證沒有任何祕密存在的個人資料系統。
二、必須有一種方法讓個人能夠了解有關他的資訊，是否收入在某種紀錄中，以及該資訊將如何被使用。
三、必須有一種方法可以讓個人在資訊有誤時，能夠更正關於自己的資訊。
四、必須記錄下每次對於系統中任何個人資料的重要存取行為，包括所有被授予存取權限的個人和組織的身分。
五、必須有一種方式，讓個人能夠防止他為某一目的提供的資訊，未經他同意便被用於其他目的上。[25]

在這個框架中，資料庫建設者必須對個人負責。公民應該知道到底被收集了什麼資訊，以及誰可以出於什麼目的使用這些數據。他們應該要可以阻止個資的收集和移轉。最後這項極具野心的法案，限制範圍被縮小到只能包括聯邦政府機構的收集和使用數據上。

在1960年代，國家集中式的聯邦資料庫計畫，引發了極大的隱私恐慌，結果導致該計畫被放棄。[26] 然而才過幾年後，一種更隱蔽的威脅出現了。高華德參議員及其盟友，已經預見無數個小型資料庫爆發之後所

將帶來的危險:「『我們』正在私人和政府部門中,建立一些各自獨立的自動化資訊系統的組成部分,這些系統與目前的整合通訊結構模式密切關聯。」[27]

那些支撐著目前 Netflix 或臉書等平臺的演算法科技,在1970年代還處於萌芽時期,但從個人資料進行統計推斷的演算法技術的潛力與危險性,已經開始顯現。國會議員維克多・維賽（Victor Veysey）在1974年解釋了在合法使用與個人控制之間需要取得平衡。

他說:「我們必須發展統計資料,來詮釋那些持續塑造整個國家文化的社經趨勢,但在為正當目的收集的資料,和這些資料有時被用於次要目的之間,差異非常細微。」他繼續說:「我們不應嚴格限制信用評分和人壽保險所提供的合法服務;然而,我們必須開發出足夠的控制措施,以防止有關個人事務的訊息,被毫無差別地買賣。」[28] 今天廣泛存在的資料自由交換的情形並不自然,我們的科學、法律和規章都應該考慮到這一點。

此外,1970年代早期的公民自由立法者也意識到,企業和政府對隱私的侵犯,經常都圍繞在種族、性取向和假定的道德品格問題上。隱私的侵害對每個人的影響並不平等:資料的累積使得有意義且往往具歧視性的把關行為成為可能。

對於參議員山姆・納恩（Sam Nunn）的質詢,學者艾倫・威斯汀（Alan Westin）明確表示,如果要求不提供某些個人資訊,就必須付出財務成本的代價:

如果我們每年多花2美元的保費,讓保險公司無法以精算為由,將

未婚同居者或同性戀者排除在費率基礎之外，我認為這對美國大眾來說是可以承受的成本，而且如果讓他們自己選擇的話，他們很可能會接受。也就是說，參議員，透過多支付2美元，就不會有人詢問我的性生活，也不會有人向我的鄰居和同事打聽我的性生活。我認為許多美國人應該都願意每年多支付2美元，讓他們生活中的隱私層面不被調查和記錄。[29]

當時跟現在一樣，資訊的自由流通降低了財務成本，但對個人生活卻造成極大的代價。一項重要的非政府研究清楚指出：「現在的『隱私』，必須與從中央伺服器或大型資料庫中收集和提供資訊所獲得的『價值』來進行權衡——亦即拿個人資訊來換取信用卡的便利是否值得？」[30]

在商業上的答案很明確。因為在這項影響重大的法案提出之後，來自銀行、直銷商、雜誌出版商等各種企業的抱怨迅速且激烈。他們幾乎一致堅稱，平衡「隱私權」與商業所需的「資訊自由」，就像在宣布必須先考慮後者的問題。尤其令他們不滿的是，法案要求這些行業對其資料的新用途，必須經過人們同意才行：

我們反對立法禁止在未經個人事先知情且同意的情況下，傳輸有關個人資訊的立法。……現代科技使信貸機構能夠透過線上終端設備或電話查詢的方式存取信用資訊，從而快速有效地回應消費者需求。如果法律阻礙資訊的自由流通，造成效率低落的結果，必然會轉化為產業和消費者的更高成本。[31]

企業及所屬智庫抱怨：保持關於個人資訊的各種使用方式和轉移的詳細紀錄，既不切實際又負擔繁重。就像許多公司一樣，知名零售商西爾斯百貨（Sears）也抱怨：「對西爾斯來說，要求保留系統中每次存取和使用資料的完整且準確的紀錄，亦即包括所有授權存取的個人和組織的身分資料，代價將極其昂貴。」[32]

在1970年代關於隱私法案的辯論中，商會的政治家和說客們，戰勝了那些關注公民自由權利的人，理想遠大的高華德—歐文法案，被限縮至只專注於聯邦政府的資料收集和使用。1974年制定的《隱私法》（Privacy Act），致力於重新平衡個人控制資訊的權益與聯邦政府控制和使用這些資訊的權益。法案刪除了有關「私人企業部門的收集、散布或使用資料」的條款，並以成立調查委員會的方式，取代了最初設想推行的嚴格管制措施。

換句話說，聯邦政府並未確認任何保護個人資料的一般性原則，也未對資料收集、交換和買賣提供通用的責任制度來規範。反之，繼早期對信用資訊的保護之後，美國人獲得了重要但範圍卻很狹窄的保護，亦即僅限於特定資料領域，其中比較值得注意的是學生方面（FERPA，1974年通過）和過了整整二十年以後的醫療病人方面（HIPAA，1996年通過）。源於越南戰爭時期對政府的不信任、對信用機構的擔憂、水門事件以及對美國情報機構的揭露，目的在提供通用隱私法案的全面改革動力，最終被浪費掉了。[33]

在這次未能保護非政府資料的失敗之後，個人資料的自由使用和濫用，似乎開始被視為理所當然——不是偶發的、亦非可以改變的，更非需政治程序或公民選擇所能左右的。這種幾乎不受限制的資料收集和使用規範，為2000年代以後的平臺，創造了獲利空間的基本條件，讓平臺可以利

用人們的詳細資料牟利,也讓政府得以利用企業資料進行大規模監控。

1977年的「隱私保護研究委員會」(Privacy Protection Study Commission)認為國會未能解決來自企業部門以及聯邦和州政府等官僚體系的這種威脅。1974年實施的《隱私法案》,也說明美國並未建立集中式的政府資料庫。然而這些考量卻產生了一個弔詭的副作用:政府並不是建立一個統管一切的大資料庫,而是從政府部門誕生了幾百個難以監督的資料庫,更遑論規範或監管,而且每個資料庫都受到不同的法規約束。資料庫規模的重要性在於,它會明顯改變其他原本看似無害的資料庫對隱私的影響。隨著網路的發展,這些危險性更加深化,因為資料的流動變得更加順暢,連接紀錄的速度也提高了,分析群組紀錄和個人紀錄的科技也發展迅速。

雖然資料收集和分析的速度不斷加快,但在隨後幾年中的隱私情況,幾乎沒有改變。隱私倡導者羅伯特・E・史密斯(Robert E. Smith)於1984年在美國國會作證時,展示了一個圖表,說明來自教育、零售、醫療和信用評級部門的私人資料庫,如何與各種州和聯邦資料庫交織在一起。[34] 而且商業資料和政府資料結合後,可以輕易透露出個人生活的各種驚人內容。史密斯解釋了結合商業家庭資料和國稅局資料的威力:

**格利克曼**(MR. GLICKMAN):國稅局現在是否租用了提供各家戶人口統計資料的電腦化清單,以便查明我有沒有去看電影,或是去金獅餐廳(Lion D'or)吃晚餐、或去拉斯維加斯度週末,然後再確定我是否繳納了足夠的稅款?

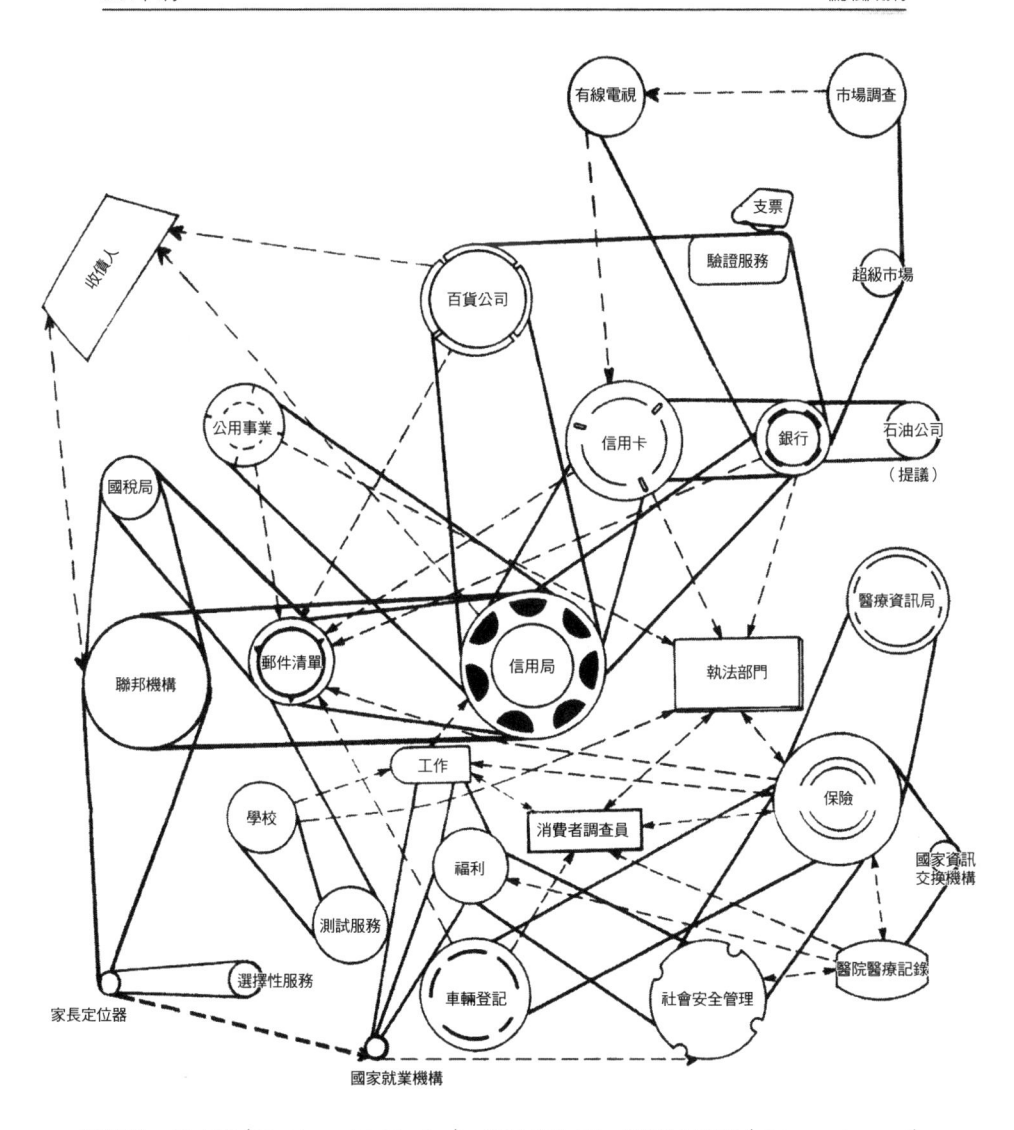

凱瑟琳・麥卡錫（Kathleen McCarthy），資料流向圖，《隱私》期刊（*Privacy Journal*），1984年4月。羅伯特・艾利斯・史密斯論文、羅伯特・S・考克斯特別收藏與大學檔案研究中心、麻薩諸塞大學阿默斯特分校圖書館。

史密斯：嗯，雖然資料不會這麼鉅細彌遺，但他們能夠查到你擁有一輛凱迪拉克和一輛福特汽車。

格利克曼：他們能查看，例如，我的美國運通帳戶嗎？

史密斯：不能查看內容。但系統可能會顯示你持有這個帳戶，還有，帳戶的大致餘額。是的，這些資訊可能會在裡面。[35]

上頁圖中滑輪向美國國會展示，截至1980年代中期，幾百個資料庫已相互連結，形成了一個「實質上的」全國性資料庫，涵蓋美國大多數公民。

這些資料庫的整合，賦予政府更大的權力。至1980年代中期，國會科技評估辦公室的報告指出，現在的科技已然改變了「資料收集與隱私之間的平衡」，使其偏向於「機構」的利益，因為多重資料庫數據的整合運用，已對我們的隱私權產生根本性的影響：

電腦與電信方面的能力，擴大了聯邦機構使用和操控個人資訊的機會，例如，在檢測詐騙、浪費和濫用的方式中，資訊相互配對的使用明顯增加。電腦越來越常被用來驗證個人資訊的準確性和完整性，這些資訊在個人獲得福利、服務或就業之前，就被進行核實的動作。然而這些科技的能力，似乎已經超過了個人保護自己利益的能力。[36]

有鑑於電腦具備「比對」不同資料庫紀錄的強大能力，如何平衡這種失衡狀態，已成為亟待解決的課題。

在1977年的一個早期案例「比對計畫」（Project Match），其目的是在尋

找詐領福利金的人士。「考慮到被比對者的個人權利，以及普遍性的電子搜索可能對社會造成的長期影響時，電腦比對的使用是否適當，以及在何種條件下使用才算適當，已成為一個核心政策議題。」因為某些特定階層的人士，毫不意外地，會更頻繁地成為此類比對的對象：「電腦比對本質上是針對群體或階級的大規模調查，因為是針對特定類別的群體，而非特定的個人。理論上，沒有任何人能免於這些電腦搜索；但實際上，社會福利受惠者和聯邦政府雇員，最常成為比對的目標。」[37]

隨著資料庫技術的逐漸發展，能做到的不只是跨多個資料庫來檢索人員而已。隱私保護研究委員會在1977年警告：「真正的危險是透過自動化、整合和交叉連結許多小型獨立記錄系統，逐漸地侵害個人自由，因為每個系統單獨看來可能無害、善意或甚至完全合理。」[38] 因此，規模的問題變得更加重要，它改變了原本無害隱私的資料庫含義。網路的發展更加劇了這些危險，各種紀錄的流通變得越來越無阻礙，紀錄連接的速度加快，分析群組紀錄和個別紀錄的科技也在逐漸提升。

隱私與政府利益的平衡，不斷以歧視性的方式傾斜，這些方式在今天看起來變得越來越熟悉，都是聚焦於那些最無法要求課責、最缺乏能力反擊、也最無權要求系統滿足我們在公正民主社會中，對於資料分析抱持全面期望的人群。[39]

這些前瞻性問題的成長，發生在網際網路廣泛運作之前，正當個人電腦開始出現在美國及其他地方的家庭和工作場所時，立法並未隨之而來。而隨著資料庫擴張和普及，資料的收集和交換的日常作法，還加強了這樣的假設：亦即沒有任何通用的個資保護原則，可以適用於非聯邦政府和企

業的個人資料使用方面，其中只有一些主要的例外，例如，健康、信用和教育資料方面才有。缺乏對個資通用保護原則的情況，已經變得越來越常見。與其說這是一種政治選擇，不如說「缺乏隱私保護」被錯誤地理解為「數據和資料收集」的本質。這種失敗所代表的完整意義，一直要到2010年代才被顯現出來。直到這時開始，企業和政府在個人資料上交易的雙重危險，才從小群體社運者的關切，轉變成報紙和新聞提要中的頭條新聞。

1999年時，昇陽電腦（Sun Microsystems）的執行長史考特・麥克里尼（Scott McNealy）很堅持地說：「你們根本沒有隱私，接受這個事實吧。」到了2010年，臉書的創辦人兼執行長馬克・祖克柏（Mark Zuckerberg）則聲稱隱私已不再是「社會規範」。[40]這兩種說法當然都是錯的，然而強大的利益集團，不斷努力讓這些觀點看起來像是真實的。

在1973年當時，如今是消費者信用報告巨頭艾可飛（Equifax）的前身公司負責人W・李・伯格（W. Lee Burge）辯稱：「透過『個人和財務』資訊的自由流動——藉由掌握準確且相關的事實——美國商人便可充滿信心的行事，讓我們的經濟保持活力和繁榮。」[41]這種對資料收集和交換的辯護，等於把創新和經濟效率放在其他人類價值之上。2000年時，資料經紀公司安客誠（Acxiom）在面對國會質詢關於「銷售美國人資料的服務」為自己辯護的回應中，把數據的收集和分析與「維持自由」本身關聯在一起：「因為許多網路應用程式是完全免費的提供給大眾，讓各種想法以前所未見的方式，每日自然而然地表達和交流。所以我們最近也見證了各種社交媒體網站，如何促進公民參與並激發其熱忱……對這些群體來說，資訊確實是通向自由的直接管道。」[42]

但這種自由所花費的代價並不是警惕，而是個人資料被挖掘：就像「免費」的概念再次取代了「自由」的真諦。*

從1970年代到現在，支持自由交換和收集資料的人士宣稱，如果我們集體選擇更強力地保護私人資料，就必須預期將會犧牲一些代價。他們認為保護隱私會帶來巨大的財務成本：亦即更昂貴的服務和產品，以及對於創新的阻礙。還有人認為，它也會帶來國家安全上的成本：可能降低政府發現和減緩惡意勢力的能力。這些在政治上強而有力的論點，長期以來受到民主和共和兩黨政府的青睞，因而我們對於個資使用及其對隱私、自主性和自由在意義上的「集體期望」，都被降低且縮小了。

根據長期以來的自由市場論點，業界幾十年來的說法都在強調美國政府在創新中的缺席，來證明這種縮小集體期望的合理性——就算如我們所強調過，當初是由政府投資創造和培養了電腦行業，也還是一樣。在這種說法下，當涉及到保護個資時，美國一直採取放任的態度。在幾年前的一份報告中，某個智庫解釋說（舉了一個例子）：

> 在資料經濟中，這種作法代表避免「全面性的資料保護規則」（也就是避免全面限制資料共享和重新使用的規則），改成了專注於為特定行業量身訂製規範，因而得以允許大多數行業自由創新。這些政策形成了監管環境的核心，才能讓像亞馬遜、eBay、谷歌和臉書這樣

---

* 編按：原文中「free as in beer」（如同免費啤酒的免費）和「free as in freedom」（如同自由的自由）是一個在開源軟體社群常見的概念對比。

的公司，得以蓬勃發展。提供了一種跟歐洲地區採取的預防性、限制創新的規則，完全不同的替代方案[43]。

在這種敘事脈絡中，企業等於可以自由收集、購買、交易和挖掘資料，讓美國成為了今天的科技強國。而且在這些故事中，企業掌握資訊流的權利，超過了任何過度強調的隱私權，並產生了驚人的效果，明確傳達出現在的我們應該避免強而有力的演算法監管和課責的道德觀。然而在這個自由市場的故事中，缺少了龐大的聯邦資金——主要是國防和情報資金。原先這些資金讓微電子產業得以實現，並促成網際網路的誕生。這些說法同樣忽略了我們在經濟效率和少數企業利潤之外的其他領域中，所應有的集體合理期待。

網際網路先驅保羅・巴蘭（Paul Baran）在1969年評論說：「我們期望靠電腦製造商來解決隱私問題，可能就跟我們期望汽車製造商能自行設計足夠的廢氣排放控制裝置一樣的錯誤。」[44] 他在距本章撰寫一年之前的麻省理工學院（MIT）演講中提出論點：「那些處理可能標籤化並分類個人資料的人，必須調整其行為，以符合社會長遠的最佳利益，即使這樣的調整與個別機構或企業的最佳利益相衝突。這樣的要求算高嗎？」[45]

## 萎縮的隱私

1970年代關於隱私的討論集中在「自動化決策」（automatic decision making，譯注：由電腦作的決定）可能帶來的潛在危害，以及這些危害帶給弱勢群體

可能不成比例的影響。隱私不僅是個人自由的問題，還關乎公民權利，尤其是針對特定群體如針對黑人學生收集的檔案。1970年代的批評者清楚地看出「規模」改變了紀錄的影響性；後來有許多人試圖限制我們對這些影響的理解，以便合理化他們的行動。當時的倡導者強調，隱私概念不只是個人權利的問題，它還涵蓋了對社會群體之間不平等的傷害分配，及其尋求正義的能力不一。到了廿世紀末，美國對隱私的廣泛討論聲浪大幅降溫，政治上的想像，也隨著整體走向自由主義，讓個體及其權利的運動減少。哈佛哲學家羅伯特・諾齊克（Robert Nozick）大聲驚呼：「不存在任何為了自身利益而做出犧牲的社會實體。存在的只有個別的人，不同的個人，過著各自的個人生活。」[46]

經濟學家和政策制定者們，都越來越追隨米爾頓・佛里德曼（Milton Friedman）的觀點，認為社會沒有義務，只有個體。[47]「在一個私有財產下的理想自由市場中，沒有任何個人能夠強迫其他人。所有合作都是自願的，所有參與者都會受益，否則他們不會參與。除了個體可以共享的價值和責任以外，並沒有其他價值，也沒有『社會』責任，因為社會就是一群個體以及他們自願形成的各種團體的集合。」[48]

這些逐漸退縮的社會和經濟思維，不僅在世紀末的年代，削弱了監管國家的能力，還讓我們在大數據時代，更難清楚思考隱私問題。對於這種政府和私人實體脅迫的雙重關注，等於讓路給法律學者裘迪・修特（Jodi Short）所稱的「偏執風格」（paranoid style）的政府監管思維。對國家脅迫的深切擔憂，超越了對於私人權力的關注。[49]在這種自由主義世界中，隱私越來越被狹義地看成是「個體對抗政府」而過度擴張的公民自

由。法律學者普里西拉・雷根（Priscilla Regan）在1995年指出了這種個人主義方式的局限性：「把問題定義為權利，已經成為許多問題的有力政治資源，例如，公民權利、婦女權利、殘障人士權利等。然而這些涉及到對某種利益或地位權利的問題，並不是以組成原子般的個體做為基礎，而是以做為『群體成員』的個體來加以定義。」[50] 雖然像奧斯卡・甘迪（Oscar Gandy）這樣的知名批評家以及一些激進組織，努力反對這種批評範圍的退縮，但無論是知識潮流或商業利益，都削弱了他們在政策甚至是行動團體中，本應得到的突出地位。[51]

這些批評聲音的消失，以及圍繞更廣泛隱私概念相關技術知識的流失，絕非偶然。美國國會科技評估辦公室提供了前述許多1970年代的見解；但在1995年，眾議院院長紐特・金瑞契（Newt Gingrich）關閉了該辦公室。在柯林頓總統任內，網際網路商業化蓬勃發展之際，一個政府工作小組鑑於1970年代的研究基礎警告大家，網際網路將使建立個人檔案變得容易且成本低廉，無需用到以前所需的勞動和差旅。這種判斷相當正確。然而，當時的媒體學者馬修・克蘭（Matthew Crain）指出，其解決方案幾乎完全被視為個人選擇的問題，亦即賦予個別用戶有權決定其隱私。[52] 因此，我們的世界中產生了無所不在的個人檔案和電腦上出現的、可以選擇不接受「cookie」（譯注：掛在瀏覽器內的追蹤器，可以追蹤和收集你的使用資料，回傳給網站經營者）的現象。[53]

即使那些希望將1960年代精神帶入網際網路的人，也是在一種極端個人主義的隱私觀念中運作。事實上，政治倡導者們慶祝網際網路的到來，認為它正好可以削弱「規模差異」。艾絲特・戴森（Esther Dyson）的解釋

是:「網際網路所做的基本事情,就是克服規模經濟的優勢⋯⋯讓大企業無法主宰一切。」[54] 在這種觀點中,網際網路使得像佛里德曼那樣的個人主義幻想變得更真實,而非更虛幻,因為它讓個人擺脫了原始的社會束縛。歷史學家佛瑞德・特納(Fred Turner)認為:

> 即便他們描繪了一個去中心化的、點對點的烏托邦願景⋯⋯像凱文・凱利(Kevin Kelly)、艾絲特・戴森和約翰・佩里・巴洛(John Perry Barlow)等諸位作家 *,實則剝奪了廣大讀者對下列課題的思考語言:人類生活如何以錯綜複雜的方式實體形塑,生活所仰賴的自然和社會基礎設施為何,以及數位科技和網路生產模式,可能對生活及其重要基礎設施所產生的影響。[55]

在慶祝和捍衛網際網路免受政府干預的過程中,像《連線》(Wired)雜誌所寫的這種政治願景,強化了「隱私做為個人權利」的狹隘觀念。其形成背景是因為普遍存在的對政府不信任,認為政府在廣泛的政治光譜(political spectrum,譯注:從極左到極右各種不同的政治觀點或立場的範圍)下,動作緩慢且效率極低。[56] 因此,即便是許多倡導隱私的社運者,也讓公民在面對網際網路所帶來的大量資料匯集和分析的風險時,都顯得難以招架。[57] 雖然許多學者、活動家和科技專家,都致力於擴大對監控的理解,但在數據收集和分析的規模不斷爆炸性成長的時刻裡,這種狹隘的政治、

---

\* 譯注:這些作家並未強調身體的存在和經驗是人類一切活動的基礎。

社會和法律想像，未能提供足夠的哲學和法律論述，來理解到底發生了什麼事，也未能想像出與我們集體願望相符的、針對大數據自動化決策的政治和社會回應。[58]

大約在2001年9月11日的恐怖攻擊發生時，NSA及其英國對應機構GCHQ，已經超越了收集和破解納粹及蘇聯密碼的工作範圍，開始收集和分析全球人民的電話和網際網路使用情況，其中可能也包括自己國家的公民。在1990年代末期，美國和英國的國家安全律師、國防知識分子和執法部門，有鑑於網際網路和行動通訊的迅速擴張，呼籲改變有關竊聽的法律和定義。然而由於政治能力的不足，無法在民權活動家反對的情況下，實現這些改變。而在911事件後不久，美國國會的反應是在2001年通過《愛國者法案》，該法案在其多項條款中對美國國內監控法律進行了微妙的修改，其全部影響經過多年仍然未被完全揭示。

受制於貧乏的隱私權觀點，法官和政策制定者在應對這些新的分析技術時，往往缺乏足夠的想像力。911事件後，本應對NSA進行監管的法院，展現出令人震驚的想像力不足，未能理解數據收集和處理的規模如何大幅改變其影響力（譯注：法院在監管大規模數據收集行為時，未能理解到「規模效應」所帶來的影響）。當NSA的電話「後設資料（metadata）收集計畫」被揭露後，這種對於個人隱私的高度「個人主義觀點」的局限性，迅速浮現。因為這些後設資料僅指電話號碼的部分，並不包含通話內容（譯注：當時爭議的焦點是這些後設資料本身似乎並未包含直接的通話內容，然而大規模收集和分析，仍可能透露大量個人訊息）。

NSA及其他機構長期宣稱後設資料不該具有與通話內容相同的憲法

保護，他們經常試圖說服立法者和法院同意這一點。雖然法院有權要求檢查詳細帳目，以及對NSA提出各種質疑，但他們缺乏挑戰該機構在技術主張方面的專業知識。NSA向祕密的「美國外國情報監控法院」（Foreign Intelligence Surveillance Court, FISC），提供了大量正式的集體活動帳目，在關門會議中看起來透明度相當高，但外界直到最近才知道真正的內容。雖然監控法院在法律方面擁有專業知識，但對於這種「資料聚合」（data aggregation，譯注：將海量資料快速整合為易理解的聚合資料，例如，將每秒改為每分來搜集等）的技術知識不足，無法有效反駁這些帳目。

相較於「通話內容」，通訊的「後設資料」享有遠低於憲法保護程度的關鍵性司法判決，這是建立在一系列認為「個人撥打電話號碼時並不享有憲法保護」的論述上。因為根據一般人理解，大家在撥打電話時，等於是自願向電話公司提供他們所撥打的電話號碼。即使他們期望通話內容保持私密，但他們對撥打的電話號碼並沒有「合理的隱私期望」，而這點也適用於他們所撥打的每一通電話。因此，政府可以在沒有任何搜查或扣押問題（譯注：第四修正案所保障的）的情況下，獲取每個電話的後設資料。這種對個別電話的隱私期望的缺失，也被擴展到這些電話的任何聚合或分析中。根據這種分析，對不受《美國憲法》保護的資料進行操作，只會產生不受憲法保護的事實。

自2000年代中期以來，神祕的美國外國情報監控法院，對於資料聚合問題有了明確裁決。第四修正案的權利是個人的：「只要沒有個人對後設資料有合理的隱私期望，那麼大量人民的通訊被置於監視下，都與是否構成第四修正案所指的搜查或扣押問題無關。」[59] 隨後的裁決也進一步發展了

此一推理:「換句話說,當個人沒有行使第四修正案的權利時,將大量相似情況的個人聚合在一起時,第四修正案的權利並不能無中生有。」[60]

法院裁決所說的「第四修正案的權利並不能無中生有」;源自於大規模資料的收集在目前的分析工具下,對於合法個人隱私權益所構成的挑戰\*。普林斯頓電腦科學家愛德華・費爾滕(Edward Felten)在一份重要的法院文件中指出:「先進的電腦工具讓分析大型數據集成為可能,可以用來識別嵌入的模式和關係,包括個人細節、習慣和行為等。因此,先前承載較少潛在可能暴露個人資訊的數據片段,如今便可在整體上揭示出關於我們日常生活的各種可能敏感細節,而我們原先並未打算(或預期)共享這些細節。」[61] 對後設資料進行分析,以便發現「恐怖分子常用模式」的承諾,正是基於這樣的假設,亦即這種分析不只是一種資料聚合,更可以藉此揭開關於個人的潛在現象。NSA自身的歷史學家,解釋了該機構在1950年代逐漸成長的能力,也就是「除了(或不依賴)成功破解訊息內容的原始明文之外,還能從訊息流量的外部特徵中,推導出有用的資訊。」這種處理所謂後設資料的能力「被認為是密碼學歷史上的決定性事件。」[62]

電腦統計的力量,不只局限於對集體的統計推論,更根本地揭露了許多在特定個體上通常是私密的和個人層面的細節,這也強調出限制使用這些分析工具,背後存在的深層隱私利益考量。在大數據時代中,我們這種知情和理性地同意放棄個人資訊的舊有直覺,是相當嚴重的錯誤。近期有

---

\* 譯注:因為現代的數據分析技術,能從看似無害的大量後設數據中,挖掘出敏感的個人訊息,對隱私構成實質威脅。

關監控的法院裁決,尤其是《美國訴瓊斯案》和《卡本特訴美國案》,都顯示司法系統正在逐漸替換掉這些過時的技術認知。目前和未來在分析工具能力上,都要求各機構必須具備知識和批判的能力,以重新思考在資料聚合時代中的同意問題,其原因便是認為我們對機器學習平臺的力量和危險性,缺乏認識和道德直覺。[63] 在接下來的兩章裡,我們將會考察這些強大分析工具的發展。

## 從數據到優化為價值

雖然儲存數據有許多困難,但依舊會比從分析數據中獲得某些見解要容易得多。在一個對數據收集只有輕微限制的時代裡,不斷成長的企業和政府數據,都呈現了巨大的技術挑戰。因為沒有人知道哪些工具能從這些資料庫中產生意義和價值。數據收集的速度不斷加快,但對於如何研究和從中獲益的方法,卻仍不明確。

資料分析科技的資助者開始不耐煩,因為數十年來他們一再被推銷了許多虛假承諾。例如,美國人口普查局是早期採用資料處理科技的機構之一,包括從霍勒瑞斯的打孔卡機到前面提過的 UNIVAC 等。到了 1980 年代,人口普查局的工作人員對他們資助對象的表現有些不悅。「近三十年來,人口普查局的工作人員聽到過關於機器辨識手寫字跡的能力即將實現的說法。然而,對大多數說法仔細檢驗後發現,這項技術的突破仍然遙不可及。」[64]

隨著預算愈加緊縮,加上對於人工智慧和機器翻譯等相關領域誇大宣

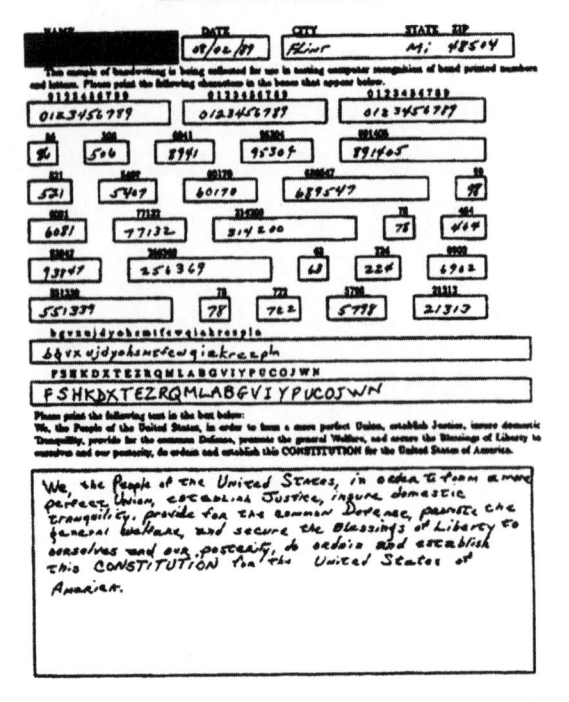

手寫範例表單──R. 艾倫・威金森、喬恩・蓋斯特、史坦利・珍妮特、派崔克・J・格羅瑟、克里斯多福・J・C・伯吉斯、羅伯特・克里西、鮑伯・哈蒙等人，第一次人口普查光學字元辨識系統會議。NIST IR 4912，p.19。

稱的更多懷疑，美國國防高等研究計劃署及其相關機構創造了一種新的專案評估法，這種方法是用單一指標來對所有競爭者的數據進行成功程度的評分，後來也被稱為「通用任務框架」。1980年代的科技發展，為自動辨識手寫字跡提供了一些樂觀理由，因此美國人口普查局和國家標準暨技術

研究院（NIST）設立了一項比賽，以便觀察長期承諾的技術進展情況，鼓勵進步，並促進企業和學術界之間的競爭。

人口普查局不希望比賽使用模擬的「玩具」資料，因為這些資料與真實世界資料的複雜度相距甚遠。比賽使用的這些資料來自一個數位化的手寫樣本表格，這是由人口普查工作人員和學童把一系列數字、字母和單字抄寫到清晰劃分的方框中（見「左頁手寫範例表單」圖）。

「我們決定測試將開放給擁有強大『光學字符識別』程式的組織，這將會是一個成本效益極高的工具，才能實現這些目標。這也將允許對於來自各種系統、演算法、特徵和預處理的結果進行比較。」[65] 來自美國和西歐各地的團隊參加了這場比賽——主要是來自像伊士曼柯達（Eastman Kodak）、思維機器公司（Thinking Machines Corporation）、IBM愛曼登研究中心和戴姆勒－賓士旗下的AEG（Allgemeine Elektricitäts-Gesellschaft）這樣的公司，以及來自密西根州到瓦倫西亞和波隆那等大學的一些參與者。許多公司調整改良了其原先用於讀取地址或支票的商業技術。

最後的結果呢？「大約一半的系統正確識別了超過95%的數字，超過90%的大寫字母，以及超過80%的小寫字母。相較之下，人類大約可以正確辨識98.5%的測試數字。」[66] NIST公布了測試結果，如下頁圖所示。

這些參與系統的範圍相當廣，從「神經網路」到「統計模式識別」，再到史皮爾曼的「主成分分析」一直到「K-近鄰演算法」（在美國空軍的支持下，由幾位統計學家於1951年研發）。AT&T的貝爾實驗室也提交了四個候選分類系統，包括基於神經網路的商業產品改良型。參與貝爾實驗室提交的研究人員包括許多未來的機器學習領軍人物，例如，伊莎貝爾·蓋恩（Isabelle

| Entered System | Percentage Classification Error |||
| --- | --- | --- | --- |
|  | Digits | Uppers | Lowers |
| AEG | 3.43 ± 0.23 | 3.74 ± 0.82 | 12.74 ± 0.75 |
| ASOL | 8.91 ± 0.39 | 11.16 ± 1.05 | 21.25 ± 1.36 |
| ATT.1 | 3.16 ± 0.29 | 6.55 ± 0.66 | 13.78 ± 0.90 |
| ATT.2 | 3.67 ± 0.23 | 5.63 ± 0.63 | 14.06 ± 0.95 |
| ATT.3 | 4.84 ± 0.24 | 6.83 ± 0.86 | 16.34 ± 1.11 |
| ATT.4 | 4.10 ± 0.16 | 5.00 ± 0.79 | 14.28 ± 0.98 |
| COMCOM | 4.56 ± 0.91 | 16.94 ± 0.99 | 48.00 ± 1.87 |
| ELSAGB.1 | 5.07 ± 0.32 |  |  |
| ELSAGB.2 | 3.38 ± 0.20 |  |  |
| ELSAGB.3 | 3.35 ± 0.21 |  |  |
| ERIM.1 | 3.88 ± 0.20 | 5.18 ± 0.67 | 13.79 ± 0.80 |
| ERIM.2 | 3.92 ± 0.24 |  |  |
| GMD.1 | 8.73 ± 0.35 | 14.04 ± 1.00 | 22.54 ± 1.22 |
| GMD.2 | 15.45 ± 0.64 | 24.57 ± 0.91 | 28.61 ± 1.25 |
| GMD.3 | 8.13 ± 0.39 | 14.22 ± 1.09 | 20.85 ± 1.25 |
| GMD.4 | 10.16 ± 0.35 | 15.85 ± 0.95 | 22.54 ± 1.22 |
| GTESS.1 | 6.59 ± 0.18 | 8.01 ± 0.59 | 17.53 ± 0.75 |
| GTESS.2 | 6.75 ± 0.30 | 8.14 ± 0.59 | 18.42 ± 1.09 |
| HUGHES.1 | 4.84 ± 0.38 | 6.46 ± 0.52 | 15.39 ± 1.10 |
| HUGHES.2 | 4.86 ± 0.35 | 6.73 ± 0.64 | 15.59 ± 1.08 |
| IBM | 3.49 ± 0.12 | 6.41 ± 0.80 | 15.42 ± 0.95 |
| IFAX | 17.07 ± 0.34 | 19.60 ± 1.26 |  |
| KAMAN.1 | 11.46 ± 0.41 | 15.03 ± 0.79 | 31.11 ± 1.15 |
| KAMAN.2 | 13.38 ± 0.49 | 20.74 ± 0.88 | 35.11 ± 1.09 |
| KAMAN.3 | 13.13 ± 0.45 | 19.78 ± 0.60 | 33.55 ± 1.37 |
| KAMAN.4 | 20.72 ± 0.44 | 27.28 ± 1.30 | 46.25 ± 1.23 |
| KAMAN.5 | 15.13 ± 0.41 | 33.95 ± 1.22 | 42.20 ± 0.96 |
| KODAK.1 | 4.74 ± 0.37 | 6.92 ± 0.78 | 14.49 ± 0.77 |
| KODAK.2 | 4.08 ± 0.26 |  |  |
| MIME | 8.57 ± 0.34 | 10.07 ± 0.81 |  |
| NESTOR | 4.53 ± 0.20 | 5.90 ± 0.68 | 15.39 ± 0.90 |
| NIST.1 | 7.74 ± 0.31 | 13.85 ± 0.83 | 18.58 ± 1.12 |
| NIST.2 | 9.19 ± 0.32 | 23.10 ± 0.88 | 31.20 ± 1.16 |
| NIST.3 | 9.73 ± 0.29 | 16.93 ± 0.90 | 20.29 ± 0.99 |
| NIST.4 | 4.97 ± 0.30 | 10.37 ± 1.28 | 20.01 ± 1.06 |
| NYNEX | 4.32 ± 0.22 | 4.91 ± 0.79 | 14.03 ± 0.96 |
| OCRSYS | 1.56 ± 0.19 | 5.73 ± 0.63 | 13.70 ± 0.93 |
| REI | 4.01 ± 0.26 | 11.74 ± 0.90 |  |
| RISO | 10.55 ± 0.43 | 14.14 ± 0.88 | 21.72 ± 0.98 |
| SYMBUS | 4.71 ± 0.38 | 7.29 ± 1.07 |  |
| THINK.1 | 4.89 ± 0.24 |  |  |
| THINK.2 | 3.85 ± 0.33 |  |  |
| UBOL | 4.35 ± 0.20 | 6.24 ± 0.66 | 15.48 ± 0.81 |
| UMICH.1 |  | 5.11 ± 0.94 | 15.08 ± 0.92 |
| UPENN | 9.08 ± 0.37 |  |  |
| VALEN.1 | 17.95 ± 0.59 | 24.18 ± 1.00 | 31.60 ± 1.33 |
| VALEN.2 | 15.75 ± 0.32 |  |  |

表 3：TD1 的 10 個分區中，計算的平均零拒絕率誤差率及標準差，以百分比表示。

R. 艾倫‧威金森、喬恩‧蓋斯特、史坦利‧珍妮特、派崔克‧J‧格羅瑟、克里斯多福‧J‧C‧伯吉斯、羅伯特‧克里西、鮑伯‧哈蒙等人，第一次人口普查光學字元辨識系統會議。NIST IR 4912，p.9。

Guyon）和揚・立昆（Yann LeCun）等人。

這種「優化資料分類流程」的作法，跟前一章討論到人工智慧的遠大夢想相去甚遠。美國人口普查局和NIST所堅持的**價值觀**，包括了預測的準確性和效率，而非可理解或基於符號邏輯的過程。而且人口普查局和NIST，當然也關心處理真實世界資料的速度。這種價值觀的改變，正是機器學習和人工智慧後來爆炸性成長的核心。

對真實世界應用優化指標的重視，推動了自1980年代末迄今的機器學習、資料探勘（data mining）和資料科學的發展。類似準確辨識手寫字這類問題，就是典型案例，展現了人們越來越專注於具有明確「數字指標成功率」、可進行最佳化（優化）的問題。而「字符」辨識同樣展現了創建穩健演算法系統的堅持，能夠處理真實世界數據，而非人工整理過的數據，而且通常還能在即時的、不斷擴大的規模上運作。這種把目標從理解或人工創造「智慧」，轉變為「定量性能」的極大化，也促成了一種「競爭性」的社群組織任務（譯注：當研究目標從探索和模擬廣義的「智慧」轉向追求可「量化」的效能提升時，更容易形成一個以競賽和合作為基礎的研究社群，讓大家可以針對相同的評估指標進行比較和改進）。

雖然這種競賽會把關注焦點，從像是1956年達特茅斯研討會組織者的崇高目標上轉移開來，但它對於「針對某些工程性能目標」來組織社群的作法，非常有效。我們在下一章概述了以清晰成功指標優化為核心的「圖形識別」和「機器學習」所引起的爭議。接在其後的一章，則將探討這些演算法如何在產業規模上運行，以處理企業、科學家和政府收集到的真實世界資料。這種將價值觀狹窄化為「優化」的作法，正是當前人工智慧倫理

和政治困境的核心。

　　原先做為計算數據的一項挑戰，發展成一種可獲利的產業化數據狂熱，遠離了麥卡錫及其他早期人工智慧創建者的關切——事實上，這種演變對他們來說幾乎是反感的。然而，正如我們將看到，數據狂熱在某些方面，可以說回過頭來為人工智慧提供了第二次或第三次生命——而且這種人工智慧專注於從數據中學習，不再從手動安排的字符規則學習。

# Chapter 9  機器，學習
## Machine, Learning

　　帕特・蘭利（Pat Langley）感到失望。因為到了2011年，他花費大部分生命精力所培育的學術領域——機器學習——不論在影響力、資金和規模上，都呈現了爆炸性的成長。

　　但這項成功的代價頗為巨大：因為該領域在相當程度上放棄了「更複雜的任務，例如，推理、問題解決和語言理解」，轉而專注於類似「預測」等簡單任務上。機器學習從「執行多步驟推理、啟發式問題解決、語言理解或其他複雜認知活動」的高級系統，縮小到成為一種只被設計來解決更簡單問題的統計工具。機器學習的重點已經從模擬人類知識的宏大、威望等重要問題，轉向狹隘的數值預測和分類方面。[1]

　　在四分之一個世紀前的1984年，當他在描述同一領域時，機器學習的議題似乎更具野心，也把「模式識別」（pattern recognition）*的狹隘目標，與人工智慧的「符號」方式區分開來：「在歷史上，研究人員在機器學習上

---

＊ 編按：「模式識別」也有被譯為圖像識別，但其實則包含了各種類型的模式，不僅限於圖形，可以包括：語音模式、行為模式、數據模式、文字模式等。「圖像識別」（image recognition 或 graphic recognition）特指對圖像的識別，是「模式識別」的一個子集。

採用了兩種方法。『數值方法』如判別分析（discriminant analysis），已經證明在感知領域中非常有用，並與稱為模式識別的範例相關。相比之下，人工智慧研究人員則專注於『符號學習』方法。」[2] 在這些年間，機器學習的價值觀及其成功標準，都已經發生了變化。諷刺的是，正是這種研究範圍的急遽縮小，讓它在今天取得了非凡的成功。

1970到1980年代的批評家們，應該都覺得無論反烏托邦小說家如何想像，人工智慧可能不會有太大作為。2020年代的批評家們，擔心的是人工智慧將會接管幾乎所有的人類決策領域，就像反烏托邦小說所預警的情況。透過一個連最棒的行銷人員都夢想不到的驚人「品牌重塑」，讓「人工智慧」這個術語在今天，已經與狹義的統計技術「深度學習」幾乎同義了。本章將概述的便是這樣的一個故事。

像生物學這樣的領域，是以研究對象命名的；其他領域如微積分，是以方法命名的。然而，人工智慧和機器學習，算是以一種「願景」命名的，因為這些領域是由目標所定義，而非達到目標的方法。從1960到2000年代，機器學習的研究人員從各個必要領域借鑑方法論（有許多被尊奉為科學領袖的人，對這種作法嗤之以鼻）：神經網路、來自電機工程的「模式識別」，甚至數理統計等。這些不同方法的借鑑，最後形成了2010年代迄今的人工智慧文藝復興。

## 符號人工智慧擊敗了神經網路明星

在1980年時，沒有人預期到「預測模型」（predictive models，編按：基於

數據分析和統計方法來進行預測的模型）會主導人工智慧領域。在高度競爭的資金環境中，符號人工智慧的擁護者，會嘲笑更依賴數據和統計的那些方法。他們尤其看不起把人腦的神經網路做為機器學習感知模型的作法。最著名的例子就是「感知器」（Perceptron），嘗試使用人工神經網路來學習分辨「看到」的物體。

由法蘭克・羅森布拉特（Frank Rosenblatt）在1950年代構思的感知器，其目的是想在不進行編碼規則的情況下，識別「感知」的輸入。羅森布拉特希望的是「能夠將直接來自物理環境的輸入，例如光、聲音、溫度等，也就是對『真實世界』的光、聲音、溫度進行識別的機器，不需要人類介入消化和編寫程式碼來辨識必要的訊息。」[3] 他在軍方資金的大力支持下，建構了一個類大腦的人工網路，試圖在不依賴長時間邏輯思考過程的情況下辨識物體。[4] 最初在專用硬體上使用的感知器，後來成為了能在一般數位電腦運行的更為標準化的演算法。由於羅森布拉特擅長宣傳，這點可能激怒了他的批評者們。《紐約時報》在1958年時，刊登了一篇標題為「海軍新設備可以透過實作學習」的報導，內容頗令人驚訝，因為描述了一個「預期能夠走路、說話、看、寫、自行增殖並意識到本身存在的電腦雛形。」[5]

這項計畫是對符號人工智慧的一個強而有力的替代方案，而且是一種不同的理解和模仿人類智慧的方法，因此批評者對羅森布拉特的計畫進行猛烈攻擊。然而到1960年代末期，人工神經網路被普遍認為是條走不通的路，因為簡單的神經網路只能用線性邊界來分類物體。這是什麼意思？而且，為何重要呢？這是在說感知器無法「學習」一些簡單的邏輯函數，例如，所謂的「互斥或」（exclusive or）。「互斥或」就是我們所熟悉在婚禮邀

請函上的「或」：你可以選擇牛肉、雞肉或豆腐驚喜餐，但不能選擇三者中的任何兩者（除非你從旁人的碟子裡偷吃）。如果能夠進行符號邏輯才算是智慧系統的象徵，那麼無法處理「互斥或」就是系統死亡的前兆。

不過這種限制並未像看起來那麼致命。研究人員很快就意識到，只要在第一層之外添加額外的「神經元」層，便可實現非線性的分類。因此，神經網路可以學會「互斥或」這類功能了。但問題是在1960年代到1970年代初期，沒有人知道什麼演算法可以用在大量資料上來「訓練」多層神經網路（multilayer neural network），以便有效且有系統地改進網路。

曾經在1956年達特茅斯研討會上展示「邏輯理論家」（Logic Theorist，被稱為歷史上第一個人工智慧程式）的經濟學家兼AI先驅赫伯特・西蒙，他在1983年自信地聲稱：

> 感知器研究和神經網路學習的整條路線……並沒有取得任何實質進展……這些系統……從未學到任何人類尚未知道的東西[*]。所以我們應該加深對AI的質疑，亦即AI問題不可能單靠建立學習系統來解決。[6]

神經網路似乎死定了，徹底走不通了，只剩在日本和其他少數地方還有一小部分信徒。許多AI社群的成員們，樂於不必面對美國軍方贊助和

---

[*] 編按：系統只能學習人類已知的知識，無法產生新的知識或見解，暗示這些系統只是在「模仿」而非真正的「學習」。此觀點已被現代 AI 發展所顛覆。

學術職位的競爭。因為除了贊助資金上的競爭之外，神經網路還相當令人反感，其所涉及的是一種完全不同的智慧概念。對於像西蒙這類批評者來說，神經網路的明顯缺陷，會讓任何嘗試從數據中學習的「學習系統」建設，都更普遍地令人質疑（譯注：早期神經網路的失敗所造成的影響，讓人們對任何以「從數據中學習」為主要方法的學習系統都產生了懷疑）。

然而在人工智慧的神聖殿堂之外，基於資料訓練的系統並未消失或失去所有資金，而是以重新包裝的形式，成為今天人工智慧的核心。

## 例如，模式識別

在1960年代初，菲爾科（Philco）公司（在當時剛被福特汽車公司收購成為旗下的新部門）的工程師，受到美國陸軍委託，研究以科技手段協助軍方自動判別由間諜飛機（如U-2）拍到的東西。在提供判別支援的多項科技中，就包括利用計算統計來輔助照片中物體的分類。正是在這些由美國軍方和情報機構資助的商業和學術實驗室裡，基於數據的計算統計應用，更偏向關注「預測」的能力。像菲爾科的工程師這類研究人員，在「模式識別」的大範圍內尋找技術來區分物體，藉由估算「已知分布」的參數，進一步挑戰辨識無法假設其基本形式的「機率分布」（譯注：必須從數據中找出未知分布的形態）。[7]他們在政府實驗室、企業實驗室以及康奈爾大學、南加州大學和史丹佛大學等頂尖大學的工作，通常都有軍方的大力支援。[8]不過沒有哪個企業的實驗室，可以比擬得上紐澤西州貝爾實驗室的光芒。

當該實驗室在1960年代到1970年代初期調查模式識別領域時，研究

人員曾經解釋，模式識別不只是一門學術學科，而且是一群志同道合的實踐者，有著共同的群體目標。前面提過「感知器」的神經網路思想，可能是其中最著名的一個目標。大多數模式識別研究人員最後關心的（其實也是一直以來關心的），就是神經網路是否能以任何方式「模擬」人類認知：因為這些神經網路是預測的工具，而非理解大腦的手段。在1960年代，這些實踐者們認為模式識別之所以成功，主要是因為它放棄了模擬人類感知的努力：「我們取得的成功……是將感知識別問題，有效轉化為分類問題的結果。」[9]

而模式識別研究人員對人工智慧在「符號」這一方面的研究，表現得漠不關心，因為在這些實驗室的研究中，對於大規模數據累積所能帶來的實際結果相當重視。結果在這類工作過程中，早期形式的重要演算法，現在成了當代資料科學的核心，而且經過修改以適應當時的電腦限制。也就是說，對符號或模式的理論化關注較少，關注較多的反而是，設計出在有限硬體上使用真實數據集演算法的實用方法。雖然這些演算法會出現在學術論文中，但它們主要是在實驗室和商業系統中實踐，而使用真實世界數據製作預測系統，經常需要用到艱難的工程手段。

「電腦經濟性的實際考量，通常會妨礙上述方法在現實情況中的全面應用。」這些情況需要「一些可能不太體面的複雜操作（譯注：指必須採取一些並非完全基於嚴謹理論，而是更偏向於實用和經驗的數據處理技巧）……才能使問題能夠以井然有序的方式解決」，亦即包括「預處理、篩選或預篩選、特徵或測量提取（feature or measurement extraction，譯注：例如處理圖像時提取邊緣、角點等特徵）、降維處理（dimensionality reduction，譯注：降低隨機變量個數

以得到主變量的簡化過程）」[10]。處理真實世界資料的技術在實踐中是核心技術的，而非附帶的：無論演算法看起來多麼優雅精緻，如果它無法處理來自「真實生活」情況裡的大規模數據，並能在有限的磁碟空間和電腦上運行，就必須被擱置或修改。

## 機器學習是從模式識別以及更多領域中學習

在廿世紀末時，模式識別只能算是機器學習成功方法的眾多來源之一。機器學習本身與其說是一種方法，更像是一種願景的具體化[*]。上述「真實世界」的態度是有代價的。這些課題的實踐者在1980年代末到1990年代，放棄了模擬人類如何推理，或使用電腦理解人類認知的人工智慧目標。轉而尋找「有效的」而非「真實或美」的方法，促使人們像喜鵲一樣（譯注：據說喜鵲會搜集閃亮的物品），四處尋找能讓數據產生意義的演算法和實踐方式。機器學習領域發展緩慢，但卻決定性地採納這些價值觀，走向更像是一種實用的工程傳統，而非純科學，亦即更偏向業界而非學界。機器學習的研究人員在計算資源的獲取上，以不均衡但逐漸增加的時間來支持這種方法，至少在資金充足的實驗室中確實如此。[11] 在折衷派的推動下，機器學習廣泛吸收了來自許多實踐和研究領域的演算法：包括模式識別、訊號處理、聚類（clustering，譯注：作法廣泛，大致是對資料取相關性分類

---

[*] 譯注：表達了「讓機器能夠像人類一樣學習」的目標和願景，而非一套具體、統一的方法或演算法。

的演算法）分析以及計算統計。事實上，統計學家經常抱怨機器學習不斷重複地發明輪子（譯注：重新開發類似的技術）。而回溯戰時實用統計的傳統也是，自1980年代末以來，大多數機器學習會涉及最小化某些指定錯誤或損失函數*，這是亞伯拉罕・瓦爾德（Abraham Wald）在他的序列決策（sequential decision）理論中提出的，最後也融入了模式識別領域中。[12] 還有許多機器學習者開始接受貝式統計，雖然這在學界的數理統計學家中被否定，但在情報界方面則被讚譽有加。

深具諷刺意味的是，機器學習曾經是人工智慧的一個不受重視的親戚，結果在新的千禧年中變成了人工智慧的最成功代表，甚至是救世主。以至於在2013年後，機器學習幾乎完全取代了傳統人工智慧的遠大目標，兩者的術語也開始可以互換使用。

## 從人工智慧到機器學習

約翰・麥卡錫在1955年的資金補助計畫提案中，提出了以下的猜想：「學習的每一個方面或任何其他智慧的特徵，原則上都可以被如此精確地描述，以至於都可以製作出一臺機器來模擬它們。」[13] 實現人工智慧的問題，已經證明要比鎖定雷達或識別坦克等任務要困難得多。

1973年由詹姆斯・萊特希爾爵士（Sir James Lighthill）提供的高度批評報告說，「大約在1950年，甚至1960年左右，研究者們帶著難以實現的高

---

\* 譯注：機器學習模型不斷調整其內部參數，來減少其預測輸出與實際目標值之間的差異。

度希望，進入了人工智慧領域。迄今為止在該領域任何部分取得的發現，都未能產生當時所承諾的重大影響。」[14] 人工智慧研究既包括試圖創造智慧行為，也包括能更了解人類智慧的企圖。到1987年，一位評論員指出，「現在沒有人會談論複製人類智慧的全部範疇了，我們看到的是退回到特定的次要問題上。」[15] 人工智慧的崇高目標在許多地方都已經被放棄。

這種可以觀察到的承諾與現實之間的鴻溝，導致了不止一次的「人工智慧寒冬」（AI winter）──這是一個經常用來形容豐厚政府資金逐漸乾涸的季節性比喻。1970年代和1980年代初期，「專家系統」經歷了第二次繁榮與衰退週期。這類系統建立者的目標在收集人類專家的訊息，並把這些訊息組織成系統化的步驟，然後在電腦上實施這些步驟，以執行像是醫療診斷等任務。雖然在某些領域取得了有限度的成功，並在許多日常系統中被默默地整合進來，不過這些系統顯得脆弱，市場需求也在1980年代末期崩潰了。[16] 赫伯特‧西蒙等名人的信心，被證明是錯誤的。

在那些試圖重新定位人工智慧的人們眼中，整個基於規則的人工智慧計畫，落入了一種對人類知識的誤解之中：因為人類知識無法輕易用簡單規則來表達，它並不是書本上的知識，而更像是一種經過練習的技能。人工智慧一旦擺脫了這種誤解之後，便可以讓研究更偏向研究專家的活動，而非試圖理解他們如何做出判斷。1993年的一篇文章指出：「與其向專家詢問領域知識，不如讓機器學習演算法，觀察專家的任務，並推導出模擬專家決策的規則。」[17] 這跟尋求「模仿人類決策方式」那種更具野心的人工智慧形式不同，因為這些演算法的製作者將其視為與人類大腦無關。

這種機器學習的重點不在於邏輯或訪問專家，而是在於數據，尤其是

有關人類的數據和部分由人類分類的數據。而且，它使用的是符號人工智慧社群大力避免的模式識別、統計學和神經網路等工具。這些工作大多數發生在擁有工程思維、厚實資金和大量昂貴電腦使用時間的工業實驗室，例如，貝爾實驗室和IBM等。

## 在美國與英國之外

在英語世界之外，數據驅動的計算統計，也在與數理統計和符號人工智慧相對立的情況下發展。在法國的尚—保羅・班澤克里（Jean-Paul Benzécri），創建了一個強大的「資料分析」（analyse des données）學派，專注於使用電腦進行更強大的探索性和描述性統計。他說：「由於電腦的進步，『資料分析』不可能繼續發展卻不顛覆所有統計學。」[18] 在日本的林知己夫（編按：1918-2002，著名統計學家與數據科學先驅）開發了他稱之為「**數據的科學**」（データの科学）的一套實踐方法，做為數理統計學的替代方案，他還把數理統計描述為「無用且難以理解」。[19] 而在前蘇聯的發展中，對資料及分析的近代歷史，可能最具影響力。2006年，機器學習專家佛拉基米爾・瓦普尼克（Vladimir Vapnik）回顧了幾十年前蘇聯在電腦學習方面的變革。

瓦普尼克和志同道合的同事們，拒絕採用主流統計方法，自行創建出「歸納法的預測（判別）模型」（predictive〔discriminative〕models of induction）。在這種方法中，「預測模型不一定將事件的預測與規範事件的規則連接起來；它們只會尋找最能解釋資料的函數。」[20]

在1960到1970年代，瓦普尼克以這種工具主義者的方式和「高維度

數據」（high-dimensional data，譯注：觀察樣本擁有許多獨立變數）集，成為蘇聯科學院控制科學研究所的成員。[21] 儘管針對他的反猶太主義以及拒絕當顧問，都可能影響到他的職業生涯，但在該研究所的工作，讓瓦普尼克能夠參與一種高度計算性重點學習法的興起，該方法被應用於大型數據集上。瓦普尼克後來移居美國，並在貝爾實驗室工作。不論是在美國或蘇聯，模式識別和控制理論的研究者，都讓自己與符號人工智慧和傳統學術統計，保持距離。

所有這些趨勢在 1990 年代時，都得到了貝爾實驗室的財政和精神上的支持。當時，貝爾實驗室聘用了許多來自各國的研究人才，他們開創了機器學習的新方法和分支。這些人才包括幾位未來的知名人物如揚・立昆、約書亞・班吉歐（Yoshua Bengio）、里奇・薩頓（Rich Sutton）、羅伯・夏皮爾（Rob Schapire）等。跟瓦普尼克最相關的科技──支援向量機（SVM，譯注：一種分析資料的學習模型與相關的學習演算法）方面，他在這裡與法國研究員伊莎貝爾・蓋恩合作，取得了重要進展。如同其他計算資料科學的重要發展例子一樣，瓦普尼克在支援高維度資料競爭的資金體系下工作，並且不必滿足產出符號人工智慧的要求。[22]

儘管如此，貝爾實驗室並不是唯一擁有這些絕佳可能性的地方。正如史丹佛大學教授李曉昌（Xiaochang Li，音譯）所說，在 IBM 也顯示出類似的趨勢，包括統計知識、工程思維、大量語音資料和計算能力的融合，促成了「語音識別」的重大轉變。[23] 這些企業實驗室不光是預示，也確實讓更大幅度的進展成為可能。

## 神經網路的地下世界

雖然神經網路面臨諸多挫折,然而從日本到法國的許多研究人員,仍然繼續研究神經網路,他們不僅是為了進行預測性機器學習,還為了了解動物的大腦。就算許多機器學習和人工智慧社群,都對神經網路抱持敵對態度,貝爾實驗室等組織——特別是加拿大高等研究院(Canadian Institute For Advanced Research, CIFAR),都提供了繼續研究所需的資金,並延續了人們對神經網路的潛力,以及他們近期在辨識數字等任務中取得成功的記憶。由於電腦與神經科學交匯的錯綜複雜故事,在別的地方已有詳述,所以我們僅簡述其關鍵發展。[24]

從非常一般的層面上看,可以說到了1980年代中期時,有幾位研究人員都想出了訓練多層神經網路的類似想法,亦即透過所謂「反向傳播」(backpropagation)的過程。[25] 也就是當神經網路錯誤分類了某個物體,例如,將熱狗圖像分類為狗時,任何錯誤都會被用來調整網路更深層的權重值,因而可以訓練「神經元」減少錯誤,並做出更多正確決策。這種演算法在理論上,可以消除導致神經網路被人工智慧研究者拒絕的部分原因,因為這些「深層網路」能夠辨識比起1960年代的「簡單網路」更多更複雜的事物。「平行電腦」(parallel computer)的發展也讓這項工作在計算上,看起來更具可行性。平行運算(parallel computing)會涉及到大量處理器「共同處理」相同問題的情形,而非使用單一或少數超級處理器單獨作業。

正如舊有的符號人工智慧研究人員面臨到的反對一樣,許多在新興的資料密集型機器學習社群中的人,也認為神經網路過時且浪費,就像

懷舊的回憶一樣，早已被更好、更便宜的演算法超越。而且跟當時許多最優秀的演算法相比，神經網路缺乏某些重要的數學特性，這點也讓社群中的許多人感到失望。例如，在神經網路中新的「反向傳播演算法」（backpropagation algorithm）運行緩慢，計算密集，且無法保證網路已經被訓練到足以找到最佳答案。然而這種標準（譯注：反向傳播演算法）在數學優化領域中相當重要，對早期的人工智慧研究人員和許多統計學界的人也很重要。

即便是新網路的擁護者也無法理解或甚至解釋：神經網路為何能做出它們的預測？它們的預測行為確實是黑箱作業（譯注：輸入和輸出可見，但中間的運算過程模糊不清）。它們在預測上表現得相當好，但卻不是透過人類以任何普通方式理解的規則，而是靠龐大的計算成本才可行（譯注：早期神經網路的主要缺點之一，就是訓練和運行要耗費大量的計算資源）。因此，這些科技在企業中取得了一些早期成功（例如，可以讀取銀行支票上的數字），但在學術界的聲望，一直到2010年代仍然低迷。

雖然新形式的神經網路取得了一些成功，但對於神經網路研究者而言，隨後的時期幾乎可以說是《聖經》中所描繪的流亡時期——至少在那些信念堅定的人眼中確實如此。對貝爾實驗室的團隊而言，反對者，也就是他們自己的許多最好的朋友，就在隔壁，而且房間裡面擠滿了所謂「核函數」機器（kernel machine，譯注：也稱「核機」，是一種用於模式分析的演算法）的擁護者。當時這些機器，似乎是在不同機器學習演算法競爭中，勝算最佳的隊伍。[26] 這些核機由瓦普尼克開創，預測能力相當強大，但也具有神經網路所不具備的重要數學特性，這些特性受到偏數學傾向的研究者喜

愛。一位匿名的法國研究者指出，直到2010年，神經網路研究還被視為「過時的事物」。其他研究者對此也興趣缺缺，這從他們對揚‧立昆的冷漠態度中可以看的出來，然而他現在已經是Meta（編按：臉書公司現名）的首席人工智慧科學家了。「我記得，立昆曾以受邀教授的身分在實驗室工作，結果我們不得不特別找人和他一起吃晚餐，因為沒有人願意和他去。」[27] 某些關鍵人物顯然取得了一些成功，但他們依舊暫時退出這個領域。不過像揚‧立昆和里昂‧伯托（Léon Bottou）這樣的法國研究者，則轉向關注於創建更好的圖像壓縮替代方案。

諷刺的是，其他高度實用的預測演算法的爆炸性成功，剛好為神經網路的接受度排除了障礙。隨著網際網路的資料和計算能力激增，對演算法系統的評估標準也發生了變化。到1990年代，一份關於成長度的文獻提到，統計學家李奧‧布雷曼指出，「結合一組多重預測器，且所有預測器都基於相同資料而建構，便可明顯減少測試誤差。」然而，這種預測成功卻帶來巨大的代價：模型對一般人而言變得越來越難以理解。[28]

也就是說，這些令人驚嘆的預測技術，並沒有產生像樣的規則來供人類理解。相對而言，神經網路本來就不容易解釋，而許多其他機器學習演算法的根本優勢就是它們較容易被理解。這些新型「集成模型」（ensemble model，譯注：組合多種學習演算法，以獲得比單一演算法更佳的預測）和神經網路的預測增強，被廣泛認為效果顯著，而且有越來越多不同領域的實踐者認為，這些預測上的增強，足以掩飾預測集成所產生的「難以解釋」的問題（譯注：由於預測準確度明顯提高，讓許多實際應用者願意忽略集成模型內部運作的難以解釋性）。

貝爾實驗室的研究人員製作了許多關於集成模型的建立工作，並在「演算法預測」的比賽中取得勝利。最著名的一場勝利便是2009年的Netflix大獎（Netflix Prize，尋找最佳協同篩選演算法來預測推薦給用戶的電影）。機器學習實踐者越來越傾向於放棄使用單一預測模型，轉而結合多個不同的預測器。這種集成的戲劇性成功，擴大了「預測優於解釋」的科技倫理。預測能力變得比任何其他優點都更具主導地位，對可解釋性的需求，亦即對人類可理解規則的需求，逐漸消退。

正是在這種背景下，神經網路得以重返人間，尤其是那些現在被重新包裝成「深度學習」的大規模多層神經網路更是如此。即使1980年代的神經網路不透明性使其問題重重，然而從2012年左右開始的神經網路復興，無論在商業、間諜活動或科學領域方面，都是建立在這些集成模型逐漸合法化的基礎上。[29]

2012年，有一套神經網路在某項年度競賽中表現出色，遠遠超過其他競爭對手。這項競賽的目的，就是要為由史丹佛大學教授李飛飛及其團隊組成的大型圖像數據集「ImageNet」中的物體，預測正確的描述標籤。[30] 到了第二年，所有主要競爭者都放棄了其他類型的演算法，轉而使用他們自己的神經網路版本。[31] 長期以來在研究界備受冷落的神經網路支持者，都感到沉冤得雪。幾十年來對其方法的嘲笑，突然變成是一場錯誤。記者和學者們紛紛開始講述他們從不公正的流放中，英雄般歸來的故事。

整個競賽依賴於大量未被看到的勞動力，亦即使用「亞馬遜土耳其機器人」（Amazon's Mechanical Turk）平台的幫助。該平台是2005年推出的眾包＊市集（crowdsourcing marketplace），允許任何人僱用大量遠程人力來執行

任務，通常是指電腦尚無法自動完成的任務。對圖像的人工分類，便是亞馬遜土耳其機器人分散式勞動力的最大規模應用，據估算到2010年大約有25,000人參與，因此也需要大量的資金支持。[32] 這群眾包工人將1,400萬張圖像分類到超過21,000個類別中。他們在分類中的勞動無論正確與否，都可為演算法模型提供「真實基礎」，使其能夠根據這些在當時頗為龐大的數據集進行預測。[33]

在經過漫長的所謂流亡期之後，隨著大規模計算和如此龐大的數據集所帶來的性能提升，讓神經網路表現得比其他方法更好。2012年的成功，常被描述為一種戲劇性的突破，但從更冷靜的歷史觀點來看並非如此。就「深度學習」而言，神經網路之所以變得可以接受，多半是因為其他模型都已逐漸遠離「短時間便可計算出來」的那種簡單演算法形式。不過神經網路的缺點之一便是訓練成本太高，因為需要大量的計算時間和計算能力。在2010年時，所有競爭者的計算成本都差不多，不是用一臺電腦進行長時間訓練，就是用多臺電腦並行作業，而且通常是兩者兼有。然而改為進行大量的計算工作，當然就需要大量的資金。

神經網路的第二個缺點是雖然在預測方面做得不錯（儘管起步緩慢），但它們卻很難對這些預測做出解釋（譯注：解釋自己如何得到這些準確的預測）。不過，其他競爭的演算法也是同樣的情況。到2012年時，競爭者使用了極其複雜的演算法集合，形成一個集成以進行預測，讓它們幾乎變得

---

\* 譯注：眾包（crowdsourcing），個人或組織利用大量網路使用者來取得需要的服務和想法。

和神經網路一樣複雜。而且就像神經網路一樣，大型集成模型、複雜的核機空間和其他方法，同樣都開始優先考慮預測能力，而非對人類的「可解釋性」（譯注：指預測過程中帶有大量數學、參數調整等複雜運作，難以用直觀、易理解的方式向一般人解釋）。

深度學習的興起，是在針對演算法系統的哲學和數學反對意見不再重要之後才實現的，這些反對意見幾乎完全集中在只重視預測的演算法系統上，包括在企業界、軍方或學術界（程度較小）。一般認為深度學習可以提供最好的預測，因此如果一個人的目標是預測，這就是最成功的方法。隨著這些預測的成功，以及對於演算法系統應提供什麼的期望縮小後，統計學家和電腦科學家眼中神經網路的缺陷，就變得更容易忽視。即使有新的科技可以訓練神經網路，但依舊需要大量的資料、強大的計算能力，以及深厚的財力（以提供大規模訓練所需的電力）才行。

人們對機器學習模型的期望，發生了決定性的改變，而新類型的硬體，亦即圖形處理單元（GPU），讓訓練神經網路變得更快更容易。[34] 最重要的是，訓練極大型模型所需的實際資金，越來越只能透過像谷歌和GPU製造商輝達（NVIDIA）這樣的公司才能取得。隨後幾年裡，這些模型變得越來越龐大，訓練所需的數據集也越來越多，計算成本不斷上升，而且不光是在金錢上，還包括了二氧化碳排放的問題。[35]

機器學習被重新定義為專注於預測、大數據集和大型電腦，而且這種過程在神經網路走紅之前就已經開始了。機器學習，尤其是使用神經網路的機器學習，被企業顧問和行銷人員重新包裝為人工智慧（AI），這點有時也會讓研究人員感到不安。因為這種研究的巨大規模和成本，明顯改變了

學術界甚至新創公司在機器學習方面的研究。只有少數公司擁有先進演算法模型所需的數據、資金和計算能力,迫使研究人員越來越依賴它們,甚至直接為它們工作。

正如「AI Now」研究所的系所主任兼前谷歌員工梅雷迪斯・惠特克(Meredith Whittaker)所說,「想要開發和研究AI的大學實驗室和新創公司,發現自己需要造訪由大型科技公司經營的昂貴雲端計算環境,並且要努力掙扎才能獲取數據,這種情況從2012年以來越演越烈。」[36] 正如她所探討的,進行機器學習的工具雖然變得容易取得也越來越容易使用,但往往完全依賴於少數資源豐富的公司。(例如,我們在哥倫比亞大學的課程,便使用谷歌的產品Colab,讓我們能夠教授廣泛的機器學習和統計技術,其代價就是學生必須使用谷歌的工具。)

## 優化了什麼?

2015年,《科學》雜誌(類似科學界的《紐約客》〔New Yorker〕)刊登了一篇文章,兩位主要研究人員邁克爾・喬丹(Michael Jordan)和湯姆・米契爾(Tom Mitchell)解釋了人工智慧的現況:現在不透過編寫程式規則,而從資料中學習模型,已經完全主導了人工智慧領域。「許多AI系統的開發者現在逐漸瞭解,對許多應用層面來說,透過展示所需的輸入輸出行為來訓練系統,往往會比手動編寫程式以預測所有可能輸入的期望回應,來得簡單得多。」[37] 這些演算法的威力和適用性,來自於執行任務範圍的縮小。例如,機器學習系統的成功與否,取決於能否用數值方式表達使用者在意

的重要事物（譯注：定義明確、範圍有限的特定任務）。作者解釋，「機器學習演算法可以被看作是透過訓練經驗指導，在一個大的候選程式空間中搜尋，以找到一個優化性能指標的程式。」[38] 換句話說，機器學習演算法會產生大量的候選程式來執行某項任務（例如，分類狗和貓），並根據你預先指定的指標來搜尋最好的程式：如準確率、偽陽性數量最少等。正如帕特．蘭利所抱怨的，「機器學習最初專注於使用和獲取被表示為豐富關係結構的知識，但現在許多研究人員似乎只關心統計數據。」[39]

我們到底獲得了什麼？又失去了什麼呢？預測成為了主流，勝過了解所預測事物背後過程（譯注：事物運作的內在機制和原理）的模型如何建立。也就是說，預測勝過了對於「解釋和理解演算法如何做出預測」過程的關注。長期以來，神經網路被認為是禁忌，部分原因就是因為它們不透明。但是當大多數演算法也變得同樣不透明，且基本目標是預測時，神經網路的缺陷就不再像以前那麼重要了。[40]

這些機器學習上的巨大變革得以實現，還需由其在企業界的爆炸性成長來推動與資助。在企業界，這些指標可能間接涉及到金錢：例如，頁面瀏覽量、線上購買、在社交網路上花費的時間以及「使用者參與度」（engagement）等。

## Netflix 獎

「我們真的非常好奇，」Netflix 宣布，「獎金高達一百萬美元。」在 2006 年時，Netflix 宣布提供這筆豐厚的獎金，給任何能夠大幅改善其「推薦用

戶電影」演算法的人：

> 我們想讓它成為一場尋找解答的比賽。內容其實很簡單，我們會提供給你大量匿名評分資料，要求各位比『Netflix自身演算法』在相同訓練數據集上的準確率，高出10%的預測準確性門檻。如果你開發的系統在我們提供的測試中達到了這個門檻，你就可以獲得豐厚的獎金和驕傲自誇的權利。

參賽者必須公開他們的演算法：

> 但（你一定猜到會有附帶條件吧？）只有在你願意與我們分享你的方法，並向全世界說明你是如何做到的，以及它們為何有效（才能獲得獎金）。[41]

Netflix公司提供了一個龐大的數據集：包括17,770部電影和480,189位匿名用戶約七年內的評分資料，總共有100,480,507條的電影評分資料。雖然這樣的大數據集可以提高大型網際網路公司的價值，但研究人員很少有機會獲得這些數據。貝爾實驗室的克里斯·沃林斯基（Chris Volinksy）解釋，Netflix「意識到有一個研究社群在從事這類模型的研究，並且相當渴望大數據，因而聰明地舉辦了這個活動。」[42] 機器學習在處理超大型的數據集時，會有完全不同的表現，亦即會更加強大。不過，這些大數據集相當稀缺。

2009年，貝爾科爾的務實混沌（BellKor's Pragmatic Chaos）團隊贏得了一百萬美元，因為他們建構了一個優越的電影推薦系統，以僅僅二十分鐘的差距擊敗競爭對手「集成」（The Ensemble）。獲勝團隊的名字結合了四個個別團隊的名字，這四個團隊共同努力，贏得了這項比賽。

　　他們的社群結合也反映在他們的獲勝演算法中，該演算法將四個小組的努力結合成一個大規模的預測集成，亦即把機器學習各部分的模型匯集在一起。在缺乏可理解性或可解釋性的約束下，單一的性能指標，讓透過電子郵件和討論區組織的特殊社群協作成為可能：一個競爭性、社群組織的任務，亦即所謂的「共同任務框架」。資料科學家大衛・多諾霍（David Donoho）指出，對一個共同分數的競爭性關注，且其目的在將這個分數最大化，就是過去二十年機器學習在大型數據集上，取得革命性成功的秘訣。這種共同任務允許「完全專注於經驗性能的優化⋯⋯允許大量研究人員在任何給定的共同任務挑戰中競爭，並允許對挑戰獲勝者，進行高效和冷靜的評斷。」[43] 多諾霍進一步指出，共同任務框架會「立刻導引到真實世界中的應用。在贏得比賽的過程中，一個預測規則必須經過測試，因此本質上就已經準備好可以立即部署。」[44]

　　事實上，部署機器學習的應用，通常牽涉到讓演算法把一個量化值加以最大化。在企業界，這種定量目標被稱為關鍵績效指標（key performance indicator, KPI），也就是一個與業務目標相關的數值測量，或者說是與頁面瀏覽量、文章或影片停留時間，或者更普遍的「互動」等這類產品目標相關，甚至在理想情況下，與上述各者都有關聯！

　　在Netflix比賽結束時，麻省理工學院的研究員邁可・施拉格（Michael

Schrage）解釋：「獎金模式的最大優勢，在於它將工作從選美比賽的性質，轉向以績效做為導向。」這樣的表彰，當然基於相信某些指標的優越性：「產生的結果才是最重要的。」[45] 說某事重要或不重要，其實是一種價值觀的表達。

與重視如「美麗」等複雜現象不同的是，機器學習的支持者，重視的是能被「量化」測量的現象。在本書前面的部分，我們引用過對於新「庸俗」（亦即量化）統計學家不滿的德國人，他們把數字誤認為是針對一個地區或人民的知識，而誤解了其價值。到了2000年，機器學習的發展，正好成為以數字為焦點的統計學家，即將帶來的神級表現──他們因為範圍有限而變得強大。當代人工智慧的倫理和政治的關注焦點，就圍繞在把人工智慧重新定義為指標數字的優化上。

Netflix比賽說明了機器學習方法在1990到2000年代，如何被廣泛應用於學術中心和工業研究實驗室之外，更介入一系列商業、工業、醫療、警務和軍事應用上，既令人目眩、興奮又充滿爭議性，有時甚至還具有歧視性。到了2010年代，那些倡導企業規模的機器學習，並將它們建構到商業和政府實踐中的人，被尊稱為「資料科學家」（data scientist）。當開發工具可以讓科學家一直到記者，都能利用機器學習的同時，他們還利用更廣泛的其他技能來擴展機器學習，使其成為我們在交流、科學、新聞和政治的基礎設施核心。

# Chapter 10 資料科學
## The Science of Data

> 這個變化的領域將被稱為「資料科學」……資料科學的技術領域應該根據其讓分析師能從資料中學習的程度來判斷。
> ── 貝爾實驗室統計學家威廉・克里夫蘭（William Cleveland），
> 《資料科學：擴展統計學領域技術範圍的行動計畫》，2001 年

> 在臉書，我們覺得不同的職稱，例如，研究科學家、商業分析師等，並不能完全涵蓋你可能在我的團隊裡所做的各種事情。一位「資料科學家」可能會用 Python 建構一個多階段處理流水線，設計一個假設檢定，用 R（R 語言）對資料樣本進行回歸分析，設計和執行一個 Hadoop 演算法，或是以清晰簡潔的方式，對組織的其他成員傳達我們的分析結果。因此，為了掌握這一點，我們想出了「資料科學家」這個職稱。
> ── 傑夫・哈默巴赫（Jeff Hammerbacher），
> 《資訊平臺與資料科學家的崛起》，2009 年

「我看到這一代最優秀的人才被瘋狂摧毀，」這是詩人艾倫・金斯堡

（Allen Ginsberg）*所寫。在一個接一個的子句中，金斯堡吟唱著更高的理想與冷戰下的美國在現實上的差距：「天使頭的嬉皮渴望以夜晚機器中的星光發電機，與古老神聖建立關聯」；以及學生在日益軍事化的大學中所經歷的思想裂縫：「他們穿越大學校園，眼神明亮而冷酷，在戰爭學者之中幻見阿肯色州與布萊克光芒下的悲劇。」[1]（譯注：詩中描繪的是學生在越來越趨軍事化的大學校園中，試圖保有精神上的自由與純真，但這種幻見與大學中冷酷的現實，產生了強烈的對比與矛盾）。2011年，臉書前資料團隊負責人傑夫·哈默巴赫（Jeff Hammerbacher），便引用金斯堡的話來抱怨：「我們這一代最優秀的人才，正在思考的是如何讓人們點擊廣告，這實在太糟糕了。」[2] 在所有可以優化的東西中，一整代人選擇的卻是操縱注意力。因此本章追溯了「（數據）資料科學」（data science）的演變，這個術語最初在讓用戶點擊廣告的公司中獲得關注，但其歷史則從冷戰延伸至今日。

哈默巴赫跟DJ帕蒂爾（DJ Patil）兩人，被認為創造出「（數據）資料科學家」這個術語，用來描述從新創公司到《財富》500強公司裡新出現的一個重要角色。資料科學家與我們看到的各種量化方法的從業者有什麼不同？究竟什麼是「資料科學」？我們可能會看到各種不同定義。企業資料科學是把機器學習和統計學，以及建構數位產品和服務所需的軟體工程和實際數據工作，整個結合起來。在學術研究中，這個術語的範圍更廣，

---

* 編按：艾倫·金斯堡（1926-1997）是美國著名的詩人，也是「垮掉的一代」（Beat Generation）的重要成員之一，以其激烈的社會批判和突破性的文學風格而聞名。此處引用出自其著名長詩〈嚎叫〉（Howl），首次出版於1956年，引起廣泛的關注和爭議，並成為反文化運動的象徵。

超出了統計學，包含透過數據理解世界所需的更多「沒那麼科技感」的技術，例如，從數據清理的繁瑣工作，到透過數據傳達結果的細膩工作等。這個術語並非如同詩中所說，抽象地「渴望與古老神聖建立關聯」，而比較像是在說明該工作的實際複雜性，從資料分析開始就要與雜亂無章的數據打交道。資料科學家喬爾・格魯斯（Joel Grus）模仿另一位風格截然不同的冷戰時期作家，諷刺人們對於「資料科學家」的期望，也就是他們必須掌握數據行業所需的各種工作技能：

> 資料科學家應該能夠運行回歸分析、編寫SQL查詢、擷取網站資料、設計實驗、進行矩陣分解、使用資料框架、假裝理解深度學習、從d3 gallery*偷取資源、爭論R與Python、思考MapReduce（譯注：對應、歸約）、更新先驗分布、建構儀表板（dashboard，譯注：展示更新資料用）、清理混亂的資料、測試假設、與商業人士交流、編寫shell腳本、在白板上編寫程式、修改p值（使資料有意義）、機器學習模型。專業化是工程師的工作（譯注：暗指學術界不必介入）。**

　　隨著這一領域在企業界和學術界的興起，伴隨著相關的工作機會、資金機會、嶄新部門和學位等，雇主和管理者試圖更精確地定義這項事物。然而試圖確定「資料科學」的定義，通常會演變成網路評論區中的口

---

\* 編按：是指使用 D3.js（Data-Driven Documents）所創建的可視化範例集合，是一個 JavaScript 庫。

水戰，因為這些評論區等於是與網際網路相伴而生的。與其堅持某種「資料科學」的定義，我們更願意勾勒出環繞在這個術語周圍的爭議輪廓。十多年來，從演講、迷因到評論貼文，從業者們一直在爭論這個術語真正代表了什麼，尤其是相對於統計學、機器學習或早期的「資料探勘」而言。這些爭論基本上涉及誰擁有權威，誰獲得重新安排資料處理權力的能力，並涉及到最重要的，無論在企業、學術界或政府方面，到底誰獲得了資金。

必須清楚說明的是，這種興奮和資金是有充分理由的。各行各業透過數據來理解世界的做法，已經徹底改變了。例如，對商業用戶推薦正確產品和內容，讓所謂的「長尾效應」[3]商業模式成為可能。同樣地，在商業軟體中，我們也已經習慣把手機當成可以「對話」的設備，而不只是「通話」的設備，因為語音辨識科技本身已經經歷了多次的「量子躍遷」（quantum leap，譯注：量子物理術語，意指跳躍式的大轉變）。在金融領域上最具獲利能力的單一基金，文藝復興科技公司（Renaissance Technologies）的「大獎章基金」（Medallion Fund），便是使用統計分析來進行交易，而且相當重視用於收集資料、學習模型和執行交易所需的軟體工程方面。[4] 在生物學和人

---

** 原注：格魯斯（Grus）《通往資料科學的道路》。他引用了羅伯特・海萊因（Robert Heinlein，譯注：知名科幻小說家）的話：「一個人應該能夠換尿布、計劃一場活動、屠宰豬、駕駛船、設計建築、寫十四行詩、平衡帳目、建一堵牆、接骨、安慰臨終者、接受命令、下達命令、合作、獨立行動、解方程式、分析新問題、挑運肥料、寫程式、做美味的飯菜、擅長打鬥、英勇地死去。專業化是昆蟲的特權（因為昆蟲通常專精某項簡單任務而已，例如工蜂採蜜……）。」羅伯特・海萊因，《時間足夠你愛：拉撒路・朗的生活；一部小說》（紐約：普特南，1973年）。

類健康領域上,科學家也迅速意識到1990年代全基因組測序,可能可以透過數據資料來改變我們對複雜人類疾病的理解。生物學家雪莉・蒂爾曼(Shirley Tilghman)在2000年《自然》期刊的一篇文章中宣稱:「生物學正處於一場知識和實驗的大變革中。基本上,這個學科正從一種資料貧乏的科學,轉變為一種資料豐富的科學。」在人類活動的各種不同領域裡,很明顯地,「新的科技允許我們提出全新的問題」,而這些問題「將會用到新的分析工具」。[5]

## 只是統計學或還有其他⋯⋯

2011年,從數學家轉行的數據資料專家凱西・歐尼爾(Cathy O'Neil)和統計學家科斯馬・沙立茲(Cosma Shalizi),在網路上就當前最「夯」的職業(sexiest career)——「資料科學家」的本質,展開一場友誼性的爭論賽。歐尼爾主張,大部分資料科學的工作都已經達到了可以使用統計數據的程度:

> 換句話說,一旦我們把某個問題簡化為統計學問題,它就變得相對簡單。然而,現實中從未出現過你在統計課上遇到的標準問題,亦即遇到類似統計課問題的機會,幾乎為零。

資料科學家面對的問題範圍更廣,涉及的資料也非標準化。因此,他們需要不同的能力。

我想補充的是，要定義一位資料科學家，並不在於他熟悉某些特定的工具。相反地，重點在於，成為這些工具的工匠（和推銷員）。打個比方來說明：我並不會因為知道燉菜的做法就成為廚師。[6]

沙立茲回應：

令我感到驚訝的是，她所描述的「資料科學家」所具備的統計學家的技能，其實只是優秀統計學家技能裡的一個子集而已。充其量，這些不過是一個**精通計算**的優秀統計學家所具備技能的一部分。[7]

產業界的資料科學與學術界的統計學和機器學習之間的核心差異在於：產業界優先考慮並重視處理現實世界中問題數據的能力\*，這些資料通常存放在大型基礎設施中。「處理」意為將資料轉換為標準演算法可使用的形式之技術，但這往往也意味著，需要將非常大的數據集，整理到能夠應對這些數據的分散式資料庫中。而與學術領域不同的是，資料科學通常被理解為根本上由組織的業務需求所驅動，無論該組織是企業或政府機構。

\* \* \*

**許多學院統計學家**和機器學習專家，會對這些較偏向技術層面的元

---

\* 譯注：三者的優先考量與重視的部分並不相同，企業資料科學強調實用，統計學強調理論基礎，機器學習則注重模型與學習能力。

素嗤之以鼻，認為它們在知識層次上較低，甚至可能很簡單就能學會。雖然這些理論性較少的主題在某些方面不如理論較複雜的知識，但掌握它們仍然需要實際經驗和技能；正如歐尼爾所說，了解燉菜的做法並不等於成為廚師。

而在最狂妄自大的說法中，資料科學則被描繪為一門主宰性的學科，能夠重新定義科學、商業世界和治理本身的方向。它被視為重組知識和權力的候選者，現在也已經融入主導我們生活的大部分機構中。

資料科學的起源複雜多樣，既包含高深的數學理論，也涉及大量工程技術。它的應用範圍不僅局限於大學講堂，還廣泛分布在行銷部門和政治家的戰情室中。這種混合特質反映了一個重要趨勢：自動化決策形式與支持這些過程的大規模基礎設施，正在不斷加強整合。

資料科學源於統計學與真實世界數據、機器學習和大小企業內部數據分析處理的整合。整個故事必須在警告「過度數學化」的計算統計學家世界，以及企業界的發展之間，不斷移動。我們從一些特別的統計學家開始談起，他們是在真實世界的經歷中受到啟發，因而敦促他們的學術領域更接近數據的世界。

## 「資料分析」，1960–1990 年代

1974年，普林斯頓—貝爾實驗室數學家約翰・圖基（John Tukey），答應在NSA講述「探索式資料分析」（exploratory data analysis，譯注：包含資料視覺化及統計等知識與技術的資料分析法），並要求該機構提供「兩臺螢幕和兩臺

投影機，以便展示大張透明投影片。」[8]圖基長期擔任NSA的科學顧問，他在二戰期間參與密碼學工作後，也就是自1940年代以來，一直在使用各種統計和圖形方法創建探索資料的新工具。他最初專注於使用紙張工具探索資料，不過他也是最早轉向使用電腦進行資料繪圖和分析的人。二十五年前，NSA的庫爾巴克（Kullback）曾邀請圖基參加「關於資料儲存和檢索的一般問題研討會」，部分原因是圖基建議NSA應該研究這個問題。[9]研討會的目的在於考察正常情況下會有哪些數據儲存和檢索的問題，以及對NSA來說，可能會有哪些更特殊的問題。[10]

比起圖基所做的這種保密工作再次要一點的，就是他在NSA以及公開世界中，對於統計和資料的鼓勵態度。圖基花了幾十年時間，致力於將戰爭中的大數據實作，轉化為更通用的工具集和思維方式。他的職涯範圍從人口普查到導彈等多個領域都工作過。他所鼓勵創建的工具，和他倡導的圖形技術如「箱形圖」（box-plot，譯注：可以顯示一組資料分散情況的統計圖），已經廣泛滲透到當代的數據實作中，甚至被包含在標準化的中學考試裡。

受到二戰期間對於大規模資料分析需求的啟發，圖基提出了一種改變資料處理方法的計劃聲明，並致力於實現此一方法。在1962年的宣言中，圖基呼籲採取他稱之為「資料分析」的新方法，該方法將同時著重於發現與確認：

資料分析及其所屬的統計部分，必須具備科學的特徵，而非數學的特徵，具體來說：

1. 資料分析必須追求範圍和實用性,而非追求安全性。
2. 資料分析必須願意適度地犯錯,這樣不充分的證據才有機會更頻繁地**比對**出正確的答案。
3. 資料分析必須使用數學論證和數學結果來做為判斷的基礎,而不是做為證明的基礎或有效與否的標記。[11]

　　就一種科學實踐來說,圖基是把資料分析描述成一種藝術,而非一個「邏輯封閉」(譯注:在內部邏輯上自成體系)的學科。圖基正在淬煉一種與學院統計學不一樣的方法,這種方法利用統計思維的數學力量,進行探索性分析與確認性分析,而且這種方法可能適用於觀察數據,而非只適用實驗所產生的數據。由於數學家米娜‧里斯(Mina Rees)的支持以及統計學家哈羅德‧霍特靈(Harold Hotelling)等人的努力(前面提過),二戰期間高度**應用**統計學的重大成功,被轉化為對美國和歐洲以數學為主的理論統計學的建立,奠定了經濟上和象徵上的支援,而沒有更關注較為實際的數據導向統計學。

　　很快地,在像圖基這樣的批評者眼中,實際數據的收集和分析,已經在精緻和嚴謹的數學祭壇上被犧牲。圖基反對大學裡統計學家的主導趨勢,亦即盡可能強迫統計學模仿純數學的抽象形式。在他看來,這種立場過於嚴謹,且對數據的處理不足。(值得注意的是,圖基對於數學嚴謹性並不陌生,他在二戰開始同一年,完成了拓撲學的博士學位,拓撲學當然是純數學的一門分支。)

　　圖基做為貝爾實驗室的核心成員,運用他在戰爭期間以及為NSA和

軍方服務幾十年的工作經驗,推動了資料分析的發展。圖基在一次訪談中解釋,由於1940年代的「戰爭問題」,他很自然地把統計學視為一種用於數據資料的工具——也許不是直接使用,但或多或少也有間接用上。他補充說:「現在,我相信其他有過實踐經驗的人也會有這種看法,但他們確實——我必須說——沒有宣傳這一點。」[12] 在1960年代和1970年代時,圖基與其他批評者都在抱怨,學院裡的數理統計學及其相關分支(例如,計量經濟學)中的相對少數人,並未將實踐性資料分析及判斷形式,當成核心工作來加以推廣。如同我們在前一章所見,資料分析的形式如圖形識別等,已經在數理統計學和其他成熟學科的邊緣地帶、企業研究實驗室和工程系統中蓬勃發展,但卻都是以各種名稱存在。

在貝爾實驗室的氛圍中,圖基和他的合作者創造出各種不同的統計和計算工具,讓資料分析成為現實。十六年後,他在一本實用的教科書中解釋,「探索式資料分析」(exploratory data analysis, EDA)是一種「偵探工作——數字偵探工作、計數偵探工作或是圖形偵探工作」。EDA可以提供一些對偵探工作領域有所幫助的「普遍理解」。他指出,「刑事司法過程顯然被分為『證據的搜尋』,在英國是由警察和其他調查力量負責;以及『證據力的評估』,由陪審團和法官負責。在資料分析中,也可以使用類似的區分。探索式資料分析便具有偵探的特徵。」[13] 探索式資料分析是一種技術工藝,圖基讚揚著為這門技術工藝所創造出來的新工具。

圖基在1978年的教科書裡(該書草稿在貝爾實驗室及其他許多地方流傳多年),提供了透過「重新表達」(re-expression)的有力手段,來概覽探索數據的技巧。他在書中用粗體字解釋:「**我們尚未查看我們的結果,直到**

我們可以有效展示它們。」¹⁴ 有效展示意味著必須熟練掌握多種「數據視覺化」形式。圖基強調，「資料分析的輸出需要更多的創意來進行圖像化⋯⋯對人類來說，適當的圖片提供了從廣泛摘要到細節的強大靈活性，因為圖片可以用多種方式進行查看。」雖然圖基預測電腦很快就會主導圖形化，但在此之前，他已經發展出了一些以手工讓數據視覺化的實踐方法。

在貝爾實驗室的同事們，跟著圖基設定的路線進行了相當出色的工作，後來也越常在商業和科學系統中爆量數據的背景下進行研究。1993年，他在貝爾實驗室的同事約翰・錢伯斯（John Chambers）發表了自己的更新宣言，呼籲擴大統計學的抱負。錢伯斯區分出**較小統計學**（lesser statistics，由文本、期刊和博士論文定義）以及**較大統計學**（greater statistics，包括方法學上廣泛與其他學科密切相關，而且由許多在學術界之外甚至專業統計學之外的人所實踐）。¹⁵ 較大統計學與較小統計學不同之處在於，它不會只關注簡化過的、乾淨的數據，也不會只關注學術刊物：

在較大統計學中的工作可以分為三大類：
1. **準備**數據：包括計劃、收集、組織和驗證
2. **分析**數據：透過模型或其他總結
3. **展示**數據：以書面、圖形或其他形式¹⁶

在準備和展示真實世界中的情況時，錢伯斯認為，「既充滿了智力挑戰，也具有實際的重要性。」就圖基與NSA合作處理大量數據而言，錢伯斯指出了真實世界系統中數據累積增加所帶來的挑戰：「許多日常活動產

生了大量潛在有價值的數據。例如，零售銷售、計費和庫存管理等。這些數據雖非為了學習而產生；然而學習的潛力相當強大。」[17] 錢伯斯是在貝爾實驗室的背景下寫這些話，因為這裡既有全國的電信資料，也有貝爾實驗室研究人員與美國政府合作時遇到的各種數據。

類似的觀察，亦即為某種目的收集的大量數據，可能產生潛在的新型科學和商業知識，於是在接下來的幾十年裡，在多種計算領域中被陸續提出。例如，金融資料及其實際分析，催生了技術分析、統計套利等，而隨著計算工程的發展，還催生了「高頻交易」（high frequency trading）領域。同樣地，計算生物學在1990到2000年代，也隨著對不同基因組的分析而迅速發展，包括用於理解基因網路的高通量生物測試、大規模挖掘電子健康紀錄和臨床資訊學等。[18]

在企業領域，應用、計算的統計方法，改變了企業在電子商務興起初期推薦書籍和電影的方式。同樣的方法也在後來被應用於葡萄酒、鞋子的推薦，最後則被應用於資訊和通訊上。每個這樣的領域都有自己的「數據時刻」：亦即當它們重新發現了大量為其他目的而產生的數據，經過一定的統計分析後，可以變得有價值，然後需要相應的基礎設施來收集、處理和產品化這些數據的洞察結果。錢伯斯、圖基和其他人認為統計分析只是這個項目的一部分，是「較大（greater）統計學」核心中的數學精髓。但他們也警告說，如果學術統計學不開始提供從這些數據中學習的工具，就會慢慢被邊緣化。

1998年，錢伯斯因其資料分析和圖形展示的S系統，獲得了美國電腦協會（Association for Computing Machinery, ACM）的軟體系統獎，因為該系

統「徹底改變了人們分析、視覺化和操作資料的方式。」[19] 基於S語言的開源語言R，已經成為以計算為導向的統計學家的主要使用平臺，尤其是運用在圖形分析和展示方面的工作中。

貝爾實驗室的團隊也創造了工具集和「態度」（譯注：類似分析時所持有的觀點和信念），以支持包括傳統統計形式和更廣泛統計方法的資料分析。他們相當讚許這些圖形方法的力量。

幾年之後，另一位貝爾實驗室的統計學家威廉・克里夫蘭（William Cleveland）明確呼籲應該創建「資料科學」領域，這是一種在實際資料分析上，可以對統計學進行徹底改革的用途。統計學家對電腦科學家有很多貢獻，電腦科學家也可以教統計學家很多事：「電腦科學家在如何思考和處理『資料分析』方面的知識是有限的，就像統計學家對『計算環境』的知識是有限的一樣。知識基礎的合併將產生強大的創新力量。這表示統計學家應該向電腦科學學習，就像資料科學過去向數學學習一樣。」[20] 大學也必須跟著改變。

貝爾實驗室的另類統計學家圖基、錢伯斯、克里夫蘭等人，並非廿世紀末期唯一認為應用統計學在大規模數據集上，可以創造出新領域的人。這種想法也在業界和學界人士中醞釀，這些領域的人們正在努力創造技術，以儲存、保護和搜尋等方式，研究在商業和政府環境中日益產生的大量數據集。到了1990年代時，許多從事所謂「超大型資料庫」工作的社群成員，擔心缺乏能夠分析透過日常線上和線下交易產生的數據的技術。[21] 因為解決這個挑戰需要新科技、新態度以及新類型公司從業者的定義和授權。

## 資料探勘，1990年代初期

在1980年代末時，從快速擴張的業務資料儲存中分析和學習的工具，普遍被認為越來越不敷使用（正如我們在第八章結尾所看到的），科學、軍事和情報資料也有類似的情況。到了1998年，在大規模企業、政府和學術界的「資料倉庫」繁榮發展的背景下，時任微軟研究員的烏薩馬・菲亞德（Usama Fayyad）解釋：

> 如果要對目前我們在數位資訊操作、導航和開發利用方面所處的狀況，做一個歷史類比的話，我會想到古埃及。今日的大型資料儲存在實踐上，其實就跟一個巨大的、只寫不讀的資料墓地差不多。[22]

許多有趣的大數據在兩種方面都是大的：涉及對大量的人或大量購買的觀察；而且就每一個觀察而言，都涉及到大量的變量。最後一點被稱為「高維度」（high-dimensionality）資料，會伴隨著重大的數學挑戰。隨著維度數量的增加，用於比較資料點的數學技術會變得問題重重，而且為了讓結論更有可信度，所需的資料量將會變得更大。企業、軍事和情報資料都需要有能夠「即時」處理高維度資料的方法。

一種被稱為「資料探勘」（data mining）的方法，在1990年代初期興起，利用的是不斷成長的企業和科學研究所儲存的資料。這種資料探勘，或者，更正式地稱之為「資料庫中的知識發現」（Knowledge Discovery in Databases, KDD），就是從大規模高維度資料庫中，創建出一種適合採取行

動的「非平凡知識」（譯注：具有必須深入探索的價值，並非輕易可取得的知識）活動。[23] 資料探勘專注於非常龐大的資料庫，可能有幾百萬到幾十億條紀錄的資料庫，每條紀錄通常也會包含大量元素。例如，在零售資料庫的每條紀錄中，資料探勘操作可能會搜尋購買的商品、商店的郵遞區號、購買者的郵遞區號、信用卡種類、購買時間、出生日期、同時購買的其他商品，甚至每個過去查看過的商品歷史或每個以前購買、退回的商品之間的可能關聯。

對高維度、混亂的真實資料進行快速分析，就是資料探勘的核心身分與目的，其重要性甚至超越圖形識別或學術性的機器學習。1990年代之前的複雜統計和機器學習演算法，通常是為了能夠輕鬆配合記憶體中的數據集而設計的，因為只需要相對較少、較慢的磁碟讀取。把這些演算法套用在無法儲存在記憶體中的大量資料上，可想而知並不容易。

這不光是把統計或機器學習應用在更龐大的問題上而已。資料探勘的關鍵發展，涉及到在讓演算法擴展所需的權衡，以使演算法規模能夠擴展。[24] 應對規模的能力，反過來也會大幅改變實踐中的機器學習。資料探勘研究者大量借鑑了機器學習的作法，他們做了許多努力，以新的方式擴展規模。從1980年代末期到現在，開始出現一種模式：演算法的倡導者採用特定的演算法，並提出一系列改進建議，這些通常已經是博士等級研究裡的一部分，然後他們又成為了這些算法在各種科學和產業領域版本的支持者。因此，從一個潛在演算法的西部荒野中，一小組強大的資料探勘和機器學習演算法，瞬間成為了最受重視的演算法。

資料探勘透過與理論無關的數據，克服劃分和理解世界的常規方法。

按照歐文・費雪（Irving Fisher，譯注：著名的美國經濟學家）模式工作的統計學家會問：「收入較高的人是否比收入較低的人，對倉儲俱樂部（warehouse club，譯注：類似Costco的量販店）更為忠誠？」並測試此一假設。「另一方面，資料探勘有可能藉由指出其他因素對商店忠誠度的影響，提供更多的洞察能力，而這些因素原本是分析師無法考慮與測試的。」[25] 對這些方法的潛力感到興趣的科學家們，也提出了類似的主張。1999年，派翠克・布朗（Patrick Brown）和大衛・博特斯坦（David Botstein）解釋說：「探索意味著四處觀察、描述和繪製未曾被發現的領域，而非測試理論或模型。其目標在於發現我們既不知道也未預期到的事物。」[26]

1990年代末，IBM的愛曼登實驗室（Almaden Labs）在聖荷西舉辦了一系列持續性的研討會（譯注：非一次性的，可能定期或多次舉行），吸引許多學術研究人員、產業研究人員和IBM自己的員工參與，也更普遍性的成為了當地資料探勘社群交流的中心。[27] 研討會中展示的許多論文，後來成為了標準的改革性內容，推動了統計學和機器學習算法的擴展，以適應現有硬體中的大型數據集。

1997年11月的一個星期三早晨，一位史丹佛大學電腦科學研究生來到愛曼登實驗室，講述的主題是「網頁探勘」（Mining the Web）。他解釋：

> 我們在史丹佛有一個新專案叫「WebBase」（網路應用）項目。目標是從網路上收集大量資料，使其可用於研究上。儘管該項目相對較新（只有幾個月），但已經產生了一些有趣的結果。

Chapter 10 資料科學　241

這位演講者便是謝爾蓋・布林（Sergey Brin，譯注：谷歌兩位創辦人之一），他當時是「史丹佛大學資料探勘小組」（Mining Data At Stanford, MIDAS）的組織者，這是在多位資料庫管理先驅教授支持下所成立的小組。MIDAS小組在其定期會議上，討論了從演算法到倫理方面等各個領域：「主題範圍從行政問題和資助提案到學生和訪客的會議式演講等。」[28] 在IBM的演講中，布林承諾將廣泛討論他和史丹佛裡的其他人，為應對當時仍然相當新穎的網際網路龐大資料所做的工作：

> 我會談論一些我們應用這些資料所發現的事，以及一些已經開發出來的演算法，包括連結分析、品質過濾、搜尋和片語檢測等。[29]

該專案不久之後就產生了豐富的演算法成果，沒過多久就帶來了幾十億美元的收益。MIDAS小組的網頁上提到：「該小組『最令人印象深刻且有用的演示』，就是由賴利・佩吉（Larry Page，譯注：谷歌另一位創辦人）和謝爾蓋・布林所建立的超級搜尋引擎，名為谷歌。」[30]

## 口袋裡的網路能做什麼：1990年代末

許多在1990年代的電腦科學社群，發現自己難以應付龐大、不斷擴展且明顯未經整理的網際網路。較早的搜尋和索引工具是為高度標準化、經過整理、內容集中的文本或其他數據集所設計的（例如，帶有後設資料的期刊集等）。研究人員在面對網頁的非標準和非結構化特質及其數量時，

陷入了困境。[31] 如同許多機器學習演算法一樣，資訊檢索舊領域中的演算法，並不容易擴展到大量網頁上。到了1990年代中期，「搜尋」對於許多人來說，似乎不太像是一種有前景的網路應用方法。主要的行業參與者越來越專注於經過整理的入口網站（以Yahoo的作法為代表）。然而搜尋在2000年後，逐漸占據了主導地位，也就是呈指數級成長的谷歌崛起。這種搜尋方法，正是從高度應用的機器學習核心，亦即對資料探勘的關注中發展而來。

1998年，史丹佛資料庫小組的布林，和他在人機互動小組的研究所同學佩吉，借鑑了資料探勘中最著名的問題之一——找出購物時哪些物品傾向於一起購買——也就是被稱為「購物籃分析」（market basket）問題。從大規模觀察消費者購物籃中的物品汲取靈感，以便在網頁中尋找文件之間的關聯性。他們的方法稱為「動態資料探勘」（dynamic data mining），並非「徹底探索所有可能的關聯規則空間」，因為網路太大無法這樣做：

> 當標準的購物籃資料分析，應用於購物籃以外的數據集時，想在合理時間內生成有用的輸出是相當困難的。例如，當一個數據集有幾千萬項（譯注：如商品項目），而平均每購物籃有200項的話，傳統演算法即使是在宇宙的壽命期間內，也無法計算如此龐大的項目集。[32]

正如機器學習演算法必須改變，才能應對早期資料庫探勘的規模；關聯探勘演算法也必須改變，才能應對早期網際網路的規模。在他們將這種方法應用於商業資料庫的過程中，布林和佩吉展現了專注於真實世界資料

庫的從業者，努力把磁碟和記憶體使用量最小化的驅動力。

布林和佩吉以及其他合作者認為，就是網路的規模，讓它在如此具有挑戰性的同時，也充滿了希望：

> 我們使用的核心思想是：網路提供了自己的後設資料。這是因為網際網路的很大一部分資料都是關於網路本身的……簡單的技術便可專注於潛在有用資料的那一小部分，而且由於網路的規模，讓這種作法可以成功。[33]

基於一個對「改變現有統計和機器學習技術」深感興趣的資料庫社群，讓布林和他的合作者們，不僅準備好應對規模的問題，而且還將其變成一個新發現的核心資源。從根本上看，他們意識到網路的規模，其實包括了大量的人力來以零碎的方式分級和分類網路。他們不是創建某種人工智慧，透過編寫的規則自行將網路分類，而是創造了一種可以大規模利用人類判斷的機制。

布林和佩吉在網路探勘方面的最大突破，在於將一種普遍的學術慣例轉化為演算法形式，這在大規模資料的應用中最為有利。根據佩吉的想法，他們決定借用計算「高品質引用次數」（high-quality citations）來評估衡量學術著作權威性或價值的概念。讓網頁可以透過計算引用數（也就是連結到該頁面的數量），來「排名」網頁，評估其權威性。被其他權威性頁面連結的頁面越多，就越具權威性。一個網頁的總連結數，遠不及連結到該頁面的網頁權威性來得重要。他們稱這種結果為「網頁排名」

（PageRank），並且很快就將其做為新搜尋引擎谷歌的核心。谷歌搜尋誕生於一種特殊文化，這種文化融合了資料庫領域對於資料處理規模化的重視（譯注：亦即如何擴展系統以應對不斷增長的數據量），以及後來機器學習社群的價值觀（譯注：例如從數據中學習、優化預測性能等）。布林和佩吉從一開始就了解必須將資料庫結構化，以便在有限且易出錯的機器上，實現優美的數學計算。「谷歌的資料結構經過優化，可以用很低的成本抓取、索引和搜尋大量文件集。」[34]

網頁排名做為一種大規模利用人類判斷來評價的過程，必須透過創意設計的資料庫系統來實現。網頁排名及其在一般硬體設備中的具體化實踐（譯注：不必使用高階專用硬體即可達成），最終促使「分散式資料庫」（distributed database）和「分散式分析處理」（distributed analytic processing）等新架構的開發，分別被稱為BigTable和MapReduce[*]。這些技術的發展在後來的資料科學發展中，占據了核心地位。正如我們即將看到的，它們讓大規模的先進機器學習，成為許多用戶可以自行部署的技術，只要他們擁有合適資源即可。

軍事和情報上的關切，在這些工作的背景當中也一直存在。2004年，NSA和海軍研究辦公室共同主辦了一個關於「巨量資料流分析」的研討會。在911事件之後，情報部門和國防界，迫切需要用到他們長期祕密培育的資料中心企業，所帶來的研究成果。數學研究小組的負責人解釋了

---

[*] 譯注：BigTable是一種分散式的非關聯式資料庫系統；MapReduce用來處理大規模資料的分散式計算模型。

NSA在資料探勘中獲得的成果：

> 我們確實在技術上取得了一些顯著的成功，這些技術在一年前還不存在。這些技術是在巨量資料中尋找模式、得出結論，並利用已知的情況屬性進行資料探勘，以便找到新的屬性。它們高度依賴演算法，並且真正地為我們的分析師提供了工具……對我們來說，一切都是關於教導機器如何為我們工作，而教導機器就是在教它們演算法。[35]

在2000年代，NSA並非唯一從這種資料導向的電腦化工作中獲益的機構；這種作法被迅速引入市場行銷、醫學、物理學、教育、刑事判決、社交網路和無人機目標定位等領域。在商業、情報和軍事資料領域中，擴展機器學習所面臨的挑戰，進一步促成了能處理「日漸龐大的數據集」的技術和技術人員的誕生。

## 從資料探勘到大數據，2000–2010

雖然早期偶爾會用到**資料科學家**這個名詞，但一直到臉書和LinkedIn等社交平臺以此做為職位名稱時，才算得到了蓬勃發展。這些公司如同他們競爭對手谷歌和亞馬遜一樣，正在以驚人的速度，累積來自網路及其他日常交易的數據資料，而且累積速度可能僅次於NSA的資料。儲存、展示和分析這些龐大資料所帶來的技術和智力挑戰，跟以前在桌上型電腦分析較小數據集的挑戰相比，規模上有著根本的不同。統計學家的技能、實踐

和軟體,只有在能夠解決「規模」的挑戰之後,才會變得必要。

隨著網路公司一波接一波,盡可能記錄用戶的相關訊息,各種資料都在迅速累積,資訊平臺公司中的廣告模式也日益突顯,他們也開始記錄企業客戶的訊息。大約在同一時間,NSA獲得新的權限,允許它擷取大量的網路和電話通訊,這確實超出他們的分析能力。因此資料庫和分析能力正面臨崩潰危機,軟體和硬體經常無法處理這股資料洪流。

舉例來說,當臉書的一個重要資料庫接近到1TB的資料量時,傑夫・哈默巴赫解釋,查詢系統「突然停擺」,恢復過程花了整整三天。最後,臉書採用了Hadoop,這是一種強大的開源框架,可以用來儲存和分析大量資料;Hadoop允許資料分布在幾百臺伺服器上,並根據谷歌的MapReduce流程,將分析分散到這些伺服器上。Hadoop還允許「結構性」資料和「非結構性」資料混合,例如,地址的清晰分區(姓名、街道、郵遞區號)與信件中連貫的文字流形成對比。

類似的故事在各行各業和學術界中蔓延開來,新的資料庫,尤其是通用資料(譯注:比較標準化,容易處理、取得的資料),已經遠遠超出了傳統計算分析方法所能處理的範圍。

雖說資料過多會形成問題,但它同樣也提供了巨大的機會。三位谷歌研究人員大力鼓吹他們所稱的「資料的非理性有效性」(unreasonable effectiveness of data)。[36] 他們認為大量資料配合簡單模型,幾乎都會比少量資料配合複雜模型表現得更好。臉書和谷歌都致力於利用這種新方法,NSA也是如此。

1996年,NSA的高度機密內部雜誌中的一篇訪談,探討了監視世界通

訊量的數量問題：

> 讓我再補充一點，我們面臨的第三大問題就是資料量，而且這個問題說到這裡就說完了，因為這（資料量）就說明了一切。[37]

到了2006年，一封最高機密電子郵件〈「量」是我們的朋友〉（Volume is our Friend）暗示了NSA在應對資料過量方面的新信心：確實，這種能辦到的特質，正是大數據獲得重視和被慶祝的核心原因之一。資料量越大，效果越好。

投入於全球反恐戰爭的資源，讓NSA獲得巨大的收集和分析能力，但他們仍然需要更多。2008年，NSA轉向了開源社群開發的大數據資料庫，這些資料庫是基於谷歌的想法所建立。根據谷歌核心的BigTable思想，NSA內部的一組科學家和工程師創建了一個分散式資料庫平臺，並將之放到開源社群；這個平臺被設計來處理支援擁有幾十億點的圖形，需要用到PB（1024TB）級的儲存容量。[38] 反恐戰爭已經讓幾百萬甚至幾十億美元流入機器學習、計算統計和分散式計算領域。情報機構和軍事部門大量從學術和商業發展上借鏡，同時也在所有重要領域提供穩定的資金支援。

來自大約2013年左右的一則NSA徵人啟事，打算招募一名SIGINT「資訊學家」（Informatist）：

> 混合型電腦科學家、分析師，工作範圍涵蓋了以流程為重點的技術工作和以內容為重點的分析工作。

工作內容：

- 把有關資料結構、語法和處理的資訊，以及收集、組織和操作數據集的功能結合起來，以綜合回應客戶的資訊需求。
- 應用科學技術進行資料評估，執行統計推斷和資料探勘。
- 記錄和呈現資料分析及其結論，提供給所有性能分析師、開發人員及其主管審閱評估。[39]

無論在機密領域或企業界，新興的資料科學家角色越來越受到重視。如同在產業和學術界的情況一樣，NSA也擁抱了企業所推崇和賦予權力的這種卓越和知識型態的轉變。一份簡要概述NSA從冷戰至今機構文化變遷的報告解釋了該機構是如何放棄『完美主義』文化，轉向一種截然不同的模式，NSA也擁抱了企業所推崇和賦權的這種卓越形式和知識型態的轉變。從冷戰時期到現在，NSA的諸多變化可以一段簡短概述來說明，即該機構已經放棄了「完美主義」的文化，轉而採取截然不同的模式。「NSA在1980年代重視的是準確性、深刻知識、徹底專業、效率和聲譽」。相較之下，在面對眾多潛在敵人的不對稱世界中，「NSA在2000年代重視……速度，亦即現在只要能做到80%的準確性，就可能會對拯救生命產生重大影響。（當然，如果這是用於「目標定位」的資訊，就意味著有20%的情況下會誤殺無辜。）」[40]

這個分析既尖刻又可怕：Netflix做出糟糕的推薦是一回事，但為監控、無人機攻擊或更糟的行動提供依據，則是另一回事（編按：即指前述「目標定位」需鎖定正確軍事攻擊目標，而非醫院、平民村莊與婦幼等無辜者）。

## 人工的人工智慧

在《數據女性主義》(*Data Feminism*)中，凱瑟琳·迪諾齊奧（Catherine D'Ignazio）和蘿倫·克萊因（Lauren Klein）堅持一個關鍵原則：「資料科學的工作，就像世界上的所有工作一樣，是由許多人共同完成。」[41] 雖然網路讓資料蒐集變得比以往更容易，規模也更大，但它並沒有讓處理資料變得不需人類參與。大規模的演算法系統取代了勞動力，但在根本上則依賴於其他形式的勞動力。在所有新的硬體、軟體、演算法的背後，都有讓資料得以處理的人力工作。其中某些勞動屬於光鮮亮麗的新興「資料科學家」的範疇，但更多的繁瑣工作則落在那些在公司運作中鮮為人知的人身上。關於電腦可以取代所有人工的想法是錯誤的，「為了理解自動化對人類活動的影響，」學者安東尼奧·卡西利（Antonio Casilli）堅持，「我們必須先認識和估算自動化本身所包含的工作量。」[42]

數據方面的勞動並不算新事物，也並未從人類歷史上淡出：例如，布萊切利園或十九世紀末的普查工作之類。然而，現在的規模確實是前所未有的，而且是由這些系統本身促成的。打從一開始，谷歌的搜尋演算法就利用了隱性的人類網頁排名＊。為了得到該公司現在所提供的相對乾淨的搜尋結果，它依賴於幾十億次的人類判斷，判定內容是否明確、是否性別歧視、是否種族主義，正如莎拉·羅伯茲（Sarah Roberts）、瑪麗·L·格雷（Mary L. Gray）、薩達特·蘇里（Siddharth Suri）和安東尼奧·卡西利

---

＊ 編按：當人們在網路上瀏覽和點擊網頁時，他們無意中對這些網頁進行了排名。

等人，透過詳細的人類學田野調查和社會學研究所記錄的作法一樣。[43] 這些學者基於露西・薩奇曼和肖莎娜・祖博夫（Shoshana Zuboff）的早期研究，強調了全球勞動者被忽視的過程，從印度和菲律賓到美國鄉村，這種所謂的勞動過程「模糊化」（obfuscation），讓情況看起來像是科技在完成工作——而非人力。格雷和蘇里還解釋：

> 每天有幾十億人閱讀網站內容、查詢搜尋引擎、對貼文按讚、發文和開啟各種行動應用程式的服務等。大眾可能會認為，他們的購買行為是靠科技的魔力實現的。然而事實上，這是由許多組跨國服務人員，默默在幕後工作所換來的。[44]

這種勞動讓統計學和機器學習能夠應用於大型數據資料集。卡西利解釋：「在投資者和媒體『機器人夢想』的對立面，其實是大量非專業的點擊工作者，他們在執行著選擇、改進並使資料可解釋的必要工作。」[45] 把機器學習應用於現實世界，需要讓數據被整理成可用的形式，即使是自動收集的數據也一樣。

批評者的說法正確，亦即許多所謂人工智慧的成功，在某種程度上仍然涉及持續的人類決策，而且規模通常很大。前面提過的亞馬遜「土耳其機器人」，就被教授暨前谷歌員工莉莉・伊拉尼（Lilly Irani）指出是「透過實際人員模擬人工智慧的計算智能，所推動的典型人工智慧專案。」[46] 但即使是更加自動化的系統，通常也必須依賴由眾多勞工團隊分類、清理和製作的數據，這些團隊通常遠離擁有私人廚師和桌上足球台的軟體公司工作

環境。即使系統在執行類似人類任務方面變得更為優越，這些成就通常也是建立在更大規模的、由人工來分類和製作的資料池的基礎上。「這些勞動者推動了科技業，」伊拉尼進一步解釋，「然而他們在新聞和政策中卻被忽視，沒有被納入科技工作場所的多樣性討論中。多樣性確實存在，只是變成外包的且薪資低廉。」她繼續說：「這些工人在機器做不到的事情上，表現出色。他們在與機器的比賽中獲勝，但他們往往連最低工資都賺不到。」[47] 無論好壞，對資料科學來說都是如此的情況。

## 統計學進入資料科學

2014年在雪梨舉辦的國際統計學家會議上，柏克萊大學教授郁彬（Bin Yu）在主席演講中提到：「讓我們掌握資料科學吧。」[48] 在2010年代初期，記者、顧問公司和意見領袖們，齊聲讚譽「資料科學家」將是十年間最受歡迎的職銜。然而，最接近數據理解的學術領域——統計學，似乎被拋在後頭，被視為過時的方法。郁教授表示統計學家應該更積極地接觸電腦、當代大數據形式以及溝通實踐等方面。

在闡述她的觀點時，郁教授解釋：「我們有許多極具遠見的統計學同事，早已預見資料科學時代的來臨。」郁教授並未說錯：統計學有著悠久傳統，專注於數據、計算潛力和真實世界上的應用。然而，他們多半像是在逆流而上，對抗著數學入侵統計學的趨勢，這種情況也跟之前提過的「符號人工智慧」中的反實證主義者類似。這些反叛的統計學家們往往擁有雙重身分，既在學術界，同時也活躍在業界和政府資助的研究中心中。

除了圖基以外，沒有人會比里歐・布雷曼（Leo Breiman）更能代表這些反叛的統計學家了。當布雷曼從業界和國防工作回到柏克萊大學的學術界時，他感到相當驚訝。後來他形容這種經歷就像置身於愛麗絲夢遊仙境：

我知道產業界和政府部門在統計學應用方面的情況，但在學術研究中的情況卻像是光年般的差距，它的發展就像某種抽象數學的分支一樣。[49]

離開前途光明的洛杉磯加州大學數理統計學者職業生涯後，布雷曼開始為美國國防部和當時新成立的美國國家環境保護局（Environmental Protection Agency, EPA）進行各種統計工作。他在學術統計之外處理的是諸如環境汙染和追蹤蘇聯潛艇等課題，因此重點也逐漸轉向預測，而非使用模型進行因果推斷或進行嚴謹的假設檢定（譯注：亦即根據現有數據預測未來可能發生的情況，而不是像傳統學術研究中強調建立嚴謹的因果模型和進行嚴格的假設檢定以驗證理論）。[50]

在學術界之外，布雷曼經歷了或許是確立他對知識觀和數學實踐上的根本轉變，因為他從解釋轉向了預測。統計學誕生於對多樣化人群和系統資料的分析，然而在布雷曼等實踐者看來，這門學科已經偏離它的初衷；直到2000年左右，統計學才開始從他所稱的「二戰後的過度數學化」中恢復過來。[51] 在這種實踐變化的過程中，他描述了「資料建模文化」和「演算法建模文化」之間的明顯對比。

根據估計，「98%的統計學家」使用的是主導學術統計界的資料建模文

化,而「2%的統計學家」以及「許多其他領域的人」則是使用演算法建模文化。在資料建模文化中,模型驗證通常透過「是—否判定的適合度檢驗(goodness-of-fit tests,譯注:檢查模型是否適用)和殘差檢驗(residual examination,譯注:殘差指的是模型預測值和實際觀察值的差異)」來進行。相較之下,演算法通常專注於「預測準確性」。[52] 把自己限制在當代統計學模型的狹隘範圍內,就像是放棄了大量資料,卻要求比實際可能獲得的還要更確定的因果知識,而且也會限制創造解決當前問題所需新工具的可能性。即使這一切意味著統計學家必須放寬傳統統計學的要求,然而演算法文化仍然提供了太多值得利用的東西。

布雷曼並非唯一呼籲數理統計學重新關注真實世界資料的學者,現在的數位電腦也能夠協助實現這個目標。1970年代末,其他統計學家也呼籲他們的領域應該更充分地擁抱數位電腦所提供的可能性。儘管計算能力不斷增強,布雷曼、布雷德利・艾夫隆(Bradley Efron)和威廉・克里夫蘭(William Cleveland)等實踐者也都認為,學術統計學家未能正視大規模的真實世界數據集,也未能將運算更深入地整合到他們對該領域的理解中。

貝爾實驗室的錢伯斯在1993年呼籲建立一個能從數據中學習的「較大統計學」(greater statistics),他擔心過度封閉的數學導向,會限制統計學的影響力和該領域對社會的貢獻。[53] 他指出,數據的爆炸性成長提供了統計學在確保嚴謹性和啟發新方法上的機會,但該領域卻未能充分利用此一機會。兩位計算導向的統計學家沃特・斯圖茨勒(Walter Stuetzle)和大衛・馬迪根(David Madigan)也呼籲徹底改革統計學研究生的教育,把重點放在不同的學科認同上:

統計學主要專注於從有限資料中萃取出最大的訊息量。然而，這種範例形式的重要性正迅速降低，統計學教育本身正逐漸與現實脫節。[54]

如果統計學家願意的話，一定可以對機器學習和資料探勘提供很多幫助。

統計學部門也注意到了資料科學的興起，正如統計學家郁彬在她的講座「讓我們掌握資料科學」中所建議：她了解大學裡所教授的統計學世界與資料科學世界之間的差距，因此呼籲不要光是將統計學換個新名詞而已。「資料科學代表了在大數據時代的計算和統計思維，不可避免的（重新）融合。我們（統計學家）必須擁有資料科學，因為領域問題並不會區分計算與統計，資料科學是處理現代資料問題的全新術語。」

## 「資料科學家的崛起」

當傑夫・哈默巴赫在2009年寫下他對資料科學家的描述時，結合了威廉・克里夫蘭在2001年所提出的思維方式（譯注：克里夫蘭強調統計學應更廣泛地與電腦科學等領域結合，更注重從數據中學習，並解決實際的問題），以及1990年代商業規模的資料探勘（譯注：這是資料挖掘開始在零售、金融等行業大規模應用的時期），再加上2000年代初期快速興起的「大數據」普及化工具集等（譯注：例如，前面提過的Hadoop等開源技術的出現，降低了大數據處理的門檻）。無論思維方式和工具集都受到了企業經驗教訓的影響，例如，

臉書在早期成長階段的實踐，或是貝爾實驗室自數位電腦誕生以來就致力於透過數據理解世界（並提升營收）的努力，以及在日常商業工作中擴展資料分析的諸多努力。

千禧年的開始，透過雲端運算服務，明顯降低了運算的成本，這個變化是由網際網路的資訊基礎設施所促成，這使得資料可以從全球任何一部電腦流向幾千英里外的電腦運算中心，並來回傳輸。如此也呼應了1990年代的資料探勘時期，公司將其網路日誌、商業交易資料流和客戶紀錄等，都轉化為資料庫，希望可以從中「探勘」出有利可圖的模式。發展了幾十年的消費者資料保護法規，像是針對健康或金融資料等行業的監管，對許多網路公司的實際運作幾乎沒有約束力——即使這些公司正在獲取和分析個人資料。雲端運算為企業帶來的一項額外好處就是「隱形勞動力」或「幽靈勞動力」，實際的工作者可以來自世界上的任何地方。

《哈佛商業評論》（*Harvard Business Review*）和歐萊禮媒體公司（O'Reilly Media）等關注企業的出版機構，開始讚揚將機器學習方法應用於這些大量交易資料的優勢，認為能夠提煉和處理這種像是「新石油」的那些人，一定會帶來財富和顛覆性創新。企業對資料科學的熱情採用，來自資料探勘、大數據和預測分析的早期進展（和市場推廣）。很快地，各種服務提供商和新創公司應運而生，彷彿向這些新時代的礦工們兜售數位鎬頭，資料科學的福音充斥他們的行銷文宣中，推動著資料狂熱的時代飛輪，並鼓勵新舊企業重新思考他們的資料策略和人員配置。[55]

資料科學家這個職位描述，在矽谷新創公司的推動下變得清晰明確，現在也已經在研究和高等教育領域中逐漸被認可（雖然有時可能並不情

願)。在某些大學裡,資料科學可能是新成立的研究所;在其他大學,則可能是以現有科系改名的方式蓬勃發展。一些長期對圖基、克里夫蘭、布雷曼等人的宣言抱持冷漠態度的統計學系,也開始重新命名為統計與資料科學系,例如,耶魯大學和卡內基梅隆大學都在2017年做了這種改變。

基於對實務資料科學團隊的人類學觀察[*],吉娜・奈夫(Gina Neff)及其合著者指出,「理解資料是一種集體過程。」[56] 在某種程度上,這實現了約翰・錢伯斯在1993年對「較大統計學」的夢想,雖然有可能成為一個涉及所有事物的領域,但正如詹妮佛・布來恩(Jennifer Bryan)和哈德利・威克漢(Hadley Wickham)所警告的《資料科學:三環馬戲團還是大帳篷?》[**]。[57]

跟「人工智慧」和「機器學習」這些術語的情況一樣,「資料科學家」這個職稱的描述,也證明它將是一個不斷變動的目標(譯注:不斷變化的概念)。例如,某篇在Reddit「資料科學」子論壇(討論區)的貼文問道:「臉書的資料科學家是否就是資料分析師?」[58] 隨著這種職位定義的「漂移」,資料相關實務變得越來越細分和專業化,資料科學家的各種職稱也隨之激增。如今不只有資料分析師和資料科學家,還有資料工程師、分析工程師,以及,反映了資料在政策和倫理方面日益重要的影響,還出現了「資料治理」(data governance,譯注:確保數據品質、安全、合規和合乎倫理的使用)這樣的專業職能。

資料科學不光涵蓋了「技術工具」的普及化(高階統計軟體和強大的

---

[*] 譯注:研究者沉浸在研究對象的文化和社會環境中,從參與者的角度理解他們的行為和觀點。

[**] 譯注:是「強調其複雜性、多樣性,還是強調其包容性、協作性?」之意。

計算能力，現在都很容易取得），同時也包含了「技能」（資料分析與數據處理能力）的普及化。就像自從1950年代以來，有太多社會科學家不加思索地濫用p值一樣，現在各學科領域的研究者也都開始使用各種資料科學工具，但在使用上並不一定謹慎。然而這些技術的易用性，導致許多工作缺乏了反思性、批判性或變革性。COVID-19的挑戰，促使全球的研究者嘗試將機器學習，應用於預測疫情的進程，其結果褒貶不一。卡內基美隆大學統計學與資料科學系的萊恩・蒂布希拉尼（Ryan Tibshirani）在對於該領域預測能力的批評性評估中（包括他自己的工作）做了總結：「我們做為一個預測的社群，卻錯過了每一次疫情高峰（亦即未能預測它們）。」[59] 更令人擔憂的是，在2017年左右，那個長期被嘲諷的「科學」，亦即透過面相分析來判斷人格特質的「面相學」，現在以機器學習研究的形式捲土重來。[60] 統計學與人類差異分析（譯注：例如，智力、性格、健康狀況、社會經濟地位等）之間，一直存在著密切但常令人不安的關係。

雖然對這些偽科學的批評相當嚴厲，然而自凱特爾（Quetelet）和高爾頓（Galton）以來，研究者們一直試圖使用統計方法對人們進行分類，並長期尋求各種技術手段來區分先天與後天的影響，企圖找出真正的天才以及真正的罪犯。各種引人注目的新聞標題，經常會出現一些接近偽科學面相學的機器學習「預印本」（譯注：指尚未經過同儕評審的論文初稿）研究。盧克・史塔克（Luke Stark）和傑文・哈特森（Jevan Hutson）指出，「據說人工智慧和機器學習，現在已經可以預測你是否會犯罪、是否為同性戀、是否會成為優秀的員工、在政治上是否是自由派或保守派，以及你是不是精神病患者等，一切都基於你的臉部、身體、步態和語調等外

部特徵即可判斷。」[61] 這些工作不只是誤用了機器學習，還為老式的科學種族主義，戴上了新的客觀光環。

重點不是要譴責資料科學的工具，而是要更適當地使用它們，並理解它們的局限性。當馬哈拉諾比斯在改進皮爾森對於印度階級研究中的工具時，他採取了更批判性的作法來分析得到的結論。在2010年代初，我們有幸在哥倫比亞大學教授第一堂資料新聞學課程，其目的在教導來自全球的傑出年輕記者，如何批判性地使用資料科學技術，藉由仔細的資料分析和收集、演算法分析和資料視覺化，來監督政府和企業。我們對於這些工具是否可以讓批判性調查工作得以實現和成功，充滿了樂觀態度。在《數據女性主義》一書中，迪諾齊奧和克萊因兩位學者，闡述了研究者如何批判性地使用資料科學工具來發揮其潛力，而非將舊的偽科學以新科學外衣重新包裝。[62]

隨著資料科學範疇的擴展，人們也逐漸意識到，數據資料不僅能在下西洋棋、圍棋，或是區分狗貓照片等方面發揮強大作用，在涉及傷害和正義風險的人類問題上，同樣具有強大影響力。換句話說，在資料科學的旗幟下，「透過數據資料理解世界」的範圍不斷擴大，人們也越來越認識到資料（數據）在倫理、政治和社會層面的影響。

# 沒有專業知識的倫理

「身為資料探勘領域的科學家，」當時還是研究生的謝爾蓋·布林（後來成為谷歌共同創辦人），在1997年11月10日的郵件群組中寫道，「我們

必須定期跳脫技術層面，思考使用這些技術的倫理問題。」他也舉了一些例子：

> 汽車保險公司分析事故資料，並根據年齡、性別、車輛類型等設定個人的保險費。如果法律允許，他們也會使用種族、宗教、殘疾以及任何其他他們認為與事故率相關的屬性來判斷。健康保險公司同樣也採用類似的資料。這些都可以被視為資料探勘的結果，對人們的生活有著重要的影響。[63]

他請同事們：「分享你們的意見以及任何相關的例子或研究。」資料探勘以及後來的資料科學，都是高度跨學科（領域）的；但在徵詢專業意見時仍有其「局限性」（譯注：要用到哪些專業知識，必須取決於目前任務的具體需求）。雖然史丹佛大學的會議通常是跨學科的，但似乎沒有受過倫理學訓練的人參加，就像他們也不會去邀請建築工程師或生物學家參加專門針對資料科學的會議一樣。我們只能猜測討論所得到的結論是否就是谷歌後來「別作惡」（Don't be evil.）的由來。

倫理議題，無論考慮得多麼周到和用意多麼良善，通常都難以擴展。史丹佛的資料探勘文化中的人們，深諳如何擴展演算法規模、如何建立產業、如何引導學術研究朝向實用目的。至於擴展倫理的部分呢，說實在的，他們在這方面比較缺乏。

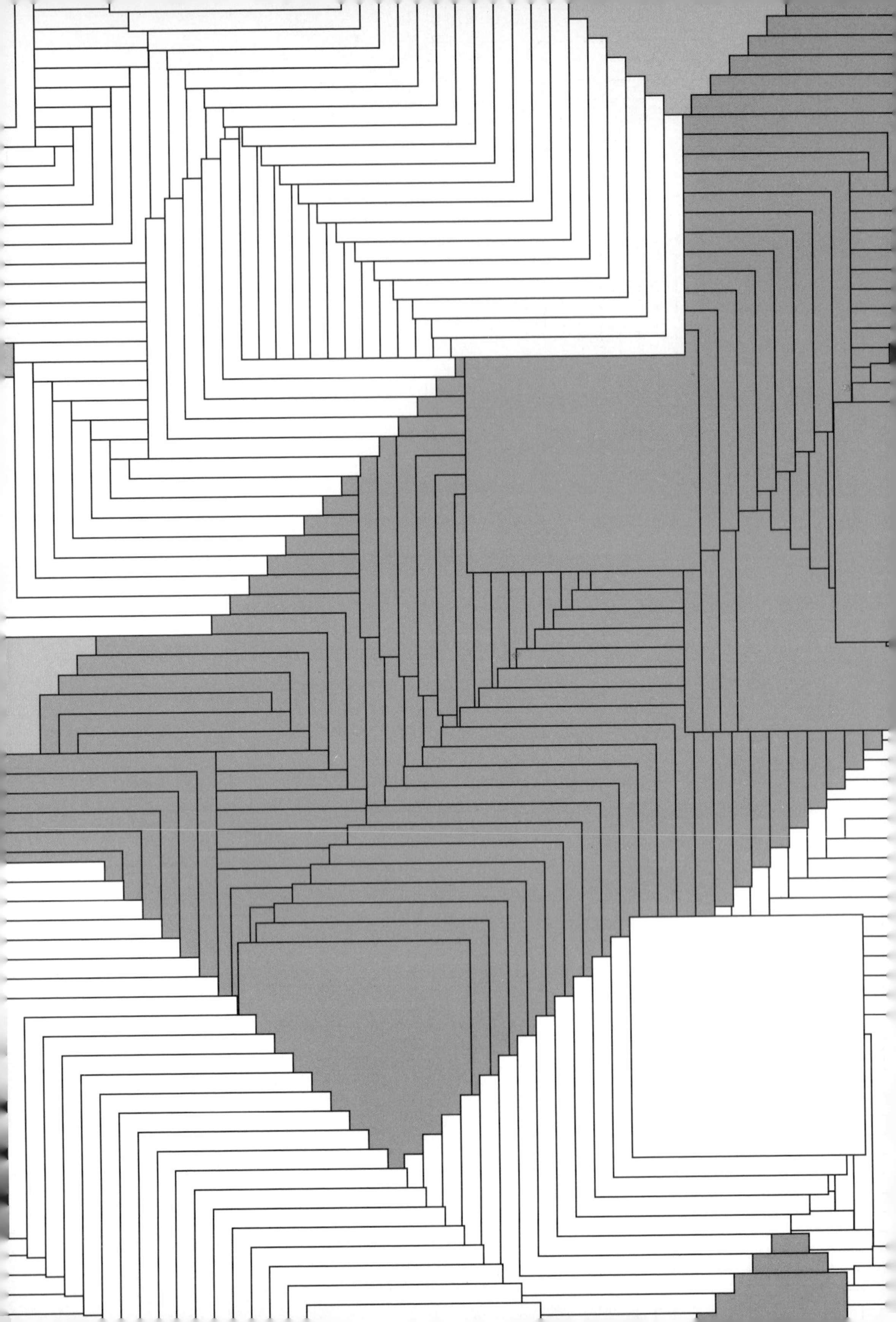

# PART
## 3

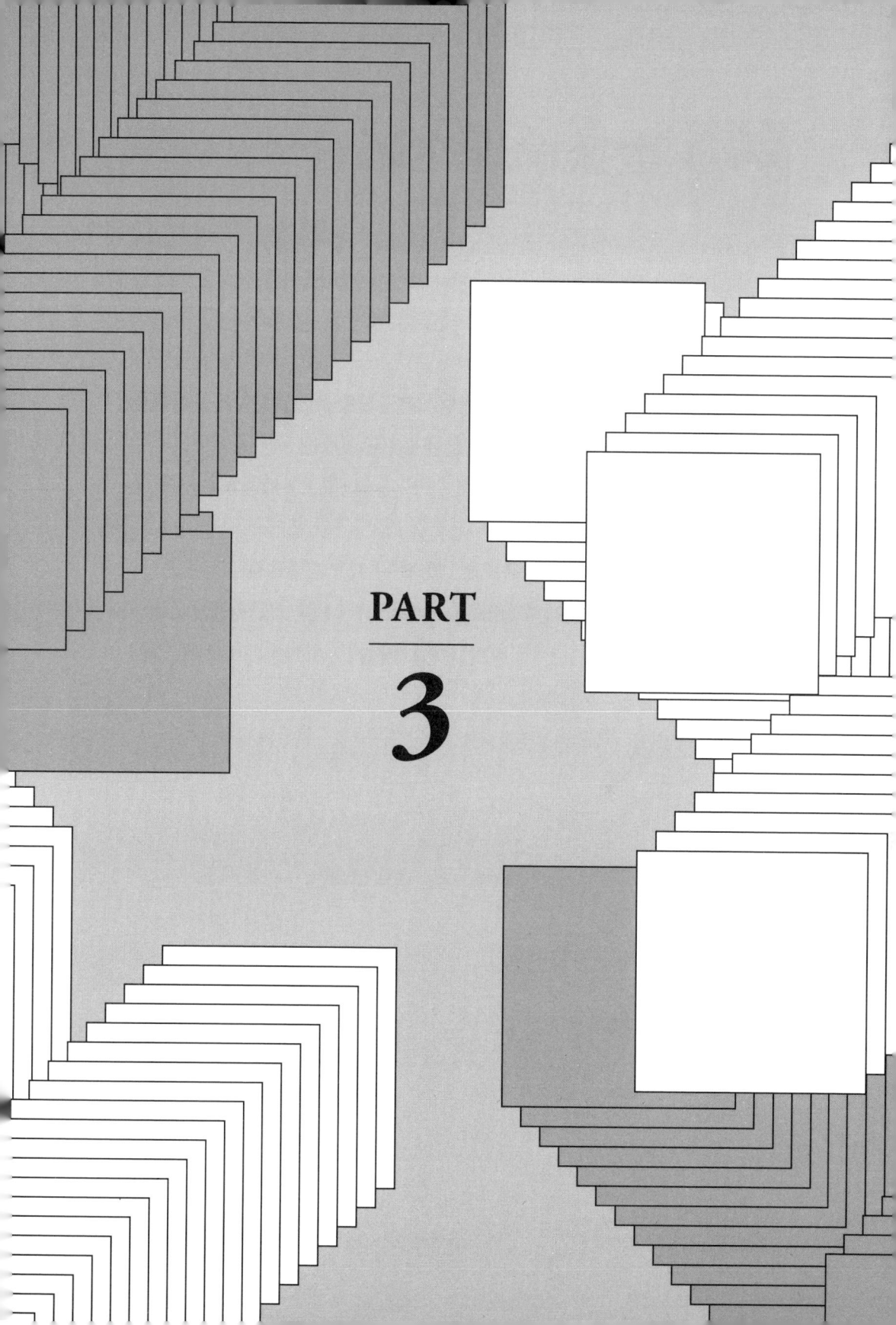

# Chapter 11 數據倫理之戰
## The Battle for Data Ethics

在我們文化傳統普遍接受的基本原則中，有三項跟牽涉到人類受試者研究的倫理最為相關：尊重個人、善意對待和公平正義原則。

——《貝爾蒙特報告》，1978 年

我最近在人工智慧文獻中看到的總是「倫理」，我想掐死倫理。
—— 菲利普・G・奧爾斯頓（Philip G. Alston），紐約大學約翰・諾頓・波默羅伊法學教授，AI Now 2018 研討會[1]

2020 年初，谷歌成立了人工智慧倫理研究團隊，由兩位該領域傑出的早期職業學者（early career scholars，譯注：處於職業生涯早期的學者）領軍：瑪格麗特・米契爾博士（Dr. Margaret Mitchell）和蒂姆尼特・格布魯博士（Dr. Timnit Gebru）二人，擁有相關的學術專業與暢銷著作。他們以揭示人工智慧的潛力和實際的危害而聞名於世，並且也提出了減輕這些危害的建設性方法。在這些極具突破性的作品中，我們可以看到，格布魯早期曾與布奧拉姆威尼博士（Dr. Joy Buolamwini）共同展示幾個常見的「商業性別分類系

統」，會在分類不同人口群體時有相當「顯著的差異」，尤其是對於「膚色較暗的女性⋯⋯最容易被錯誤分類」[2] 米契爾則以「去偏見」（debiasing）機器學習項目以及與格布魯的合作，「包括他們在『用於模型報告的模型卡片』（Model Cards for Model Reporting）* 方面的工作⋯⋯做為邁向負責任的機器學習和相關人工智慧民主化的一大步。」[3] 到2020年夏季，該公司準備將谷歌的人工智慧倫理方法做為服務而提供：「谷歌提供幫助他人處理人工智慧倫理問題，」這是來自《連線》雜誌的標題，「在艱難地學習自身倫理教訓後，這家科技巨頭將提供諸如識別種族偏見，或是制定人工智慧倫理項目指導等服務。」[4]

　　谷歌在面對許多先前難以克服的數據資料問題（例如，搜尋、電腦視覺、甚至機器翻譯方面）取得了成功。它是否也能很快地在這個棘手話題上取得進展呢？到了2020年底，一個開明（理想化）的人工智慧倫理團隊，可以和諧地融入公司決策框架中的願景，已然崩塌。當年11月，格布魯宣布她已經被谷歌解僱；2021年初，米契爾也發布類似的聲明。谷歌聲稱格布魯是因為關於研究出版物品質上的爭議而辭職；她則反駁說，是因為要求谷歌承認大型語言模型（其核心技術之一）[5] 可能帶來的倫理危害而被解僱。這些研究者和他們前雇主的公開聲明，揭示出人工智慧研究人員，即使是在同一公司內部的研究人員，可能會遇到：當公司想結合人工智慧搜尋與倫理時，碰上該公司的獲利模式恰好依賴於大量使用人們的資料之時，兩者之間存在的巨大鴻溝。

---

\* 譯注：用來增加機器學習模型的透明度和可課責性的一種分析框架。

## 「演變中的 IRB」

　　這不是第一次有平臺公司因道德疏失而遭受公審。2014年，臉書研究人員發表了「情緒傳染」（emotional contagion）的研究論文，就是一件極具啟發性的案例。[6] 媒體的負面反應相當猛烈，報導的標題出現類似「臉書故意讓人們感到悲傷，這應該是最後一根稻草*」[7] 和「使用者對臉書的情感操控研究感到憤怒」等。[8] 對臉書領導層而言，更為實際的問題是電子隱私資訊中心（Electronic Privacy Information Center, EPIC）向聯邦貿易委員會（Federal Trade Commission, FTC）提出的投訴，以及參議員馬克・華納（Mark Warner）正式要求FTC調查該研究。突然之間，快速行事和打破常規的策略，導致了有可能會削減公司利潤的監管風險。

　　於是臉書作出了一個先發制人的自我監管措施：明確地把研究倫理引入臉書，藉由「演變」（evolving）自學術界基於原則的機構審查委員會（institutional review board，亦即倫理審查委員會，編按：以下皆簡稱IRB）流程，納入其企業環境中。由於許多大型資訊平臺公司的研究人員都擁有學術背景，因此IRB的應用倫理概念，亦即圍繞著由裁決機構解釋的全面性原則，已經影響到許多科技界人士的思考。正如社會學教授暨普林斯頓IRB前成員馬修・薩根尼克（Matthew Salganik）所說：「基於原則的方法已具備通用性，無論你在哪裡工作（例如，大學、政府、非政府組織或公司等），都會有所幫助。」[9]

---

\* 編按：第二句引用自「壓垮駱駝的最後一根稻草」；這個標題反映了當時媒體和公眾對臉書進行情緒操縱實驗的強烈譴責態度，認為這種行為已經超出了企業應有的道德界限，並表達了這種行為已經不能再被容忍。

為回應情緒傳染研究的爭論，臉書的莫莉・傑克曼（Molly Jackman）和勞瑞・卡內瓦（Lauri Kanerva）於2016年發表了〈演變中的IRB：為行業研究建立健全的審查〉一文，記錄了一種擴展機構審查委員會應用倫理的方法（譯注：指更廣泛的審查倫理指導原則）。這種方法是基於卡內瓦在史丹佛領導非醫療IRB的十年經驗，來為臉書制定出一個組織審查委員會的流程。誠然，創建IRB並不能解決所有問題，或是預防所有的倫理爭議。事實上，在情緒傳染研究中，也有某所大學的機構審查委員會（IRB）認為該研究不需審查，因為它涉及的並非「人類受試者」（至少沒有按照醫學和社會科學研究慣用方式下，能夠理解的任何可見的人類受試者）。然而，這個決定引發的後續爭議非常之巨大，以至於全球最具權威的科學期刊之一《美國國家科學院院刊》（PNAS）的編輯們發出了罕見的「倫理關切聲明」來對該論文表示關切。[10]

儘管有很多嘗試定義倫理原則的努力，但沒有任何一種原則像「人類受試者」研究方法所帶來的深遠影響。IRB最初提出的領域本身，是針對科學醜聞的回應。而為了理解計算社會科學家*用來框定應用倫理的背景脈絡，以及與近期主要科技公司所提供的各種原則、（所抱持的）態度和產品進行對比，回顧其在1970年代的起源，亦即《貝爾蒙特報告》的形式，可能會有所幫助。該份報告做為定義應用倫理的奠基文件，同時也促成了後來的倫理審查程序的建立，亦即組織內設立IRB研究倫理審查委員會（因此也啟發了包括如臉書等組織的審查委員會）。這種倫理的制度化，為

---

\* 編按：computational social scientists，結合了社會科學的理論與計算機科學的方法，特別是在討論大數據分析、社群媒體研究等領域時。

更近期有關如何定義數據驅動演算法倫理的討論，提供了極具影響力的重要背景。

## 從塔斯基吉到貝爾蒙特

通往貝爾蒙特報告書的道路，是由美國公共衛生署（U.S. Public Health Service）的醫生和科學家的研究願景所鋪就；然而這段歷程最終以登上《紐約時報》頭版作結，並揭露出一個充滿種族歧視色彩且科學方法存在嚴重缺陷的倫理失敗案例。這個事件相當之嚴重，因而促使跨學科（領域）團隊投入多年心力，制定聯邦立法對策，以確保納稅人的錢永不再資助如此災難性的研究。[11]

1973年7月26日，「美國公共衛生署在塔斯基吉的梅毒研究」事件，登上了《紐約時報》的頭版，標題為〈美國研究中的梅毒患者（受害者），長達40年未獲治療〉。美國大眾才知道納稅人的錢在幾十年期間，支持了一項系統性地「拒絕」為阿拉巴馬州塔斯基吉的非裔美國男性，提供梅毒治療的研究。這項實驗在科學上毫無價值，同時也深具種族歧視。塔斯基吉事件的結束，正值美國民眾對政府深度不信任的時期。

1936年5月的美國醫學會會議上，發表了一場關於非裔美國男性未經治療梅毒的演講。根據美國公共衛生署醫療主任的說法，來自塔斯基吉地區的未經治療患者群體，「似乎提供了一個難得的機會，可以研究未經治療的梅毒患者從發病到死亡的全部過程」。[12] 其研究結果顯而易見：只要治療就會具有顯著的效果。然而，為了抓住這些實驗「機會」，研究人員讓

患者（受害者）承受了數十年的痛苦。這些未受治療的男性一直被刻意維持在這種狀態——給予安慰劑治療，並且幾十年來還不斷阻止他們獲得治療，甚至在第二次世界大戰期間，也給予他們豁免徵兵的權利，以防止他們透過參軍而獲得治療。[13]

在醫學界被稱為「塔斯基吉研究」的這項研究中，一種無法抗拒的科學邏輯，優先考慮潛在的科學知識，與公平正義及尊重個體知情自主權等的倫理考量，發生了衝突。啟動並持續進行這項實驗的決定，也反映了廿世紀結構性種族主義和優生學思想的長期影響。該項計畫持續推行並定期發表研究結果，直到1972年，一位聯想到納粹和日本戰時（編按：慘無人道的）人體實驗的吹哨者起而揭發，將這個故事公諸於世。

在這個事件引起轟動之後，美國國會設立了一個委員會，「用來確定牽涉到人類受試者的生物醫學和行為研究的基本倫理原則。」[14] 這個多元化委員會的成員包括研究人員、律師、哲學家和一位前天主教神父。他們的任務是制定一個研究倫理框架，並設計一種過程以確保這個框架能夠指導和約束研究者的行為。最終的報告建立了一種結合「學術觀點、社會規範和真實研究過程」的倫理方法。雖然當時的一些問題如兒童研究、胎兒研究和監獄囚犯研究等，可能與數據驅動的演算法決策系統問題有所不同，但該委員會的目標，是想提供一個對於廣泛研究更有用的框架。這項報告於1979年4月18日登錄於《聯邦公報》(*Federal Register*)，距離塔斯基吉新聞的第一次曝光，已經過了將近六年。

該報告堅持：涉及人類的研究不再能以對於社會整體的長期利益來辯護。研究方案必須仔細衡量該項研究對每位參與者的影響：「影響到直接研

究對象的風險和利益,通常也會具有特別的重要性。」委員會還警告不要利用那些受到壓迫和缺乏權力的群體:

> 某些群體如少數族裔、經濟弱勢、重症病患和機構收容者,可能因為在進行研究的環境中容易取得,而被不斷尋求做為研究對象。有鑑於他們的依賴地位和經常受限的自主同意能力,他們更應該受到保護。以防止只因行政便利或因他們的疾病或社會經濟狀況,而被利用來參與研究。[15]

該報告對人類研究施加限制,並建立了強而有力的機構來執行這些限制(雖然這些機構並不算完美)。要讓倫理原則可以落實,政府必須先確定某種倫理觀,然後設計一個過程,由法律和健全的官僚體系來執行,指導和約束倫理研究,並對誤用和濫用行為進行制裁。

這種倫理實驗的框架最終呈現在《貝爾蒙特報告》中。[16] 委員們所定義的倫理觀念,強調了手段與目的之間的張力(或者以哲學框架來說,亦即義務論與結果論之間的對立),並強調了正義原則,包括公平分配各種群體的利益和傷害。《貝爾蒙特報告》並未制定一套具體的規則或單一準則,而是將倫理視為對這些張力的協商解決方案,並提出「三項原則」做為共同的知識基礎。因此,即使對於具體應用有分歧時,各方仍能就這些原則達成共識:

1. **尊重個人**:即尊重個體的自主權;

2. **善意對待**：將對於個體的傷害風險最小化，將公共利益最大化；
3. **公平正義**：公平分配風險和利益。

在大眾文化中，倫理常被看作是一種哲學辯論，或許是一份小小的檢查清單，甚至是一句格言等。然而，《貝爾蒙特報告》的方法用的是一種「原則主義」。原則主義的理念是定義一組原則，具有足夠的普遍性，使其不僅適用於當前問題，也可能適用於未來問題。在《貝爾蒙特報告》中，作者明確表達其原則目的在於「全面性」。也就是說他們預期這些原則對所有未來的人類受試者研究中的應用倫理問題，都會有所幫助。然而每個案例各不相同，一組原則如何能適用於所有情況呢？

如同《美國憲法》等這類治理文件一樣，這套成文原則的價值，在於必須努力將這些原則詮釋為更具體情境的標準，並最終制定出針對個別案例的明確規則。就像《憲法》一樣，《貝爾蒙特報告》本身便是要做為普遍性的指導原則，其內容讓不同組織或群體中的每個人都能認同其正當性。但是該文件的力量和效用，會受到某個群體的實際限制，這個群體應該努力把這些原則提煉成標準、規則，並藉此實踐之。

原則主義並非旨在成為演算法或檢查清單，藉以產生明確或可自動化的決策。相反地，這些原則之間本應存在張力，這種具建設性的張力提供了一種共同的語言和評判框架，用以權衡困難的決策。這種共同的語言和共同的價值觀，可以發揮強大的社會功能：確保社群成員，例如，公司的員工或產品的用戶，即使並非每個人都滿意結果，但至少會感到決策是經過正當且健全的過程而作出的。

# 《貝爾蒙特報告》的主要原則

儘管貝爾蒙特委員會所確立的原則,借鑑了數個世紀的倫理哲學,委員們認為這些原則及其所包含的各種張力,已經存在於現有的社會規範中。在他們看來,「國家委員會幾乎可以肯定地認為,這些原則已經深植於既有的公共道德中。」[17]

貝爾蒙特委員會的關切核心之一,便是如何在科學實驗可能帶來的集體利益與對每位研究對象的影響之間,盡量取得平衡。委員會的報告目的在協調合法的目的與手段之間的張力,這點包含在「尊重個人」和「善意對待」這兩個首要原則中。

「尊重個人」便是要求尊重做為研究對象的個體,其自主權和本身尊嚴。這個原則常被具體化為「知情同意」(informed consent)[*],這是源自哲學倫理學中的義務論傳統,可以說深受康德的影響[**]。在人類研究的背景下,便是在要求確保那些自主權受限的人,例如,兒童或囚犯,能夠獲得知情同意。

「善意對待」包括權衡研究項目的潛在利益和傷害,通常被總結為一種「不傷害」(Do no harm.)的原則,然而更普遍的說法是:它指的是不論對於研究對象和社會,都要做到利益最大化和危害最小化。最近這個原則

---

[*] 譯注:指進行研究之前,必須讓參與者充分了解研究目的、方法、可能的風險和好處,並在完全自願的情況下,取得參與者的同意。

[**] 編按:義務論(deontology,或譯道德義務論)強調行為本身的道德性質和動機而非後果,為德國哲學家康德(Immanuel Kant,1724-1804)倫理學思想的重要概念。

也擴展到了人類社會以外的危害，例如，對其他生物或環境的影響。這個原則源自後果論（consequentialist）或功利主義的哲學傳統（編按：重視行為的後果），與約翰‧史都華‧彌爾（John Stuart Mill）、傑瑞米‧邊沁（Jeremy Bentham）*等人的倡導有關。

這個原則特別受到演算法倫理的挑戰，因為複雜的演算法，使得對可能的意外效果和潛在危害的預測變得相當困難。另一方面，像推薦引擎這樣的演算法產品和服務，也讓我們有機會對這些揭示出來的危害進行監控和執行緩解。演算法跟需要召回修理的缺陷產品有所不同，因為演算法可以進行調整和以數位化方式重新部署。

《貝爾蒙特報告》的第三個原則是「公平正義」，這並非關注於手段和目的之間的拉鋸，而是專注於公平的規範。尤其在涉及囚犯的研究背景時，委員會關注的不僅是平等待遇而已，還包括壓迫和分配不均。2004年，凱倫‧勒巴奇（Karen Lebacqz）教授回顧她在委員會的角色時，強調了委員會對公平正義的承諾。她表示，這種承諾可以用更強而有力的語言來表達：「當時我們談論到公平正義時，主要是以平等待遇和保護弱者的語言來表達。而我們所沒有用到的語言，現在變得非常突出，對我來說也非常重要，那就是關於壓迫的語言。」她強調，這種說法能更清楚地表達對研究中正義的承諾。「我認為，脆弱的群體與受壓迫的群體之間有所區別。正義要求糾正壓迫，這可能會重新設置一些結構，亦即與我們多年前的作

---

* 編按：邊沁（1748-1832）是英國著名的哲學家、法學家和社會改革家，功利主義哲學（utilitarian philosophy）的創始人。彌爾（1806-1873）是英國著名的哲學家、政治經濟學家和自由主義思想家，是功利主義哲學的重要發展者。

法並不相同。」[18]

這三個基本原則還暗示了其他倫理標準。例如,「隱私」可以被視為知情同意的例子之一,不過我們指的隱私是關於披露事實的情境,而非事實本身。例如,我們可能同意與醫生分享某個事實,但並不會與我們的老師或學生分享。還有,「公平」必須被視為正義的基本觀點。公平的目的在避免對貧困和被剝奪權利者進行醫療實驗,因為這些人承擔了實驗的風險,利益卻往往流向那些能夠負擔相關藥物或醫療處理的有權勢者。

這三個原則的設計目的在於「全面性地」涵蓋人類受試者研究的應用倫理問題,但在實際應用倫理時,就會涉及到執行權力的轉移。因此除了哲學工作之外,委員們還提議將機構審查委員會的程序立法規範——這是在組織內部實現倫理制度化的一種強而有力的做法。

## 從 IRB 到矽谷的制度化原則

除了基本原則外,委員會還另外發表了一份132頁的提案,目的在設計流程以將這些原則具體落實。[19] 這些提案的內容塑造了IRB(機構審查委員會)的建立,該委員會成為所有美國大學在人類受試者研究方面的管理機構,也是他們獲取聯邦資助的條件之一。只有透過這樣的委員會審查後,聯邦資金才可能被分配給某個研究項目。而這類委員會的審議,當然是受到這些共同原則的指導。控制資金賦予IRB規則的權力,這是單靠規範無法達到的。儘管IRB的故事還有許多不完美之處,但這些委員會的目的在於確保研究者遵守這些原則。在後來幾年期間,IRB必須把這些原則

應用於新科技領域上：包括基因工程和最近的計算社會科學\*研究。

IRB模型仍然是將倫理制度化的重要模式。儘管我們可能對當前IRB系統的倫理框架、規則或制度化方式，帶有不同的意見，但其關鍵在於這個系統將豐富的哲學倫理觀念、哲學反思付諸實踐的手段，加上執行框架的制度手段，結合在一起。單有倫理而無法執行是無效的；然而沒有倫理指導的規範，只會流為形式化的官僚程序。

「在一組約束條件內，有目的性地解決問題」[20] 便是一種設計。IRB就是一個對過程加以設計的範例，所有的設計範例，當然也都是權力的表達：例如，誰的意圖會受到尊重，誰能解決問題，以及誰來設定約束條件等。最終的設計，不論對於產品還是過程的設計，都會影響權力，例如，透過重新安排誰能對誰做什麼來實現權力。

隨著社會科學家、社會運動家、電腦科學家和記者們，越來越常指出大規模自動決策系統（亦即實際上的機器學習）對於社群和民主的潛在危險與已知危險。貝爾蒙特原則和IRB結構，可以為任何想要評估技術影響，並將其組織朝向不同目標（如非營利目的）的人，提供一個強大的現有系統。

對於像臉書這樣的公司來說，這些原則提供了一個自我監管的框架，而非靠政府監管。正如臉書「演變中的IRB」案例所示，企業面臨的第一個挑戰便是如何重新建構其脈絡：這些在人體研究案例中開發的原則，如

---

\* 編按：計算社會科學運用計算方法、大數據分析、演算法等技術來研究社會現象和人類行為的跨學科領域。主要研究方向有：社會網路分析、計算行為分析、數位人文研究、社會輿情分析、群體行為模擬等。

何適用於資訊平臺公司？企業面臨的第二個挑戰便是設計和決策權力的分配：企業如何制度化組織設計和過程設計，以使這些原則能夠有意義地約束和指導其決策？

　　IRB的演進被證明並非直接有效用，尤其是將倫理考量集中於臉書內部一個「主導」（own）倫理的團體之手，並未能平息這些年來日益高漲的呼籲——亦即要求對像臉書這類公司進行資料倫理治理，因為這些公司的數據驅動演算法影響力最為巨大。過去十年中，將倫理框架定義為「原則」，並不意味著數據驅動的平臺公司就會有所轉變，而僱用哲學家來組織其業務也未必會有實際效果。原則主義假設這些原則之間可能存在拉扯，需要以這些原則做為共同詞彙和價值觀的個人，以誠信態度進行判斷和調解。儘管共同的倫理原則根植於哲學傳統，雅各·梅特卡夫（Jacob Metcalf）、伊曼紐·莫斯（Emanuel Moss）和丹娜·博伊德透過對平臺公司員工的民族誌研究得出結論：認為倫理應該被更好地理解為「社會現象，而不只是哲學上的抽象概念」。[21] 實現倫理過程需要組織成員的廣泛認同和授權，讓組織能夠依照相關原則進行商業實踐。脫離了IRB的結構，以及其做為控制研究資金「暫停點」（pause point）＊的核心角色後，如何說服同事重視倫理原則，以及如何設計組織和流程來讓這些原則能夠發揮約束作用（尤其是當這些約束可能會減少利潤時），目前看來仍不明朗。

　　不過在某種程度上，臉書的方法證明了它的成功（譯注：指讓公司

---

＊ 編按：在IRB的情境中，「暫停點」特別指：研究計畫必須在此停下接受倫理審查；只有通過審查後才能獲得研究經費；做為確保研究符合倫理準則的關鍵管控機制。

避免受到倫理方面的壓力)。牛津研究員布倫特・米特爾施塔特(Brent Mittelstadt)在2019年回顧AI倫理狀況時,發現「AI倫理的趨勢圍繞著醫學倫理原則⋯⋯可能因為這是歷史上最突出的、研究最透徹的應用倫理學方法。」* 對臉書來說,這也是一個成功的方法,因為它「為政策制定者提供了不去推動追求新法規的理由」。[22]

隨著「不道德」行為的問題引起社會科學家以及越來越多的媒體關注後,學者們質疑建立在貝爾蒙特原則基礎上的倫理,以及隨之而來的制度設計,是否真的能為企業在使用個人資料時,所引發日益增多的傷害和不公,提供任何保障?

## 掌握倫理:過程、組織和權力

除了對於倫理原則的呼籲外,近幾年來,對於在公司內部制定有意義的倫理過程要求,也越來越廣泛。例如,黛博拉・拉吉(Inioluwa Deborah Raji)及其合著者米契爾和格布魯(我們在本章開始時提過),都主張應該建立演算法審核的過程。[23] 比她們再早一點,哲學家香農・瓦勒爾(Shannon Vallor,她當時在馬庫拉應用倫理中心)在商業倫理文獻的基礎上,研發了一套用於數位產品開發時的「檢查點」(checkpoints),在不同開發階段提出不同問題進行審視。[24] 這些流程,包括審計和檢查點,可以把

---

* 譯注:由於醫學倫理學歷史悠久,而且必須處理複雜的生命、健康方面的問題,已經發展出相對完善的倫理原則和框架。

Chapter 11 數據倫理之戰

倫理審查與決策時刻結合在一起，因為這些時刻影響（或危害）的範圍，會隨著時間推移而增加。這些決策時刻也可以被框架成「權力行使」的時刻，倫理在這些時刻被賦予「實際的力量」，能夠超越把公司視為單一整體的思維。因為，當倫理決策與公司內「個人」目標（如升遷或成功的產品發布等）之間，如果沒有強而有力的聯繫時，便無法得知倫理該如何成為社群的內在組成（譯注：倫理便很難真正融入公司文化）。

複雜的公司必然由擁有不同利益的獨立團隊組成，這些利益可能包括「所有權」（ownership），亦即對特定收入流或用戶行為的責任歸屬。在公司內部經常發生的情況是：不清楚到底哪個團隊應該負責「主導」（own）倫理。[25] 為確保個人將審計、暫停點或其他倫理檢查納入實踐，就必須在共享原則和公司內部不同角色的激勵之間，達成「一致性」。正如一位匿名的科技業員工所說，「你創建的系統必須是人們感覺有價值的，而非一個沒有價值的大路障，如果它是一個沒有價值的路障，人們會根本不會跟著走，因為沒有必要。」[26] 這種成功的「一致性」是商業倫理學者西奧多‧珀塞爾（Theodore Purcell）和詹姆斯‧韋伯（James Weber）在1979年所描述的，亦即「倫理的制度化……將倫理正式且明確地融入日常商業生活……融入公司政策的形成……融入所有日常決策和工作實踐中，各級別的員工都必須做到。」[27]

谷歌的案例突顯了理想和實施之間的差距。即使在谷歌的倫理AI團隊進行備受矚目的重組之前，谷歌也曾在定位自己為一個倫理公司方面遇過困難。例如，該公司在2019年3月，成立了一個外部顧問委員會，提供有關AI倫理影響的建議，但在次月隨即匆忙地解散了該委員會，原因是內部

和公眾對其組成以及與公司決策過程的整合，提出了嚴厲批評。前谷歌員工惠特克在2018年駁斥這些舉措，稱其為「倫理劇場」（ethics theater，譯注：指責這個委員會像是公關表演性質而已），並質疑「他們能取消一個產品決策嗎？或是他們擁有否決權嗎？」[28]

谷歌並非唯一的例子。一位律師班‧華格納（Ben Wagner）指責科技公司進行「倫理漂洗」（ethics washing，譯注：指表面上宣稱重視倫理，但目的只是為了改善公眾形象或逃避監管），是試圖躲避監管，而非實質性地定義倫理並設計指導決策的過程。在他的一篇〈倫理做為逃避監管手段：從倫理洗滌到倫理購物？〉文章中，華格納提出了公司倫理過程的六個標準：

1. 與議題權益相關的外部參與者
2. 外部和獨立的監督。
3. 透明的決策過程。
4. 標準、價值觀和權利的穩定清單。
5. 確保倫理不取代基本權利或人權。
6. 對於承諾與現有法律或監管框架之間關係的清晰聲明，尤其是當兩者發生衝突時會發生什麼事。[29]

最後一個標準是把倫理與法律進行比較：雖然法律傳統擁有幾千年的歷史，並塑造了政府的過程和合法性，但應用倫理的目的在於在利益相關者之間，形成對決策合法性的共識，尤其是針對那些掌權者所作的決策。隨著權力日益掌握在數據驅動、活躍於國際間的科技公司手中時，利益相

關者指的便是包括全球的公民，以及尋求制定規範以應對權力轉移的國家領導人。

正如我們將在最後一章探討的，提倡倫理的個別員工手中握有許多「人民權力」（people power）工具。然而他們也經常發現倫理實踐與雇主的財務目標之間，存在著尖銳的衝突。儘管如此，公司依舊越來越會重視倫理的表象。正如梅特卡夫和同事們所言：「倫理無疑是今天矽谷炒作循環中最熱門的產品。」[30] 這主要是對於日漸增強的監管和「國家權力」的威脅，加上內部員工的批評等「人民權力」的反應所造就。（譯注：亦即科技公司面對外部監管壓力以及內部員工呼籲所做的回應。）

## 「技術解決方案」的局限性

如果倫理問題可以透過技術解決方案來處理，而不必透過複雜的社會和審查行動來解決的話，會是什麼情況？許多技術社群中的成員，一直在尋求這樣的解決方案。在希望推進演算法倫理的技術社群中，公平性和隱私性這兩個特定方面，在過去幾十年裡成為了技術研究的重點。

大多數麻省理工學院的電腦科學研究生，不會在《法律、醫學與倫理期刊》（*The Journal of Law, Medicine & Ethics*）上發表論文，而拉坦亞‧斯威尼（Latanya Sweeney）顯然並未受到這種傳統的約束。她擔心的是刪除「名字」欄位來提供匿名性，只是一種假象，因此她在一系列論文中，極具說服力地說明了如何讓一個被認為是「匿名」的資料庫（因為名字被刪除），可以與包含其他獨特標識符（如郵遞區號）的另一個資料庫結合，來重新

識別個體,因而揭露敏感訊息。同行評審的論文在學術界可能是最重要的,但遠不如真實世界的實驗來得更具影響:為了說明這一點,斯威尼使用了她所在州州長的「匿名」醫療紀錄,並透過與公共投票紀錄相結合,加以重新識別。[31] 兩者共同的標識符(出生日期、性別和郵遞區號)組成了這把鎖的鑰匙。幾年之後,阿爾文德·納拉亞南(Arvind Narayanan)和維塔利·施馬蒂科夫(Vitaly Shmatikov)也以類似方式,展示了如何利用來自另一個資料庫的資料,將Netflix獎數據集(data set)中部分評論者的匿名身分「去匿名化」(deanonymization),導致Netflix不得不收回該數據集。[32] 這種去匿名化可能會暴露高度個人化的偏好,讓用戶感到尷尬,甚至危及用戶的安全。

斯威尼提出了對抗此類攻擊的技術防禦方案:k-匿名性(k-anonymity)。這是一種資料庫的屬性,在這種情況下,沒有任何紀錄是唯一的,而是與至少k-1條其他相似紀錄相同。[33] 舉例來說,在投票紀錄中,我們可以只公開出生月份(而非具體日期),或者只公開郵遞區號的前三或四位數(而非全部五位數),直到我們確保任何一條紀錄無法被獨特識別。直觀來說,這樣的過程可以提供一定程度的合理推諉空間:「不是我;而是這個資料庫中的k-1條其他相同紀錄之一!」

另一種技術上可行的否認形式是「差分隱私」(differential privacy),這是一種提供隱私的隨機方法。部分受到「斯威尼在破解隱私防護上取得的驚人成果」(編按:這個發現實則揭示了隱私保護的脆弱性)的啟發後,辛西亞·德沃克(Cynthia Dwork)在2006年提出差分隱私,這是一種產生干擾噪聲的技術,以確保原始資料庫永遠不會被揭露。[34] 這種做法與k-匿名性

類似，需要選擇所需的粒度k（granularity k，譯注：最小群體大小或相似紀錄數），差分隱私則需立即做出主觀設計選擇，包括要注入的噪聲強度以及噪聲模型本身（舉例來說，如果我們要查詢資料庫中某文件包含的詞語，而非查詢病人的身高時，就會選擇不同的噪聲注入數學模型）。這種粒度選擇，展示出隱私和實用性之間的對立關係（譯注：相似的干擾多，隱私提高但實用性降低）。正如德沃克在最初提出這項技術的工作中所寫，隱私「需要某種形式的實用性，畢竟一個總是輸出空字符串或完全隨機字符串的機制，當然可以保持隱私。」[35] 差分隱私在過去幾年中，繼續被精煉、開發和擴展，並且因為美國人口普查局在發布2020年人口普查紀錄時，決定使用差分隱私而引起大量關注。

在本書第一章中，我們透過漢娜・瓦拉赫在2014年的演講認識了她，她的講座在名為「機器學習中的公平性、課責制和透明性」（原名為FATML，現在為FAccT）的研討會上進行。隨著這個社群的成長，未來幾年，更多來自電腦科學領域的科技專家，將會專注於開發高度數學化和技術性的公平性定義與量化方法，也就是更多的程式碼，更少的哲學和法律規則。與此同時，一些關於演算法危險性的文獻也在慢慢增加，其中包括凱西・歐尼爾、維吉尼亞・尤班克斯和魯哈・班傑明等人的開創性作品。[36] 儘管公平性概念在美國法律已經存在了幾十年（尤其是在1964年的民權法案之後），但直到最近，公平性在技術文獻中的出現只佔了一小部分。隨著這些文獻的迅速擴展，一些特別的驚喜出現，塑造了將工程思維應用於公平性問題的目標。首先是出現了許多可行的量化公平性定義；其次是這當中的某些定義，在形式上和實踐中互相不兼容。

為了說明量化公平性的挑戰，可以考慮一下2016年5月的「機器偏見」（Machine Bias）案例。[37] 這篇由新聞非營利組織ProPublica撰寫的文章，調查了COMPAS，這是一個由Northpointe公司開發的專有演算法，用來預測佛羅里達州布勞沃德縣的犯罪再犯率。經過仔細的分析後顯示，該演算法在公平性上存在著問題，即演算法評分為「高犯罪」的白人被告，實際上比類似評分的黑人被告，更可能繼續犯罪。然而，Northpointe的三位研究人員在經過兩個月後，發表了他們自己的分析，顯示其方法在某種意義上是公平的，因為該演算法對黑人和白人的預測「同樣準確」。普林斯頓的電腦科學家 納拉亞南以21種不同的公平性定義，說明了不同技術定義具有截然不同的政治影響。[38] 原FATML研討會的兩位共同組織者索隆・巴洛卡斯（Solon Barocas）和莫里茲・哈特（Moritz Hardt）與納拉亞南一起，總結了三個主要的公平性衡量標準，可以應用於種族歧視問題的研究上：

獨立性：模型的輸出與種族無關（或以十九世紀高爾頓的話來說就是：「無關聯的」）。
分離性：給定真實結果時（例如，當被告實際上是否犯下後續罪行，被視為不同群體時），演算法的評分與他們的種族無關。
充分性：給定算法的評分（例如，當預測會或不會再犯的被告被視為不同群體時），真實結果與種族無關。

這些條件可以用數學方式更為精確地表達，並適用於受保護屬性的普遍情況（不一定是種族）和一般結果。\*

對於使用哪一種公平定義的模糊性，使得本來應該是機器學習中一條熟悉的道路——「統計優化」之路，變得相當複雜。正如我們在機器學習章節中所見，機器學習中的計算方法，已經被證明可以學習哪些政策來優化期望的目標，即使在結合演算法、數位產品和社會複雜環境中也是如此。這些方法甚至在目標包括競爭時也能有效，就像在「指標」（如統計準確性）和「反指標」（如模型複雜性）之間的競爭。[39] 電腦科學研究者麥可‧卡恩斯（Michael Kearns）和亞倫‧羅斯（Aaron Roth）在他們最近出版的書籍《倫理演算法》（*The Ethical Algorithm*）中，提倡了這種方法。他們指出：「對於這個事實，從科學、監管、法律或道德的角度來看，唯一合理的反應是承認它，並試圖直接測量和管理準確性和公平性之間的權衡。」[40] 然而，技術解決方案只能解決有限範圍的問題。舉例來說，就算是最優化的演算法，而且在公平性和準確性方面都經過優化的演算法，也無法解決諸如統計上自我強化的過度執法問題。其中「犯罪」和「逮捕」的預測會被混淆，導致將更多的警察，派往先前較多逮捕紀錄的地區。[41] 正如卡恩斯和羅斯的觀察，演算法只是社會技術系統的一部分：「良好的演算法設計雖然可以指定一系列解決方案，但人們仍然必須選擇其中一個。」[42]

　　就算這些技術方法奏效（而且往往真的有效），它們還必須在（或對）組織中擁有權力，具備執行和指揮的權威，而不是只能夠批評而已。從谷歌的倫理人工智慧團隊解散可以看出，目前我們尚不清楚在組織結構中，

---

\* 原注：更多相關數學術語的定義，請參閱索倫‧巴羅卡斯、阿爾溫德‧納拉亞南和莫里茲‧哈特，《公平性和機器學習》，2019 年，https://fairmlbook.org/。

應該把這種決策的權限放在何處。

雖然這些技術解決方案非常重要,但它們專注於重新調整演算法系統及資料收集的各個方面,以便將偏見和結構性不平等的影響最小化,卻無法改變促成和維持「不平等」的社會結構。可以說技術方案追求的是公平,但並不是更為堅實的正義追求。迪諾齊奧和克萊因認為:「更廣泛地關注**資料正義**,而非只關注**資料倫理**,才可以協助確保過去的不平等,不會被濃縮為黑箱演算法。」[43]

由於自動化演算法系統日漸佔據核心地位,在我們社會中的正義本身,也就越來越依賴於資料正義。有關技術方法的倫理批評中,薩非雅・諾伯和馬修・勒布伊(Matthew Le Bui)也指出,「光是在這些權力系統面前追求公平,對於數位技術在其他形式的結構性權力中日益趨近核心的方式,幾乎沒有任何幫助。」[44] 在制定人工智慧倫理時,太多的研究者轉向了貝爾蒙特報告中最注重程序面向(procedural facet)*的部份,卻忽略了其在面對社會經濟、性別和種族差異時,對於實質正義的關注。

最終的結果總是「修改」AI系統,從未考慮過使用其他系統或根本不使用任何系統。

——茱莉亞・波爾斯(Julia Powles)和
海倫・尼森姆(Helen Nissenbaum)[45]

---

* 編按:在人工智慧倫理的語境下,「程序面向」特指那些著重於制定規則、流程、檢查清單等形式化步驟,而非關注更深層的實質性問題。這常常被批評為一種表面化的處理方式。

對AI問題使用技術解決方案的期望，是先假設了使用AI本身應該被改進，而非退回或甚至完全抵制。法律學者兼科技專家帕斯奎爾指出，質疑系統建設的運動被稱為「第二波」演算法課責制：「第一波演算法課責制專注於改善現有系統，而第二波研究則詢問這些系統是否應該被使用——如果是的話，誰有權治理它們。」[46] 已經有越來越多科技專家正與律師、社會學家和活動家，一起提出這些更具結構性的問題，並採取行動以促使企業和政府走向更廣泛的公平和正義，並進行權力重組。

## （自我）監管操控

個人的隱私要求與越來越多的機構相互呼應，因為這些機構透過修正措施或挑戰人工智能的使用，來解決演算法中的倫理問題。然而，許多這些「自我監管」組織本身，是由它們試圖批評的公司所資助的，這便導致了可能會減緩、抑制和微妙引導此類批評的衝突。在〈「倫理AI」的發明：大型科技公司如何操控學界以避免監管〉文章中，羅德里哥・奧奇加姆（Rodrigo Ochigame，當時是麻省理工學院的博士候選人，現在是萊頓大學的教授）追溯了來自科技公司對研究機構的資金流動。這些研究機構的目的在創建一個「倫理AI」領域，並對這些公司的獲利產品和服務，進行批評和約束。[47]

AI研究人員和許多（甚至是大多數）AI倫理研究人員，發現自己深深依賴於少數幾家企業。某些澳洲學者最近指出，「誘使研究者成為可以被輕易忽視或收編的道德供應者*……對現有的企業組織或商業模式，幾乎

起不了任何抵抗的作用。」[48] 然而，正如我們在先前章節所提出的，沒有權力的倫理可能是無效的（編按：指無法發揮作用），而沒有倫理的權力則缺乏任何正向的社會和政治方向。

演算法產品的不透明以及它們帶來的危害和影響，加上公司內部長期存在的組織複雜性，都讓「實踐倫理」變得困難。這些困難還會因為難以量化的「長期倫理關切」與「短期量化關切」之間的緊張關係，而變得更加嚴重──這通常會表現為圍繞所謂「指標」優化的組織原則。

舉例來說，對隱私的承諾可能會受到「監控資本主義」（surveillance capitalism）的獲利能力挑戰，這是由祖博夫提出的術語：意指對個人的加強追蹤，以及對此類詳細資料在行銷和其他方面的經濟需求。[49] 做為一種科技來說，這些數據驅動的演算法構成了圖菲克奇所說的「說服架構」（persuasion architectures）──無論說服是用來支持產品或政治上的候選人，都同樣有效。要理解這些架構的權力和獲利能力，我們必須從人類做為倫理決策者的角度，轉向人類做為「有價值的注意力來源」。在這個領域中，正如藝術家卡洛塔・修曼（Carlota Fay Schoolman）和理查・塞拉（Richard Serra）在1973年所寫的，「你就是產品」。

---

\* 譯注：指研究人員的研究成果雖然具有倫理價值，但這些成果或觀點卻很容易被企業或組織忽視或納入現有的運作中，並不會帶來真正的改變。

## Chapter 12 說服、廣告和創業投資
Persuation, Ads, and Venture Capital

> 在一個資訊豐富的世界中，資訊的豐富便意味著……某種被資訊消耗的東西變得稀缺。這種被資訊消耗的東西相當明顯：資訊消耗的是接收者的注意力。
>
> —— 赫伯特・西蒙（Herbert Simon），1971 年[1]

> 觀看時間是優先考量……其他一切都被視為干擾。
>
> ——（前）谷歌 工程師紀堯姆・查斯洛特（Guillaume Chaslot），在 2018 年描述 YouTube 推薦引擎的唯一關鍵績效指標[2]

在1929年3月31日星期日的復活節遊行中，第五大道的「人行道上色彩斑斕」，因為「現代、繁榮的紐約正在慶祝。」

根據《紐約時報》的頭版報導，「大約有十幾名年輕女性在聖湯瑪斯教堂和聖帕特里克教堂之間來回漫步，當遊行達到最高潮時，她們刻意誇張地吸菸。其中一名成員解釋說，香菸是『自由的火炬』，象徵著女性有朝一日能夠像男性一樣在街上毫無顧忌地抽菸。」[3]《紐約時報》的報導很像是真

實事件，但事實上這並不是女性吸菸者自發推進性別平等的活動。這場表演其實是由有「公共關係之父」稱謂的愛德華・伯內斯（Edward Bernays）所精心策劃，背後的資金來自美國菸草公司。伯內斯創造了公共關係領域，並提倡《宣傳》（*Propaganda*，這也是他在1926年出版的書名，當時還不是一個單純的貶義詞*）以確保民主運作。[4] 他穿梭於政治與市場行銷之間，敏銳地意識到「同意工程」（The Engineering of Consent）**的明顯和隱藏動態，他的視野遠超當代。在本章中，我們將追溯過去一個世紀以來，為了將注意力變現（譯注：可賺取收益）而進行的努力，包括最近對這種驅動力所施加的商業力量。就像肥料和汽油一樣，廣告和創業投資公司的投資，兩者分開看似乎平淡無奇；然而正如我們即將看到的，當它們混合在一起時，就會產生一種爆炸性的組合。

## 將「注意力」變現

正如本章引言所寫的，經濟學家兼人工智慧先驅赫伯特・西蒙，早就意識到電腦和資訊處理的興起會帶來什麼：「注意力經濟」。西蒙認為，隨著電腦讓資訊的儲存和傳輸幾乎免費，注意力的稀缺性就會變得更具價值，因而關於人們注意力的經濟便會崛起。「我們不僅要知道生產和傳輸

---

\* 譯注：伯內斯的觀點在於「宣傳」是民主制度運作的重要組成，能夠協助人們了解公共事務和社會議題，進而參與到民主過程中。
\*\* 譯注：意指在民主社會中，公共關係人士可以透過有計劃的策略來塑造公眾的看法和行為，以達成特定的社會或商業目標。

資訊的成本，還要知道接收資訊的稀缺注意力成本。」⁵ 這種早期的數位洪流與一個現有產業直接對接了，也就是廣告業。不久之後，藝術家修曼和塞拉批評了由當時主導的資訊傳輸機制──電視，可以包裝、行銷並強加於人們的全方位「企業贊助」世界觀。塞拉解釋說，他們力求「明確表達」廣播電視及其商業模式的「資本主義現狀」：提供一項免費服務給人們，以換取由希望說服他們的那些人資助的「偶爾打斷」情況（廣告）。在他們的影片《電視帶來觀眾》（Television Delivers People）中，他們主張：

商業電視每分鐘帶來2,000萬觀眾。
在商業廣播中，觀眾為自己被販賣的特權付費。
消費者才是真正被消費的一方，
因為你就是電視的產品。
你被交付給做為客戶的廣告商，
他消費著你。
而觀眾並不負責節目編排。
……
所以你就是最終的產品。⁶

在1980年代，尼爾・波斯特曼（Neil Postman，後來擔任紐約大學文化與傳播系主任）便對這種模式可能出錯的情況提出警告。⁷ 具體而言，他揭示了這種廣告模式如何扭曲贊助商與內容生產者之間的關係（尤其是在1980年代的廣播電視情境下，廣告商與媒體之間的關係）。波斯特曼認

為媒體創造的內容，會比事實更能吸引注意力，因為實際吸引到的觀眾數量，可以為廣播電視公司帶來更多收入。這點確實帶來了一種危險：內容創作者普遍會被激勵去創造盡可能帶有娛樂性的內容。他在1985年出版的相關書籍《娛樂至死》（*Amusing Ourselves to Death*）中，便探討了這個主題。[8] 這種扭曲影響的限制在於，廣播電視做為塑造大眾世界觀的主要真實來源，其影響是有限的（儘管影響力很大）。

換句話說：損害的規模受到電視觀眾規模的限制。（譯注：人數越多影響就越大，反之亦然。）

## 網際網路

> 網際網路（WWW）計劃的目的，就是要允許任何人連接到任何地方的任何資訊⋯⋯
> 如果您有興趣使用這些程式碼，請寫信給我。目前還相當原型⋯⋯
> ── 提姆・柏內茲─李（Sir Tim Berners-Lee），
> 1991年8月6日 14:56:20 GMT，在 alt.hypertext 上宣布網際網路[9]

新興的「注意力經濟」，亦即「你是產品」的這種動態流程，在我們取得的資訊（以及隨之而來的廣告經濟）轉向網際網路時，將會如何變化呢？「網際網路」的誕生日通常被認為是1991年8月6日，當時提姆・柏內茲─李在一個 Usenet* 群組中，發布了關於「全球資訊網路計畫」的貼

---

\* 編按：Usenet 是1980年代初期開始發展的全球性網路討論系統。

文。到了1994年，隨著網路迅速成長且沒有任何中央控制的情況下，已經變得讓一般使用者難以造訪。於是有多家公司（譯注：類似入口網站）成立，目的是試圖把這種日益複雜的網路變得更有組織。線上廣告的歷史則可追溯到電子郵件（1970年代）和Usenet討論群組，這甚至是在網際網路出現之前。到1996年時，已經有許多公司開始銷售線上的「橫幅廣告」和具有中斷性質的「彈出視窗」。[10] 到1990年代中期，隨著「電子商務」（e-commerce，現在直稱「商務」，commerce）公司的繁榮，廣告也蓬勃發展。尤其是包括1995年成立的eBay和亞馬遜公司，以及在第一次「網路泡沫化」中失敗的眾多公司。

在此背景下，從粒子物理學家轉變為媒體學者的麥可・高德哈伯，在1996年創立的網際網路研究期刊《First Monday》\*中，進一步更新了西蒙對於注意力稀缺的觀察：

資訊不可能成為一個經濟基礎，原因很簡單：經濟是由稀缺性所支配的，而資訊，尤其是在網路上，不僅豐富，而且過於氾濫。[11]

由於資訊並不稀缺。因此，流動中或受到限制的其實是注意力。

高德哈伯寫作時，正處於一個缺乏危機的時期；他寫了「有這麼多的閒暇時間，但我們都感到忙碌」因為「我們所有的生活需求都得到了滿

---

\* 編按：此線上期刊每月第一個星期一發行，採用同儕審查制度，為網路研究和數位文化領域非常重要的學術資源，特別是對於研究網際網路、數位科技及其社會影響的學者而言。

足。(顯然，他是從第一世界的富裕和舒適的角度書寫的。)因此，我們有很多時間瀏覽網路。」[12] 類似的觀察在十年後由BuzzFeed（編按：美國網路媒體）創辦人喬納‧佩雷蒂（Jonah Peretti）提出；BuzzFeed的目標市場他稱之為「上班無聊網路」（Bored at Work Network），意思是那些連上網路但因工作無聊而有大量剩餘注意力的人群：他們有時間瀏覽網路。[13] Buzzfeed最初是以可愛的小貓和性感名人照片來滿足這種需求；它將成為一家「獨角獸」公司：一家估值超過十億美元的新創公司。

高德哈伯也意識到，雖然注意力已經很有價值，但網路會讓任何人都可以消耗掉其他人的（線上）注意力。伯內斯在1929年復活節日所設計的活動，需要龐大的協調能力和一個可以被利用的、引人注目的遊行；然而現在有了網路，任何人都可以發布內容，潛在地消耗掉其他人在網路上的注意力。高德哈伯認為這種變化將增加「個人品牌」，相對於公司老闆或任何公司的重要性。就像明星記者可能離開報社，建立自己的部落格，或是在後來建立自己的新聞通訊，甚至更近期的Substack個人新聞臺（編按：付費訂閱制的內容平台）。網路的特性允許個人在沒有財力雄厚或強大後盾的情況下，建立自己對線上注意力的掌控力。[14]

讓我們思考一下在網路出現之前，經濟和注意力之間的關係有多麼不同。1997年，高德哈伯在談到電子書時寫道：「目前，透過網際網路直接發書是不切實際的，不過我們很容易預見這種情況不會持續很久，因為實體書將被視為笨重且老舊。」確實，在COVID-19新冠肺炎大流行期間，學者對書籍和圖書館的依賴，逐漸讓位給電子書和掃描文件，而且也有助於撰寫各位手中這本實體書（或在你手中閱讀的電子書）。然而，實體書的

銷量依舊暴增。同樣地，付費閱讀的方式在這幾十年中高度發展。高德哈伯建議：「如果你有一個網站，不要收費，因為這只會減少注意力。如果你不能找到不收費的經營方法，你很可能是做錯什麼了。」

然而，二十年後，我們一邊聽著付費訂閱服務的音樂時，一邊撰寫這本書，並注意到《紐約時報》基於數位「付費牆」（paywall，譯注：付費訂閱的新聞）的業務正在成長。許多人在1990年代曾經認為「資訊渴望免費」，但現在資訊生產公司所依賴的資訊其實相當昂貴，需要大量的基礎設施（譯注：例如，伺服器、頻寬、開發維護等）來儲存和處理。正如網路上的資訊可以有多種組織方式一樣，支付其基礎設施的方式也各有不同，包括但不限於廣告（譯注：例如，還有訂閱、捐贈、政府資助、企業贊助等）。然而某些既得利益者長期以來聲稱，網際網路上唯一可持續的支付資訊方式，就是基於使用者活動監控的廣告。不過這種說法的虛假性，並不能否定其在歷史上重要性。

注意力經濟和其他經濟一樣，並不完全是由背後看不見的手在運作。例如，政府透過版權限制來限制某些訊息的複製和散布，保持其稀缺性而能保持其價值。在下一章裡，國家在設定權力平衡方面的角色，將是我們討論的核心議題。[15]

## 如果資訊渴望免費，那到底誰該付費？誰將建設？

資訊渴望免費，因為發布、複製和重新組合都變得如此便宜——便宜到難以計量。資訊也渴望昂貴，因為對接收者來說，資訊可能無

比珍貴。這兩者之間的拉鋸不會消失。

——斯圖爾特・布蘭德（Stewart Brand）[16]

　　高德哈伯在史丹佛時期，BackRub／谷歌還只是美國國家科學基金會支持下的研究生項目，目的在將網站作者的辛勤努力，轉化為網頁排名演算法。然而，不久之後，這個項目成為了由創業投資資助的新創公司谷歌，而且據說他們是誕生於帕羅奧圖＊的一個車庫中。描述PageRank演算法的原始論文——讓谷歌有別於當時眾多整理網路創新者的這項技術創新——並沒有提到會利用廣告，做為支持演算法所需基礎設施的獲利來源。雖然他們可以想像其他各種收入模式，例如，訂閱、加盟費用或贊助連結等。但最後，廣告贏了。[17]

　　2000年代早期出現了一種稱為「Web 2.0」的技術標準：所有用戶都可以透過提供使用者生成內容（user-generated content, UGC）來成為出版者，這些網站會托管內容，並透過這些用戶的內容和創意來獲利。這種理念起源於1999年，「Web 2.0」一詞在2004年O'Reilly Media媒體公司舉辦的「Web 2.0研討會」後變得更加突出。[18] O'Reilly媒體公司的創辦人提姆・歐萊禮（Tim O'Reilly）剛開始的工作是撰寫技術書籍，但在2000年「網路泡沫化」後，他把業務模式多元化，包括舉辦會議和出版技術書籍；後來，他創立了自己的創業投資公司。隨著各類承載使用者生成內容的網站如雨後春筍般湧現，進一步鼓勵了此類內容的爆炸式成長。這些網站需要設

---

＊ 編按：Palo Alto，位於加州，被視為矽谷的中心，名校史丹佛大學位於此。

計和優化過的演算法來導覽網站，並且需要資金來支付伺服器空間和頻寬（尤其在影片成為主流之後）。使用者創建內容的增加，就像是網際網路創造民主化承諾的延續。諷刺的是，同時也創造出新的中介機構來管理這些內容，因此也出現更多想從使用者創造內容中獲利的嘗試。

網際網路上的訊息洪流並沒有一種解決方案。在像Reddit這樣的網站上，社群被組織成不同主題的動態子群組（或「subreddits」），貼文根據使用者的點擊來進行演算法排序。然而，如果沒有設計的限制與社群勞動（譯注：沒有管理貼文的規則或人為努力）的話，網站本身便有機會透過演算法來對無組織的貼文進行排序。某些網站，例如，反社交書籤網站Pinboard，選擇使用訂閱模式做為收入來源，但到2000年代末期時，主流標準確實是廣告。廣告支持的UGC托管網站，承擔了如何選擇呈現幾十億篇內容的哪些片段的演算法挑戰。這些演算法，如同所有機器學習一樣，屬於優化演算法，需要技術人員決定一個主觀設計上的選擇：亦即要優化什麼功能？而設計者越來越傾向選擇「花費在網站上的時間」。因此包括廣告等，都成為必須優化的功能。在這個世界裡，靠廣告支持的、演算法優化的使用者生成內容式網站，已經滲透到我們的日常生活中。你我都浸淫其中。雖然許多讀者無疑是在這種環境中成長，但它的普遍性不應被誤認為是必然的，因為它並不是網際網路第一個十年的運作方式。廣告戰勝其他支付網際網路服務的方式，在今日之所以被視為是自然的做法，甚至不可避免，完全是因為強大的利益集團，一直在努力讓我們如此認為。

要理解網路廣告的成長，我們必須注意到：主要廣告商認為網際網路比起電視或印刷媒體的課責性（譯注：此處指可評估性）要來得少。這點對

今天的我們來說相當違反直覺，但他們相信自己對傳統媒體廣告成功的理解，要遠遠超過對於線上廣告的理解。在1980年代和1990年代，廣告公司基於其如何能最好地接觸受眾的計算模型展開競爭，這些模型「為即將到來的無處不在的數位媒體時代，提供了測試場地。」[19]

1998年發表在《廣告時代》（Advertising Age）一篇的文章指出，「缺乏準確的測量和難以追蹤投資回報，被認為是購買線上媒體的最大障礙，這是今年稍早由美國國家廣告商協會（Association of National Advertisers）所進行的一項調查。」[20] 傳統廣告商透過要求指標並利用技術進行追蹤，協助創造出一個相當不一樣的網路。正如歷史學家約瑟夫·圖羅（Joseph Turow）所記錄的：一家主要代理機構的負責人處理寶僑公司（Proctor & Gamble, P & G）和戴爾公司（Dell）的廣告時說：「當媒體證明其具有課責性時，廣告商將更願意在網路上花更多錢。」[21] 隨著網際網路的普及，廣告商推動了更多的課責性，要求更多的受眾數據，並使用可以追蹤受眾注意力的技術。

「監控」並不是由新興網路公司嫁接到資本主義上的外來特質；而是隨著主要傳統廣告商和廣告公司之間的微妙互動而逐漸形成，這些廣告公司推動著技術人員，完成這些監控指標，以提供關於線上廣告效果的課責，並靠著一點一滴地挖掘出使用者的詳細資料來實現這點。

追蹤使用者需要網頁瀏覽器內建能夠進行監控的技術──最惡名昭彰的便是cookies，以及隱藏追蹤像素（hidden tracking pixel）*。隱私的喪失很快就被許多負責網路基礎標準的技術專家察覺，其中一些人便試圖修改網

---

* 譯注：一種嵌入在電子郵件、網頁或圖片中的微小圖像，用來追蹤使用者行為。

頁瀏覽器的標準，以讓使用者在預設情況下獲得更多保護。然而新興的網際網路廣告業猛烈反擊，包括遊說瀏覽器製造商等方式。最後，他們贏得了這場讓千萬個cookies在你電腦上綻放（烘焙？）*的戰鬥。一位高階廣告主管爭辯道：「在我看來，那些只是來自一小群人的極端反應，他們說著：『我們要讓你相信網路上有隱私問題。』」[22]

網路上當然存在著隱私的問題——而這就是整個重點，技術專家和隱私權倡議者被形容成一小群反商的激進分子，最終在這場戰鬥中失敗了。企業的這種反擊強調了一個觀點，亦即網路需要廣告，而廣告需要能夠追蹤使用者。所以再次地，保護隱私的責任又落在個別使用者身上。美國聯邦貿易委員會在1998年的一份報告中解釋，「隱私的選擇，可以輕鬆透過在電腦螢幕上點擊一個方框來實現，該方框可以用來表明使用者對於收集訊息的使用和（或）傳播的決定。」[23]

最惡名昭彰的就是成立於1995年的DoubleClick，它把廣告銷售與收集的幾百萬使用者資料連結起來。DoubleClick總裁兼執行長凱文・奧康納（Kevin O'Conner）解釋：「精準廣告（targeting ads）的最大悖論在於，你越想微目標化，就越需要有廣泛的覆蓋範圍」——亦即你越想集中目標投放廣告，就越需要收集每個使用者的大量資料。[24] 雖然隱私倡導者和政府監管機構在2000年左右，針對DoubleClick提出質疑，但該公司在面對有限的實踐限制下，表現得相當出色。[25] 說實話，該公司確實讓選擇退出成為可能，但正如馬修・克蘭所說，「少數選擇退出的人，只是廣大接受預設監

---

\* 譯注：cookies原意為餅乾。

控者的滄海一粟而已。」[26] 到1990年代末，網路上的廣告已成常態，而在網路瀏覽時缺乏使用者隱私也變成常態。接下來的十年裡，選擇使用廣告模式，將會成為一群「顛覆者」（新創企業）的共同標準，臉書和許多現在頗為成功的公司，都選擇了以廣告模式做為創業投資之後的生存命脈。

　　谷歌最初的廣告主要集中在搜尋的關鍵字和文章，並非對使用者的監控上，然而其整體商業模式，很快便經歷了戲劇性的轉變。2005年，谷歌從一家私募股權公司，收購了另一家為實現廣告網路和使用者變現（譯注：可賺取收益），提供基礎設施的公司，也就是DoubleClick。2009年3月11日，谷歌宣布其未來將以監控廣告為主：這些基於興趣的廣告，「將根據您造訪的網站類型和瀏覽頁面，把興趣類別──例如，體育、園藝、汽車、寵物等──與您的瀏覽器相互關聯。然後我們可能會使用這些興趣類別，向您展示更相關的內容和展示廣告。」[27]

　　到了2000年代中期，擁有技術來允許任何人在其他平臺買賣廣告，顯然會為那些能夠在這些中介角色中占據主導地位的人，帶來極大的利潤。此時，廣告模式已被內容生產和消費交換中的相關各方接受：創辦人、投資者和使用者（雖然並不情願）。然而對於公司的創辦人，如谷歌的佩吉和布林，以及臉書的祖克柏來說，賣廣告賺錢已成為他們不得不接受的現實。不久之後，他們成為網路廣告的主導平臺。投資者必須先認為這樣是可行的，然後將其視為常態，使用者則不得不接受，即使是不自覺的。如果使用者集體拒絕使用某個有廣告的網站，這個網站就完蛋了；而如果使用者聳聳肩，接受網站有廣告是正常的（即使它對使用者體驗有不利和干擾的影響），這就可以成為一個可行的商業模式。同樣地，如果內容生產

者——所有那些發文、推文和上傳他們的希望、迷因和恐懼的人——同意免費這樣做，那麼使用者生成內容（UGC），便將做為一種「產品—技術—商業模式」，繼續繁榮發展。我們每個人都在作這些選擇，在這種商業模式的延續下，我們的公共規範和整個市場，都必須在這些民營公司的技術架構變化下，跟著演變。

**資料和廣告**

讓我們深入探討一下我們上面提到的廣告定向技術挑戰：你該如何完成這項工作呢？創建一個像DoubleClick這樣的廣告交換平臺需要什麼東西？它需要的是展示廣告的軟體設計，但也需要在機器學習方面的投資，以確定向哪些對象展示廣告以及如何為廣告定價。到了1990年代末，大廣告商如寶僑，擔心的是網路廣告公司的承諾雖然很多，但尚未實現；因為他們也擔心自己對傳統媒體受眾的了解，可能比對網路使用者的了解更多。通訊學者克蘭解釋：「為了證明價值，網路廣告行業必須提高其針對特定消費群體的能力，並證明線上廣告可以推動消費者的行為變化。」[28] 這些公司說，他們需要更多的使用者資料以及更好的機器學習，以證明它們可以提供更高的投資回報。

網站透過向不同的人展示不同的廣告，從中學習哪些廣告能夠驅動市場行銷者所期望的結果，例如，點擊或購買行為來進行實驗。進行這些實驗並將之付諸實踐，需要用到大量資料、高效率的演算法和強大的軟體工程。哈默巴赫也是當時撰寫這些實驗內容的人，他曾經在2006年至2008年間，短暫地任職於臉書。哈默巴赫曾與臉書創辦人祖克柏一起就讀哈

佛，都屬於2004年那屆的學生。畢業後，哈默巴赫去了貝爾斯登投資公司（Bear Stearns），但他對金融業深感到厭倦，隨後便轉職到臉書工作兩年，協助當時的上司亞當・安捷羅（Adam D'Angelo）。安捷羅被認為是創建了臉書「成長團隊」（growth team）的人，他後來將這個團隊描述為「改變產品以使其更具病毒性特質，並吸引更多用戶註冊的一支工程師團隊。」[29] 如第10章說過的，哈默巴赫在2011年的一次採訪中描述了這段時期：「我們這一代最優秀的人才，正在思考的是如何讓人們點擊廣告，這實在太糟糕了。」[30] 臉書和谷歌後來成為今天的兩家最大的公司，集體主宰了數位廣告領域。

「我在廣告上浪費了一半的錢，問題是我不知道浪費的是哪一半。」這句話通常被認為是廣告商約翰・沃納梅克（John Wanamaker）所說，他對文化帶來的影響，可以從紐約市以他命名的街道來判斷，該街道後來成為美國線上（AOL）和尼爾森公司（Nielsen）的總部，也是臉書紐約辦公室的所在地。然而在數位領域，市場行銷人員很努力了解他們浪費了哪一半：自1990年代末以來，點擊數變得易於記錄，使用者也更容易被追蹤，在軟體上可以用羅納德・愛爾默・費雪（R. A. Fisher）在1925年推崇的相同科學原理——隨機對照試驗（randomized controlled trial，譯注：一組實驗組、一組對照組的試驗），來學習哪一種「處理」（此處為廣告）最能優化使用者參與度。事實上，只要在演算法上多點努力，不僅可以讓市場行銷人員了解什麼是「最佳方案」（descriptive analysis，描述性分析，譯注：透過資料分析了解「發生了什麼？」），還可以優先投放具有較高參與度的廣告（prescriptive analysis，規範性分析，譯注：透過演算法和模型來建議「應該做什麼？」）。這些簡單的方法

在網路程式撰寫中已經相當常見,使用的數學方法則可追溯到 1933 年。[31]

到底什麼是「讓人們點擊廣告」所需要的?首先就是大量、多樣且新鮮的內容,現在主要是由使用者生成內容來提供。該選擇這些幾十億內容來源中的哪些來分享,就是在數位產品(例如,臉書的動態消息〔news feed〕、TikTok 或 YouTube 的推薦影片)中,演算法的主要用途。當然這些輸出還需要關於人們參與度的歷史資料,亦即使用者對先前內容的反應(點擊、分享、喜歡等)如何。

回顧 1945 年,儲存資訊以及讓資訊可用的發展,是多麼重大的進步(當時科技專家還在嘗試擺脫打孔卡片)。將這種優化方式用在個人化上,就需要使用者的相關資訊;雖然像使用者的設備類型或地理位置這樣的「粗略」資訊,對優化確實有點用處。然而多年以來在廣告界中理解的人口統計資訊,不僅對優化有用,統計資訊還可以出售給市場行銷者。亦即擁有技術和領域直覺的行銷人員,希望把廣告費花在特定的「客群」(customer segment)上,如「納斯卡媽媽」(譯注:喜歡關注納斯卡賽車運動的媽媽們)或「足球爸爸」*(譯注:關心孩子英式足球練習與比賽的爸爸們),這是引用《紐約時報》一位政治行銷人員所舉的例子。因此,廣告平臺使用這種語言來描述使用者,並進行預測性建模,進而判斷使用者是否屬於這些群體,確實是非常有用的做法。

---

\* 編按:「NASCAR moms」(美國南部或中西部地區 30-50 歲、住郊區的中產階級白人,關注家庭、教育和社區議題,代表一個重要的搖擺選民群體)和「soccer dads」是美國行銷界常用的人口統計標籤,代表特定的生活型態和消費傾向的目標族群。這段話說明在現代數位行銷中,如何將傳統的目標客群概念,轉化為可操作的數位廣告投放策略。

## 廣告與現實

廣告,尤其是最近經由機器學習優化的廣告形式,對於如何「從我們感知的世界中建構現實」來說,到底意味著什麼?我們手中的主要真實資訊來源是由「監控廣告模型來資助和優化的」,這又意味著什麼呢?我們不必接受對廣告或宣傳的表面看法,但必須理解「文化中介」和「選擇系統」的運作。

若要詳細瞭解上面這些說法,我們必須先討論優化對於資訊和說服上的意義。這個主題結合了設計、數據和激勵;最後,它還牽涉到誰在進行優化以及為何優化?這些討論將幫助我們理解商業目標如何驅動設計選擇,進而塑造我們對於現實的感知。

就像優化手寫識別或預測Netflix上的電影評論一樣,常見的任務框架也被引入將廣告簡化為單一指標,讓資料科學家和產品開發者可以把機器學習的工具,用來優化既定的廣告指標。這種動態的範例之一便是常見的數位廣告指標CPM[*],或者說「每千次展示成本」(cost per thousand impressions)。行銷人員購買「像素」(pixels,譯注:在此指廣告版位),並根據CPM的高低來選擇在不同平臺上投放廣告;而賣出這些像素的廣告商,則在尋求將總展示次數最大化。必須說明的是,並非所有的數位廣告交易都以這種方式定價和協商,但這種框架對於「程式化廣告」(programmatic

---

[*] 編按:CPM 縮寫自 Cost Per Mille,千次曝光成本,這是衡量數位廣告效益的基本指標之一,業界慣例通常直接使用英文縮寫。計算方式為:每花費多少錢可以獲得 ,1000 次廣告曝光;「曝光」在此指廣告被顯示給用戶看到的次數。

advertising，譯注：指使用自動化技術和演算法來購買和銷售數位廣告）和「廣告交換網路」（ad exchange networks，譯注：廣告商和網站可以在此平臺自動進行廣告的買賣）來說，是一種相當實用的簡化方式。

優化展示次數，就是要讓使用者盡量多查看內容，並盡可能再度返回使用產品。而如同其他常見的任務框架一樣，這會徹底改變價值觀——一切不再是為了使用者的幸福感或訊息的真實性，而變成只是單純的總展示次數。同樣地，如果廣告展示按固定節奏隨著使用者使用產品而投放，就意味著必須優化一個被稱為「北極星」的核心指標＊，我們通常稱之為「互動率」。對於資訊平臺來說，更多的參與度意味著更多的收入，無論展示給使用者的資訊本身是什麼，都沒關係。

尤其在桌上型電腦轉向行動裝置的趨勢下，資訊平臺的興起，更要求在視覺設計上做出相應的選擇，亦即必須在有限空間內（通常就是手掌大小的螢幕）進行視覺設計，以實現最大的資訊流通。這通常包括「去除上下文線索」（例如，在社交媒體動態消息展示的訊息，其背後來源細節被移除），以及更重要的是「混合不同類型內容」：新聞、娛樂消息、朋友的貼文、陌生人的貼文，當然還有廣告等。臉書的動態消息，自2006年推出以來，就是這種內容聚合的典範。其內容可以來自網路的幾十億條使用者生成的貼文。這也是波斯特曼「警告」的極致表現：在社群中，提供事實和有用訊息的「新聞」，不再與贊助內容、說服內容、虛假或諷刺內容以及娛

---

＊ 譯注：北極星指標是企業衡量產品成功與否的最重要指標，例如，社交媒體平臺，其北極星指標可能就是「每日活躍使用者數」。

樂內容有所區別。[32]

這些設計決策可以像費雪在1925年所提倡的方式，推動其「北極星」指標，也就是透過「隨機對照試驗」來加以優化，行業術語稱之為「A/B 測試」。事實上，增強參與度的關鍵在於演算法選擇顯示給特定使用者的內容。動態消息流的設計，打破了媒體如廣播或電視的節目化限制，可以把任何形式的吸引內容與其他各種內容和贊助內容相鄰展示。傳統媒體面臨的額外限制是「一對多」的限制，每個人看到的是相同的內容。而資訊平臺不受此限制，可以為每個個體提供最優化的、獨特的、為個人訂制的專屬現實。

有越來越多科技專家和非科技專家，都注意到這些年來，某些類型的內容最能吸引觀眾的注意力。正如波斯特曼所警告的：最具吸引力的內容，不一定是最具事實性或最有用的。就像馬歇爾・麥克盧漢（Marshall McLuhan）的名言「媒體即訊息」一樣，法律教授詹姆斯・格里梅爾曼（James Grimmelmann）在他的一篇〈平臺即訊息〉（2018）文章裡，探討了這種互動模式。他說平臺「仔細不斷地觀察哪些內容比其他內容更能吸引注意力」，「這些平臺會優先推播最可能抓住使用者注意力的內容」。雖然十九世紀的猶勒，只透過觀察資料紀錄來指導政策，但網站卻可以（並且不斷地）進行干預並記錄結果，不只觀察互動模式而已。當你使用數位產品時，就是在經歷一個關於自己的實驗。在使用者生成內容的情況下，可以選擇供應給資訊流的內容相當龐大，數量可能達到幾十億筆。當你是一名專業的YouTuber（而且同類人為數眾多）時，你會相當仔細地關注自己的各種資料。如果你發現新主題的影片引起很多關注，就會激勵你去製作更多

相同主題的內容。其結果便是放大任何使用者群體的各式各樣喜好內容。正如格里梅爾曼的觀察,「推薦引擎可能只會提供更多車禍影片,因為既然你看過這部,這裡還有另一部,你可能也會有興趣觀看。」[33] 他還指出,內容將會自動生成(譯注:從成千上萬筆內容中選出來推播),以迎合新創造出來的觀賞興趣。雖然它們可能不會簡單地推銷商品,或是影響我們的政治喜好。然而平臺靠著吸引力的作法,仍會以不可預測的方式改變了我們的資訊世界。

## 可以用更多AI來解決這種AI問題嗎?

為什麼我們不能使用監督式學習(supervised learning,譯注:在缺乏處理情況下預測結果)或強化學習(reinforcement learning,譯注:選擇最佳處理方式將結果最大化)來解決「麻煩內容」(例如,假新聞、誤導／虛假訊息、仇恨言論和濫用等)的問題?這裡的挑戰包括公司缺乏消除這類引人關注內容的「動機」(再次引用格里梅爾曼的話:「抱怨沒有幫助,仇恨點擊依舊算是點擊」),也難以對內容作明確標籤。就算擁有幾萬名審核員,比如臉書的情況,或擁有大量群眾外包「幽靈勞工」的其他公司也一樣。不同審核者對於網路上的諷刺、謔仿以及善意或惡意論點的性質,常常會有不同的看法。例如,臉書的「監察委員會」,經常被要求裁定非常棘手的內容;而且在「AI」問題上,我們也常遇到「即使是真的人類智慧,也難以明確判斷」的限制。

在內容審核中的另一個難題是:即使平臺公司採取立場,禁止或降低顯示問題內容的頻率,這些行動也會受到其他關於偏見或審查的指責,反

而可能引起注意，擴大了他們試圖禁止散布的問題內容。還有，將內容加上問題標籤的設計選擇也有其缺陷，原因是這些標籤所吸引的注意力以及造成的「反效果」，這是一種在實驗中偶爾會觀察到的現象，也就是修正訊息反而導致人們更相信原來的說法。

## 民主化的說服力：從行銷到政治

而如圖菲克奇所說的複合「說服架構」，包括機器學習演算法以及實現這些演算法的產品等，其架構在統計表現和使用便利性上，已經優化到任何人都能使用。例如，臉書的「類似受眾」（lookalike audiences）功能，可以讓行銷人員要求臉書演算法找到那些與執行某個特定行為的人「相似」的其他個人。行銷人員即可藉此將其推播內容，針對那些在行為或人口統計上與先前執行某個行為（例如，點擊某特定挑釁性連結）者相似的新使用者投放。這種動作可以在沒有特定市場調查或使用者心理學判斷的情況下完成；對於個別的廣告購買者而言，只需花費少量資金，但對於臉書或谷歌來說，整體收益累積起來相當可觀。

早在1920年代，伯內斯就已經意識到，說服的法則在行銷或政治領域都同樣適用。在伯內斯為（前面提及的）菸草產業傳遞廣告訊息之前，他就已經在政治領域進行公眾認知塑造。1924年，他安排了一群受歡迎的名人與「幾乎不懂表達」的美國總統卡爾文・柯立芝（Calvin Coolidge）一起出現，藉以改善總統形象。就像今日的情況一樣，野心勃勃的政治家們，利用了與行銷人員相同的統計方法，使用數位工具進行市場調查，藉以策劃競選活動和訊息，並將最好的資訊投放給最適合的使用者。伯

內斯認為廣告與政治之間沒有界限；事實上，他認為這種「同意工程學」（engineering of consent，譯注：透過公關和廣告手段操控和引導公眾意見和行為）對民主有益。根據圖菲克奇的說法：「伯內斯將這種做法視為任何民主制度中不可避免的一部分。他像杜威、柏拉圖和李普曼（Walter Lippmann）一樣地相信，強者比群眾更具有結構性的優勢。因此他鼓勵那些有善意、具備技術和經驗的政治家，透過操控和同意工程學的技術，成為「哲學之王」(philosopher–king，譯注：柏拉圖在《理想國》中提出的智慧、可靠的統治者)。」[34]

雖然這些技術可以（而且必須）用於善良的目的，但伯內斯明確指出，它們也「可能被濫用；煽動者同樣能夠成功地利用這些技術來達到反民主的目的，如同那些本來為了社會有利目的所使用的技術一樣。」伯內斯還認為，尋求良好目標的領導者，必須「把精力投入掌握同意工程的操作技巧上，並在公共利益中超越對手。」[35] 即使伯內斯的「宣傳」一詞在冷戰期間逐漸失寵，但「同意工程」的有效性，隨著資料和演算法的增加而明顯成長。讓線上數位廣告趨近完善的技術，不久後便影響了政治資訊的散布。

在埃森哲科技實驗室（Accenture Technology Labs）工作的雷伊德・加尼（Rayid Ghani），在2007年時，描述了一個「個人化推廣規劃系統」，強調資料如何以全新形式進行個人化定向。「零售商除了使用報紙、店內展示和結尾標籤來突出產品和進行促銷外，還可以使用個別消費者模型，以完全不同的方式影響個人。」[36] 商業上的目的，可以透過這種對於客戶的詳細了解來實現。這項技術使每家公司能夠將每位客戶視為一個獨立的個體，

而不只是一整個統計類別的代表。這種定向正是行銷和政治競選活動的核心。[37]加尼在2008年的選舉中，擔任歐巴馬的首席科學家，其工作的一部分便是將這些數據驅動的選民觀點，視為細分的客戶群體來加以利用。」

歐巴馬於2012年成功連任後不久，伊森・羅德（Ethan Roeder）在《紐約時報》的一篇評論中，以讚揚個人化策略做為歐巴馬競選資料核心的總結：「競選活動正在……趨向於將每位選民視為不同的獨特個體方向發展。」[38]這種關於說服力的美好畫面，在過去幾年的擔憂中已被重新詮釋，因為認為這項技術的說服力太強。包括了無限制的細節、關於個體的深層背景訊息，與以參與度為優化目標的個人化說服架構等。許多人擔心這樣的成功，反而使民主無法健康運作。

所以這種經過工程設計的公共視野，會讓某些人覺得充滿希望，但也讓另一些人擔心掌權者違反了「知情同意」的規則。這些工具很容易被利用來做壞事，而且現在我們都已經知道它們確實被濫用了。圖菲克奇在2018年警告大家，「為了對個體進行微定向廣告，現在的平臺會大規模監控其使用者；然後使用促進參與的演算法，讓人們盡可能長時間停留在網站上。情況證明，這種系統很容易被用在威權、操控和歧視性用途上。」她並舉出許多例子佐證。[39]

不過你無法對「某個人」進行微定向，除非你根據他們的身分或他們所做的事情來區分他們，這點需要大量的資料和機器學習才能辦到。雖然許多人覺得我們的自由市場規範，不會受到強大公司提供深度個性化廣告的威脅，但當這些能力被賦予國家時，我們對權力的擔憂便會加劇。然而，這些演算法對國家和公司同樣有效。[40]社會學家馬修・薩根尼克

（Matthew Salganik）警告我們，「這些能力的變化速度遠快於我們訂定的規範、規則和法律。」[41] 我們應該補充的是：這些變化的速度可能比我們用來分析社會和經濟現實與概念世界之間關係的工具發展得更快，而我們透過平臺來體驗和行動的正是這些概念世界。

肯亞2017年的選舉、英國脫歐以及2016年的美國選舉，放大並普及了對於演算法操控的擔憂。引發關注的焦點之一是劍橋分析公司（Cambridge Analytica）；當時的執行長亞歷山大・尼克斯（Alexander Nix），在2017年分享了一種世界觀，這種觀點回應並更新了伯內斯的觀點：

> 毫無疑問，行銷和廣告界的腳步，走在政治行銷和政治傳播領域之前。確實有些我們正在做的事情，讓我感到非常驕傲，這些都是創新的事。而且，我們從商業世界中學習到的數位廣告最佳實踐，以及溝通上的最佳實踐，正被帶入政治領域中。[42]

研究人員對這種嘗試操控的最終效果，尚未達成共識。

對於廣告科技與說服架構影響的擔憂，並不需要靠廣告商和技術騙子對其廣告效益的說辭。黃天楠（Tim Hwang，編按：曾任谷歌的全球公共政策主管，數位廣告和科技政策領域的重要評論者）和科利・多克托羅（Cory Doctorow）已經精闢地指出定向廣告（targeted advertising）的深層限制和欺騙性。*

雖然廣告科技（adtech），無論用於商業或政治目的，肯定不會像兜售者所宣稱的那樣有效，但它已經徹底改變了我們的媒體生態，並將數位廣

告市場整合成接近雙頭壟斷的局面（臉書和谷歌），其影響無法估量。臉書和谷歌並不需要承諾廣告有效，他們需要的是廣告商相信它們有效。也許這是一場「空殼遊戲」（shell game，譯注：一種賭博遊戲，詐騙方會讓受害者被騙之前先贏幾次），但無論好壞，這是主導資訊領域的一種遊戲。

接下來我們要討論當廣告模式（一種收入標準），遇到創業投資模式（一種加速市場創新的過程）時，會發生什麼事，我們將看到這種模式的變化速度，快過規範和法律的適應速度。

## 動作迅速：創業投資

> 創業投資（venture capital, VC）甚至不算一門全壘打生意，因為它是一門滿貫全壘打生意。**
>
> ——比爾・格爾利（Bill Gurley），
> 「基準資本」（Benchmark）創投公司的普通合夥人[43]

福特汽車公司於1916年推出大規模生產的汽車，但要過了好幾年，

---

* 原注：多克托羅寫道：「監控資本主義者就像舞臺心靈魔術師，他們聲稱自己對人類行為的非凡洞察力，讓他們能夠猜出你寫下並折好放在口袋中的單字，但實際上他們用的是替身、隱藏攝影機、手法技巧和強行記憶來讓你驚訝。」《如何摧毀監控資本主義》，*OneZero*（部落格），2020年8月26日，https://onezero.medium.com/how-to-destroy-surveillance-capitalism-8135e6744d59；參見黃天楠著作《次級注意力危機：廣告和網際網路核心的定時炸彈》（*Subprime Attention Crisis*, Farrar, Straus & Giroux，2020）。
** 編按：暗示創投業務追求的不僅是成功，而是極度成功的結果。

才將汽車整合進入社會的規範；而消費者保護相關法規（例如，安全帶法規），則又花了幾十年的時間才完成。這種創新所需的時間尺度，無論在技術、市場、規範和法律，都經過幾十年才能達到平衡的情況，跟現在軟體和資訊科技迅速顛覆規範的方式相比，顯得相當過時。創業投資加速了這種顛覆，因為巨大的成長可以在公司盈利之前就發生，對於面向消費者的公司來說，等於也可以在規範（更重要的是，法律）尚未來得及建立的情況下，就讓新產品問世。

創業投資模式是否已經存在了很久？雖然投資行為由來已久，但許多人認為二戰時期是現代創投模式誕生的時代。[44] 舉例來說，後來成為哈佛商學院教授的喬治・多里奧（George Doriot），曾經擔任過二戰期間的物資總監。在戰後的1946年，多里奧創立了ARDC（美國研究發展公司），這是一家公開上市的公司，專門投資長期研究發展項目，其中包括許多新興電腦產業的發展計畫。

在接下來的幾十年中，微處理器和個人電腦在早期發展時，大部分都是由創投資金所資助。有鑑於個人電腦對社會和經濟發展所帶來的積極改變，創投因此廣受讚揚。然而這段被美化的歷史中，缺少了對軍事資金在電腦領域早期發展貢獻的說法（這在前幾章已有論述），以及政府透過小型企業創新研發計畫（Small Business Innovation Research, SBIR）對新創小企業的大量支持。在這些計畫中，政府實際上扮演了創投的角色。[45] 正如我們指出的，電子商務是在由創投支持的公司如eBay和亞馬遜等，成功運作的背景下所發展起來。作家兼天使投資人杰瑞・紐曼（Jerry Neuman）指出，從1970年到1983年，創業投資額成長了十六倍，從2.18億美元增加至26

億美元。[46]

這些資金來自有限合夥人,包括公司、州政府、主權財富基金和(尤其是)大型退休基金,而這些合夥人把資金投入了創業投資公司。關於這些有限合夥人是否進行了明智的投資,其紀錄褒貶不一。正如湯姆・尼古拉斯在《創業投資:一部美國歷史》(*VC: An American History*)中所說,整體而言,創業投資的回報並不會比其他形式的投資來得更好。[47] 然而個別創業投資家,常常相信他們能夠成功實現創業投資。例如,創投在過去二十年中,尤其是在廣告科技公司以及以消費者為導向的新聞新創公司如Vice和BuzzFeed中,扮演相當重要的角色。

創投降低了風險:投資者提供了充足的資源,這些新創企業便能尋找可重複和可擴展的商業模式。必須說明的是,風險仍然是投資模型中的固有部分:創投公司預期其投資組合中的絕大多數公司仍會失敗,然而只要那些成功的公司帶來足夠的財務收益,便能彌補其他投資中的損失。著名成功案例之一就是快捷半導體(Fairchild Semiconductor)公司對於電腦崛起的貢獻,他們的風險是「科技風險」,亦即「是否能廉價且穩定地以矽製造出積體電路?」創投可以協助排除的另一個風險就是「市場風險」:找到產品市場契合度,就是要創造一個人們願意支付的產品,而且價格必須能支持公司的持續經營。創投的投資,可以讓公司在決定收入模式之前,預先成長並找到新使用者。例如,臉書和谷歌走的就是這條路,它們在確定營收模式並將其強加給使用者之前,已經成長且擁有龐大的使用者群,這些使用者已經願意讓這項產品融入其生活和習慣中。

最近幾年的創業投資家還流行一種投資規模,也就是所謂的「閃電擴

Chapter 12 說服、廣告和創業投資 313

張」（blitzscaling），讓新創公司可以從無收入直接跳至市場主導地位，也就是透過買下整個市場來實現。這種策略並非在市場中與其他公司競爭，而是提供足夠的投資金額，直接買斷市場。舉例來說，優步有能力在每個城市中，以低於成本的價格打擊現有的計程車和禮賓車市場，且不受提供駕駛和乘客安全保護的法規所約束。同樣，共享辦公空間公司WeWork，試圖在城市中大量提供廉價和靈活的辦公空間，以超越一般依賴於消費者獲利營收規模的競爭對手。根據《Fast Company》商業月刊的報導，創業投資家孫正義（Masayoshi Son）執行閃電擴張，直接投資在WeWork創始執行長亞當·紐曼（Adam Neumann）身上，而未做詳盡調查：

> 孫正義似乎並不關心商業模式的細節或公司的財務預測。他的投資論本質是，「這個傢伙瘋狂到足以改變世界，而我也瘋狂到可以把賭注押在他身上」。
> 孫正義在後座拿出iPad，寫下了對該公司投資4.4億美元的條款。然後他在底下畫了兩條水平線，並在其中一條線上簽下自己的名字，然後把iPad遞給當時37歲的紐曼，讓他在另一條線上簽名。紐曼會把這份協議的照片存在手機上。「當孫第一次決定投資我時，他和我只見面了28分鐘，Okay？」[48]

獨佔事業可以透過購買取得，也可以透過增強效應和各種循環來孕育。數據驅動的公司通常提供這樣的典型模式，根據創投資本家李開復的說法，「更多數據會帶來更好的產品，進而吸引更多的使用者，這些使用

者又會生成更多的數據，從而進一步改善產品。這種數據和現金的結合，也能吸引頂尖AI人才進入領先企業，使得產業領導者與落後者之間的差距越來越大。」[49]這種模式再加上投資，協助類似谷歌、臉書等公司的服務遠勝競爭對手；這要歸功於用於訓練機器學習演算法的海量數據；使得谷歌與臉書分別在搜尋引擎和社群媒體市場中，明顯占據主導地位。

## 注意力經濟與創投的後果

我們在上文討論過，對於注意力經濟的擔憂，至少已經有五十年以上的歷史，創投則可追溯到將近七十五年前，公共關係更是已經存在了至少一個世紀。然而經過優化的計算影響力，與當代創投資本提供的「快速擴張」能力相結合後，產生一種超級強大的混合效應。目前我們仍在學習如何將其整合到政治和個人現實中。

舉例來說：臉書的第一任技術長（CTO），早在2006年就創建了一個名為「成長」的子團隊（growth team），這對於理解臉書的運作相當重要。這是由一些頂尖工程師所組成的團隊，擅長確保新推出的服務能夠吸引越來越多的活躍使用者。要做到這一點，必須確定KPI，並利用所需資料和電腦基礎設施來優化這些KPI。臉書副總裁安德魯・布斯沃思（Andrew Bosworth）在2016年6月的一份備忘錄中寫道：「醜陋的真相是，我們深信連接人們是如此重要，以至於任何能讓我們更頻繁地連接更多人的事情，從『事實上』看一定都是好事。就我們而言，這也許是唯一真正能講述真相的領域。」[50]

其他工程師，包括以前曾在資訊平臺公司任職的工程師，已經指出這裡存在的問題。前YouTube工程師查斯洛特指出，「觀看時間是優先事項。其他一切都被視為分散注意力的因素。」[51]

　　對CEO來說，不計一切代價追求成長是件好事，但對整個領域來說未必如此。在《經濟的本質》(*The Nature of Economies*)一書中，珍・雅各（Jane Jacobs）警告說，公司就像生態系統中的物種一樣，其成長方式可能會損害生態系統本身。而當損害到的是市場和社會生態系統本身時，存在什麼樣的力量能夠制衡這種成長？[52]

# Chapter 13 超越解決主義的解決方案
## Solutions beyond Solutions

### 權力與預測

　　本書的目標是透過歷史的視角來理解數據,我們將在這一章探討數據的未來。展望長期性的未來,最挑戰性但也最具推測性的方法就是進行「預測」。在這種情況下,我們將採取更穩健的立場,藉由目前的競爭態勢來預測近期的未來。簡而言之,我們要問的是:目前哪些權力之間的競爭,其解決將有助於確定數據的未來發展?因為數據與真理以及數據與權力的關聯性,一直是我們持續關注的核心主題。

除了政府與商業這兩條社會主軸外,公民社會也可以發揮重要作用。
　　——卡爾‧曼海姆和利瑞克‧卡普蘭(Karl Manheim and Lyric Kaplan)[1]

　　從不同角度思考權力,無論是從米歇爾‧傅柯(Michel Foucault)的觀點,或是戈登‧蓋柯(Gordon Gekko)的視角,我們選擇借鑑一個不穩定的三方博弈隱喻,來自威廉‧詹偉(William Janeway)*對推動技術創新的三種力量的描述,但我們將其擴展到經濟力量之外,用以更全面地描述權

力:我們聚焦於企業權力、國家權力和人民權力之間不斷變化的關係。[2] 就這個隱喻而言,這場不穩定的三方博弈的贏家尚未可預測。要讓數據與民主兼容,促成一個公正且繁榮的社會,就必須在這些權力之間,找到一種能夠增強而非削弱公民的組合方式:加強正義,協助克服權力不平等而非加劇不平等。

## 第一種權力:企業權力

我們已經深入探討了數據和數據驅動演算法的使用,所引發的技術和社會科技(socio-technological)的問題;本書的最後部分著重於企業權力,尤其是針對當前居於主導地位的科技巨頭。可能有人會問:為什麼創造這些問題的公司和技術人員不自己解決(這些問題)呢?更深入地思考也可能會問:考慮到問題的規模,就算他們想解決所有的問題,真的能做到嗎?目前看來,這些公司並未顯示出改變其與數據關係的動機,尤其是那些獲利豐厚的公司。而且早在Web 2.0時代之前,許多公司在隱私議題上就已經有著毀譽參半的紀錄。例如,2010年,臉書執行長祖克柏就曾自豪地說:

> 許多公司會被既有慣例及其建構的遺留系統所束縛,對於隱私政策的改變——而且是為了3.5億使用者進行隱私變革——並不是許多公

---

* 譯注:傅柯為法國思想家;蓋柯是《華爾街》電影的主角之一;詹偉是美國創投資本家。

司願意做的事。然而，我們認為這是一件相當重要的事。我們始終抱著初學者的心態思考：如果我們現在才創建這家公司的話，我們會怎麼做？我想我們會認為這些就是目前的社會規範，然後，我們會果斷地採取行動。[3]

他們確實這麼做了。然而，即使擁有將近30億用戶（截至2022年1月為止）的影響力，社會規範也不會因為一個開關的切換就立即改變。相較之下，有可能是為了因應這種情況，某些公司不僅已經將「消費者保護」視為一種價值主張，更視為一種競爭優勢。例如，蘋果公司執行長庫克在2015年宣布：「隱私是一項基本人權」。[4] 這確實是站在保護消費者的立場，也是當你第一次啟動許多蘋果產品時，迎接你的強大行銷文案。由於蘋果主要是一家硬體公司，而不是一家廣告公司，所以它並不會面臨一般資訊平臺公司，在定向廣告所帶來的收入與消費者隱私之間的矛盾衝突。

**把倫理做為服務**

最近一些大型公司已經採取行動，展示他們可以提供技術解決方案，解決我們所概述的倫理問題。其中一些是企業內部的努力，也就是透過社會技術手段，讓企業的政策與倫理原則保持一致；另一些則是外部努力，包括電腦工具和顧問（諮詢）服務等，以協助研究人員和其他公司將倫理付諸實踐。當中有一個引人注目的內部努力範例就是谷歌的倫理AI團隊，不過，我們在前面已經討論過這支團隊為何瓦解。

## 企業內部與外部倫理建構的比較

做為服務用途的企業外部倫理,應該與內部倫理建構有所區別。內部的努力包括如前面所述,在谷歌內部創建AI倫理團隊,負責研究AI實踐的倫理影響,也包括其他谷歌研究小組的實踐過程。從組織權力動態的角度來看,直接批評企業內部的工作相當困難(尤其當這些工作與企業收入來源相關時)。一位前谷歌軟體工程師,總結了該團隊及其負責人瑪格麗特・米契爾博士的作用:

> 我跟他們互動時,認為他們是一群會來進行諮詢的專家。事實上,米契爾正在建立一個模型,展示每個AI團隊應如何運作,把倫理視為技術發展的首要考量。[5]

他後來將該倫理團隊描述為一塊「遮羞布」,其影響力被「季度獲利」[6]所掩蓋。丹娜・博伊德在2016年時,更詩意地引用了詩人兼教授奧黛麗・洛德(Audre Lorde)的話:

> 雖然我們認為自己理解戰爭和心理實驗的倫理,但我認為我們對如何真正管理組織中的倫理一無所知。洛德說,「主人的工具永遠無法拆毀主人的房子。」在某種意義上,我同意這點。但我同樣也看不出對著一個複雜的系統扔石頭,如何能促進倫理的實現。[7]

簡單地說,透過企業「自我批判」來整合倫理的挑戰,目前尚未得到

解決。一般在大學裡，機構審查委員會可以透過控制經費來掌控權力，並且能夠規範符合倫理的研究方向。企業則缺乏類似的機制：亦即缺乏一個具有實質約束力（無論是財務上或其他方面）的內部架構。

另一方面，使用外部工具的企業倫理，可以少掉一些複雜政治因素，並允許科技公司得以推進一種隱含的觀點：亦即倫理本質上是個技術問題，最適合用技術方案來解決。近期的例子包括：

- IBM創建了「AI公平360」，這是一個開源工具組，包含「9種演算法和多項指標」；
- 谷歌發布了「What-If工具」以及關注公平性面向的「Facets」工具；
- 微軟擁有自己的學習工具組「Fairlearn」（這是一個Python模組）；
- 臉書則有一套名為「Fairness Flow」的專屬工具組。

做為一家顧問公司的埃森哲科技實驗室，當然也開發自己的工具來消除演算法中的偏見；顧問公司也有很多機會可以幫助其他公司建構並實現科技倫理。例如，資料科學家兼作家的凱西・歐尼爾，便擁有一家提供此類服務的顧問公司；埃森哲最直言不諱的技術倫理學家之一魯姆曼・喬杜里（Rumman Chowdhury），也曾短暫地創建了一家名為Parity的工具型顧問公司。隨後她加入推特，領導（現已解散）的META（Machine learning、Ethics、Transparency、Accountability，即機器學習、倫理、透明度和課責制）團隊。[8] 當然，大型科技公司也享受著顧問服務成果，例如谷歌在2020年8月宣布，他們正在探索將倫理顧問服務商業化的技術，但卻在幾個月後

解雇了AI倫理團隊的共同創辦人。

以上所有這些,都讓科技公司在倫理議題方面的「積極作為」,尤其是在技術層面的公平性方面,呈現矛盾的立場。當公司提出技術解決方案時,如前面提到的這些公平性工具問題,就被隱含的定義「重新框架」了。我們在前面強調過,要了解數據驅動的產品和服務,到底如何違反我們的倫理規範和價值觀,就必須從廣泛的社會科技視角來觀察。

應用倫理的主題,便被包含在這種社會科技的複雜性中;亦即在應用倫理中包含了正義;在正義中包含了公平;在公平中又包含了公平的量化;而在這之中,還包含了個人利益與組織目標之間的平衡。對技術的重視對於技術人員來說相當自然,舉例來說,電腦科學家卡恩斯(Michael Kearns)和羅斯(Aaron Roth)在《倫理演算法》(*The Ethical Algorithm*, 2019)中說:

> 我們……相信,要遏制演算法的不當行為,需要更多更好的演算法——這些演算法可以協助監管機構、監督組織和其他人類組織,監控和衡量機器學習帶來的負面和意外影響。[9]

這種觀點把問題解析為技術元素,如「演算法」;而這些演算法將可以「協助」諸如「人類組織」、「監察組織」等社會元素。機器學習確實已經被證明是對複雜環境,進行統計和計算優化的有效方法。「概念上,」機器學習專家邁克爾・喬丹和湯姆・米契爾所寫道,「機器學習演算法可以被視為在候選程式的大空間中進行搜尋,並透過訓練經驗,來找到一個優化性能指標的程式。」[10]通常,這個指標可以表達準確性和複雜性之間的權衡。

雖然如果我們能把準確性與其他因素，例如公平性等，相互結合，也會同樣有效。然而電腦科學家辛西亞・魯丁（Cynthia Rudin）認為，「這種最佳化問題的各種版本，是人工智慧所面臨的一些基本問題。」如果我們把倫理重新框定為準確性（或利潤，或其他量化目標）和複雜性（或邪惡，或某些可量化的代理）之間的權衡取捨時，仍然必須有「人」來指定這個取捨的標準。在避免模型過於複雜的前提下，把這種權衡的參數設置為1%，魯丁解釋，「我們願意犧牲1%的訓練準確性，以換取減少1個單位的模型的大小。」[11] 技術層面的「公平性」，吸引了將統計做為計算最佳化框架的技術專家，這個框架主導了廿一世紀我們所理解的「機器學習」。雖然它可以改善演算法系統的某些方面，但正如從尼森鮑姆到諾伯等批評家多年來的紀錄所顯示，這些技術解決方案往往迴避了更重要的問題，也就是這些系統的權力結構和社會嵌入影響等。

**威脅與誤導**

　　把人工智慧潛在危險的討論，局限在只能透過改變那些「優化演算法」來解決的範圍內，這是討論問題本質時的一種狹隘思考。第二種狹隘思考則是任由未來主義的科幻式夢想和噩夢來主導討論，引誘我們忽略現有系統目前的問題和危害，將注意力轉向未來「超人工智慧」（hyper-intelligent AI）和「通用人工智慧」（general AI, GAI）的狀態，彷彿它們那令人敬畏的全能性，現在就需要我們嚴陣以待。這種特定末日預言的先知包括矽谷最具影響力的思想領袖，如特斯拉的馬斯克（Elon Musk）或谷歌的庫爾茲韋爾（Ray Kurzweil.）。然而，正如安奈特・齊默爾曼（Annette

Zimmermann)、埃琳娜・迪・羅莎（Elena Di Rosa）和金浩燦（Hochan Kim）三人所指出的：

> 別管遙遠的末日幽靈了；AI已經在我們眼前，默默地在許多社會系統的幕後運作著。……我們必須抵制那些充斥著末日論的AI論述，因為其只會助長一種習得性無助＊的心態。[12]

這些作者認為，不應該讓「終結者」機器人這樣看似迷人但又充滿威脅的幽靈般的存在＊＊，轉移了我們對目前人為決策所造成的危害與挑戰的關注焦點。這些決策包括企業產品開發人員所做出的決定，都正在對權利、正義和民主造成實際的影響：

> 開發演算法系統需要做出許多深思熟慮的選擇，而演算法本身並不會定義這些概念；而是由人類，也就是開發人員和資料科學家，來選擇要採用哪些概念，至少在初期階段是如此。[13]

---

＊ 譯注：習得性無助（learned helplessness），個體在重複經歷無法控制的負面情境後，學會了無論自己做什麼都無法改變結果，因此放棄努力。

＊＊ 編按：原文為 The shiny specter of terminator robots，直譯為終結者機器人這個耀眼的魅影；此為譬喻性說法，用來形容終結者類型的機器人，例如，科幻電影《魔鬼終結者》中，未來高科技、卻具毀滅性威脅的機器人，所帶來的耀眼但令人不安的形象或概念。象徵對未來科技（特別是人工智慧或機器人技術）可能帶來的危險或災難的擔憂。

齊默爾曼、羅莎和金三人在此處呼應了奈夫與其他作者提出的觀點，也就是資料科學的實踐，尤其是在開發和部署機器學習產品時，會涉及到無數的主觀設計選擇，無論是從內部或外部來看，每項選擇都是反思和批評的機會。[14] 使用「數據」或「演算法」等術語，並不能讓這些工作擺脫其主觀性和政治性。更廣泛地說，我們不能只讓CEO或企業傳播部門，來定義哪些關於AI的威脅應該引起我們的注意。

## 企業去平臺化和企業聯盟

消費者對企業使用數據驅動演算法的疑慮日益增加，同時企業也開始採取了一些行動。儘管這些行動表面上看起來像是在保護消費者，但更準確地說，其實是以保護消費者之名義所進行的企業競爭。

其中某些競爭是目前最具影響力的科技公司之間的彼此對抗，其他則不只關聯到科技巨頭之間的一對一較量，還涉及到更複雜的聯盟關係。這些在企業間不斷變化的結盟，扮演著多樣化的各種角色，例如，數據提供者、搜尋引擎、銷售線索產生者（譯注：專門搜尋潛在客戶的科技或系統），而在行動應用程式商店的案例中，則成為能夠阻擋其他公司用戶及營收的關鍵控制點。

隨著私人公司逐漸形成科技生態系統必要的基礎設施，它們相互依賴也因此相互制約。舉例來說，蘋果公司對那些希望在iPhone上提供應用程式的公司擁有驚人的影響力。在《恣意橫行》（*Super Pumped*）一書中，邁克・艾薩克（Mike Isaac）描述了優步當時的執行長訪問蘋果公司執行長庫克（Tim Cook）的情景。庫克明確表示，如果優步想繼續留在應用程式商

店（App Store）中，就必須遵守特定數據政策。[15] 類似的情況也發生在臉書和其他數據驅動的公司身上，它們也希望能留在蘋果的應用程式商店中，這讓應用程式商店，已經在實際上成為了一種基礎設施。

這些公司能夠有效地讓對方失去平臺資格。例如，谷歌可以改變搜尋演算法來懲罰某公司，讓該公司的搜尋排名降級，因而導致巨大的財務損失。這些公司有能力相互影響，無論是通過策略性定位（例如，蘋果公司宣稱隱私是基本人權，來挑釁谷歌和臉書），或透過實際讓對方失去平台使用權。一家公司採取加強隱私的措施，可能導致其他公司損失數十億美元。[16] 在我們對權力的分析中，這些都代表企業權力之間，重要的相互影響關係。

有些競爭涉及到複雜且不斷變化的企業權力聯盟。十年前的一個例子涵括了不同產業，一起對抗華盛頓某些傳統的強大遊說團體：娛樂業（尤其是電影協會和迪士尼公司），他們發現自己正在跟大量所謂的內容平臺進行競爭。這場鬥爭圍繞著2012年的一項法案——《禁止網路盜版法案》（Stop Online Piracy Act, SOPA）。該法案包括大幅擴展對各類內容的智慧財產權執法，範圍涵蓋串流媒體等領域。2012年1月18日，一個由科技公司和公民自由組織如電子前線基金會（Electronic Frontier Foundation）所組成的聯盟，進行了一種虛擬封鎖。例如，谷歌在搜尋登陸頁面上封鎖了自己的公司名稱（譯注：以谷歌作關鍵字瀏覽時，搜尋不到內容，以示抗議）。公眾看到的是一個臨時組成的聯盟，其成員各有不同的利益訴求，共同反對這項法案。[17]

對參與這些組織的動機抱持懷疑的態度，是可以理解的，但正是這些

由不同利益訴求的團體或個人所組成的聯盟，才能帶來各種改變。Apple和其他公司引入了各種加強隱私的創新；或源自微軟研究院的「差分隱私」（differential privacy，譯注：在個人資料內加入適當干擾來保護隱私）技術也是其中的例子。還有一個例子：蘋果公司與美國司法部就解鎖iPhone的要求（聯邦政府要求該公司解鎖），展開長期爭鬥，這些iPhone已經被賦予了前所未有的保護等級。多元的聯盟，可以將企業力量引導朝向特定方向發展，讓企業能力與更民主化的力量結合起來。要採取有效行動，並不需要完全的共識，複雜的團結關係就能促成這樣的可能性。

## 自我監管組織

企業權力對於國家權力崛起的其中一個回應，就是成立和推廣「自律監管組織」（self-regulatory organizations, SROs）。SROs在資料領域並不算陌生：這個術語起源於1930年代的證券法和相關改革。目前雖然缺乏實際的監管功能，但這個術語仍舊被用來描述這種合作夥伴關係；也就是說，這些組織並不進行嚴格的監管，而是進行研究、召開會議，並撰寫報告來解釋（有時是批評）相關公司的工作。雖然在治理上是獨立的，但它們通常在財務上依賴於其進行研究工作的公司。來自企業AI界的著名案例就是2016年成立的非營利組織「人工智慧合作夥伴」（Partnership on AI）。這類組織模糊了在公民社會（包括教育和研究機構）、企業權利與資金，以及通常與實際監管相關的監督制衡（也就是國家權力）之間的界線。這種介於批評與資金之間的矛盾關係，導致批評者認為這些組織已被其贊助者「收編」，使其在三方博弈中失去了任何實質力量。

## 第二種權力：國家權力

隨著企業成為關鍵基礎設施，它們的權力經常被認為可以與國家抗衡。因此，當我們考慮回應企業過度擴張的最佳方法時，通常會先想到國家權力，可以做為對企業權力的最佳制衡規範。[18]

企業經常把國家對企業權力的限制，描繪成對創新的重大阻礙。這種純粹的「高壓性」規範觀念是不完整的，因為國家權力透過資金、制定規範和法律等方式，都能對企業權力有更具正面性且建設性的影響。2020年，耶魯法學教授艾咪・卡普欽斯基（Amy Kapczynski）解釋：

> 認為谷歌和臉書的運作是在一個無法律管轄的領域中運作，或甚至認為這些公司希望如此，這種觀點是完全錯誤的。因為這些公司非常依賴法律來獲取權力，而且有許多國家法律的決策，都可以被修改以增強公共權力。[19]

因此，國家權力不只對企業權力的限制，也**創造**了企業結構發展的條件。從美國缺乏全面性的隱私法律，到資本利得或不動產稅務處理的特殊性，國家權力確實使得「某些特定的商業模式、某些形式的大規模數據資料使用方式，以及對民主秩序的某些挑戰」成為可能。毫無疑問地，即使聯邦監管包含了可能全面禁止某項技術的措施，我們也不能把它想像成解決演算法弊病的萬靈丹。

隨著1970年代消費者隱私保護規範的興起，從歷史的角度看，在美

國本地遇上聯邦規範問題發生時，通常會以「部門別」的方法來解決，亦即按商業部門來逐一監管，而非按技術能力進行規範。換句話說，是在特定產業中限制某種科技技術的使用，而非全面禁止像人臉辨識技術這樣的做法（譯注：白話的解釋就是並非禁止某種科技，而是限定其使用範圍或使用方式）。因此美國不太可能採取跟歐盟《一般資料保護規範》（General Data Protection Regulation, GDPR）一樣的廣泛聯邦法規。曼海姆和卡普蘭描述了這種美國做法中的平衡性：

> 許多美國企業最初偏好部門別監管的方法，因為這能讓法規更貼合他們的細微需求。雖然這種模式有其合理之處，但它也助長了監管俘虜\*、產業遊說，而且隱私侵犯常常在規範漏洞中被忽視。[20]

凱恩斯和羅斯同樣強調這種監管方式存在監管漏洞的風險。[21] 隨著新商業模式的出現，我們必須思考：在「部門別」的監管方式下，臉書究竟是出版商或廣告公司？不同的司法管轄區，很可能對這些判定有相互衝突的解釋，就像當時英國競爭及市場管理局基於反競爭的考量，迫使臉書放棄收購Giphy（譯注：專門搜尋gif檔案的網站）那樣。[22]

在美國主導的部門別監管方式下，這些看似學術性問題的答案，對監管的影響相當大。而且，當一個產業試圖以犧牲另一個產業為代價來操控

---

\* 譯注：監管俘虜（regulatory capture），由於很多前銀行高層被聘進監管機關工作，導致監管變得鬆散，甚至默許高風險行為，例如，2008年的金融危機。

法規時，競爭對手公司往往會對此提出質疑，就像我們在前面說過的《禁止網路盜版法案》版權改革的例子中所見。曼海姆和卡普蘭認為，這種「州法和聯邦法重疊、銜接又相互矛盾的拼湊系統」，使得能夠廣泛保護權利的法律更難通過：

> 「監控資本主義」*之所以興盛，是因為隱私權受到嚴重忽視，而且我們的法律未能跟上科技的腳步。我們最後一個重要的聯邦隱私法（ECPA）制定於1986年，那時還沒有臉書，沒有谷歌和YouTube，事實上連網際網路都還沒出現。數據和人工智慧公司在這段期間不斷成長茁壯，如今在經濟、公共政策和我們的生活中掌握了不成比例的權力。[23]

## 國家監管權力的消退與重建

反壟斷法就是一種跨部門性的聯邦規範（監管）形式。美國的反壟斷法便是在十九世紀末和廿世紀初，為了因應當時大企業（尤其是J.D. 洛克菲勒的標準石油公司）而發展出來，因為這些大企業擁有著驚人的市場權力和主導地位。[24] 這種未受控制的權力所造成的濫用，遠遠超過了「提高消費價格」的範圍。然而到了廿世紀末，反壟斷規範在相當程度上被重新

---

* 編按：這個詞是由哈佛商學院教授蘇珊娜・祖博夫（Shoshana Zuboff）在2015年首次提出的概念，用來描述一種新型的經濟運作模式。這種經濟模式主要被大型科技公司所採用，例如，谷歌、臉書（Meta）等，透過免費服務來收集使用者數據資料，再將這些數據變現（賺取利潤）。

詮釋為：僅限於那些能把企業權力與「消費價格上漲」相互關聯的案件。[25]很顯然地，如果你本身就是產品，而且你免費使用的服務，只是以你的時間和個人資料做為代價，這種框架就不適用了。

「國家權力」不應等同於美國聯邦政府的規範。目前對於個人資料和數據驅動演算法的影響，也受到各種國際規範的制約，這些規範限制了正在塑造我們數位未來的全球科技公司的行動。近期最顯著的例子就是前面提及歐盟《一般資料保護規範》（GDPR），該法規於2018年5月25日生效。GDPR從根本上挑戰了「監控資本主義」的商業模式。GDPR第22條的一項重要原則規定，歐洲人「有權不受純粹基於自動化處理的決定所制約（譯注：例如，銀行如果完全基於演算法分析個人資料，不經任何人工審核而拒絕貸款的話，便可能違反此條原則）」。[26] 就像道德或憲法原則一樣，政策制定者、遊說團體和法院之間的審議工作隨之展開，將這些原則提煉成標準和規則。GDPR在其他規範中，列出了許多資料主體（也就是個人）的權利，包括了「被遺忘的權利」。[27] 將此一原則轉化為政策，等於挑戰了企業對於資料管理的標準化和改善方式；當企業擁有大量與使用者相關的零散記錄，且使用不同的用戶識別方式時，都會大幅增加企業在處理個人資料刪除請求時所需的時間，進而增加成本（譯注：當資料紀錄越分散、身份識別越混亂，這些大公司在處理「被遺忘權」請求所需的時間和成本就越高）。

在美國的規範也會同時在州和地方層級進行，就算這些標準僅在這些公司經營的某些地區內具有執行力，但這些成型的法規，往往具有迫使公司遵守全球標準的類似效果。從營運角度來看，若他們不這樣做的話，就必須在每個地區設置獨立的系統和流程，這種因地制宜的後勤複雜性所能

帶來的額外區域化利潤，通常不值得他們的投入。

以美國州級法規層面為例，加州《消費者隱私法》（CCPA），於2018年6月28日生效，有時也會被稱為「加州版的GDPR」。相較於GDPR以原則為導向，CCPA則以規則為基礎，撰寫得更為具體精確，例如明確規定罰款：「每位加州居民每次事件處以100美元至750美元罰鍰，或是實際損害賠償金（取其較高者），得併法院認為適當的其他任何救濟措施，而且加州總檢察長辦公室有權選擇對公司進行起訴，而非僅允許民事訴訟」（加州公民法典第§1798.150條）。考慮到加州居民的數量以及對「事件」的解釋不同，這些罰款對於依賴個人資料做為商業模式的公司來說，可能會變成相當巨額的財務負擔。正如加州曾在汽車環保法規方面領先全美一樣，該州現在也試圖在隱私規範方面發揮引領作用。

從更地方性的層面看，有些市政當局在規範某些監控技術方面，已經走在領先地位。例如，2019年7月，奧克蘭市通過一項法令，禁止「取得、獲得、保留和存取」臉部識別技術。類似的法律也在2019年5月於舊金山市、2019年6月於麻薩諸塞州索美維爾市，以及2021年2月於明尼阿波利斯市已通過。

這些趨勢是政府重新展現權力的一部分，至少在美國是如此，做為對企業資料力量的制衡。反壟斷法廣泛、多領域的職權範圍，最近受到挑戰。哥倫比亞大學的吳修銘（Tim Wu）和莉娜・康（Lina Khan）等倡導者，主張採用較早期的「新布蘭迪斯」（neo-Brandeisian）* 觀點，該觀點對經濟

---

\* 編按：源自美國最高法院大法官路易斯・布蘭迪斯（Louis Brandeis, 1856-1941）的反壟斷思想，主張限制大企業壟斷，保護市場競爭和消費者權益。「新布蘭迪斯主義」強調在數位時代重新審視和應用這些反壟斷原則。

集中的危險有更廣泛的理解：包括壟斷或接近壟斷的情況。[28]（路易斯·布蘭迪斯的觀點經常與羅伯特·博克〔Robert Bork，1927-2012〕的觀點相對立；批評者將此一運動貶稱為「潮人反壟斷」運動〔hipster antitrust〕）*。2021年，康加入了美國聯邦貿易委員會（The Federal Trade Commission, FTC），預示著一個重新審視反壟斷法之意涵的時代來臨，尤其是當商業模式依賴收集我們的資料，且產品是免費的情況時。

## 創造網際網路時的一句話

新布蘭迪斯反壟斷法規是可能改變國家與企業權力平衡的兩個議題之一；跟資料更有關聯的第二個議題是對於〈第230條款〉重新解釋的呼籲日益高漲。〈第230條款〉指的是1996年《通信規範法》（Communications Decency Act）中的一個句子：

> 任何互動式電腦服務的提供者或使用者，不應被視為由其他資訊內容提供者所提供之任何資訊的出版者或發言者。（譯注：平臺提供者不因使用者在上面發表的不當言論而被究責。）

---

\* 編按：布蘭迪斯是美國廿世紀初的大法官，反壟斷法的提倡者。博克是法律學者兼政治家，反對過度的反壟斷法，認為市場力量應該得到充分的自由發展。
「hipster」（潮人）通常指的是一群追求獨特和非主流文化的人，喜歡復古風格、獨立音樂、手工藝品和有機食品，並以其對流行文化的批判性態度而聞名。臺灣也會譯為「文青」，但其實「潮人」更注重於時尚和流行，而「文青」則更偏向於思潮、文化和藝術等。

這段簡短的文字觸及到我們前面提到的一個重點：就網際網路這種新行業而言，在產業分類時，網際網路服務提供商（ISP）被視為內容的「發布者」或「散布者」，就責任區分而言，這樣的定位非常重要。然而由於〈第230條款〉是在像推特或臉書等資訊平臺公司出現之前所寫的，這些公司的業務內容是對其呈現的內容，進行演算法排序和優先級設定。然而〈第230條款〉的保護範圍被解釋成涵蓋了這些公司，因而賦予它們對其演算法增強、排序和散布內容的法律免責權，並可從中獲利。事實上，〈第230條款〉等於使得某些商業模式得以存在並蓬勃發展。

這種免責權也有其限度：例如，平臺公司仍然會對內容進行管理，包括與恐怖主義相關的內容、色情內容和侵犯版權的內容等。不過這些管理並非完全是由演算法驅動；人類審核員（通常被稱為「內容審核員」而不是被稱為「編輯」），是這個過程的重要組成部分。[29] 根據最近來自紐約大學的報告統計：

> 現在約有15,000名工作人員，其中絕大多數是由第三方供應商聘僱，負責監控臉書的主要平臺及其子公司Instagram。有大約10,000人負責審查YouTube和其他谷歌產品。相對規模較小的公司如推特，則有約1,500名審核員。[30]

在過去二十五年裡，企業和言論自由倡導者都頌讚〈第230條款〉的保護。然而近幾年來，不論來自政治左派或右派的重新評估呼籲已有所增加（在撰寫本文時，維基百科的〈第230條款〉頁面，現在已經加上一段名為

「2020年司法部審查」的部分）。

不論〈第230條款〉是否適用，資訊平臺公司並不只是「提供」資訊而已；資料科學家、工程師和產品設計師，在整個過程裡做出的無數主觀設計選擇，都進行了個性化、最佳化的編輯。然而即使這些編輯決策由精心設計的演算法驅動，但它們仍無法以既有用又「中立」的方式，呈現如此大量的使用者生成內容。隨著公民和參議員對這種演算法編輯和放大效應的社會影響，持續增加了認知與關注，讓〈第230條款〉的廣泛保護，可能很快就會在法院中被重新解釋，甚至也可能促使新法規的制定，這點很可能會改變內容平臺公司們使用演算法的方式。

在隱私的諷刺性應用中，原先與消費者保護相關的「隱私」，卻因資訊平臺使用點對點加密的方式，無法查看內容，因此也無法管理內容，反而免除了與內容相關的法律責任。\* 正如〈第230條款〉「創造了網際網路」一樣，我們預期這些法律爭議的解決，將對這些公司運作的方式及其對社會的影響，產生重大作用。[31]

## 第三種權力：人民權力

我們描述了目前企業權力之間的競爭，以及國家權力和數據驅動演算法方面的監管變化。民間社會也有自己的監管方式，用法律學者的語言來

---

\* 譯注：點對點加密保護了用戶隱私，卻也讓平台可以說自己看不到客戶的隱私內容而免責。

說，這些形成了「私人規範」（private ordering）；我們想更概括地稱之為「人民權力」。

## 人民權力：在組織內部

「私人規範」最顯著的形式，也就是個人能夠最直接產生影響的地方，是發生在單一社群，例如，一家公司之內。在〈員工做為監管者：高科技公司中的新私人規範〉一文中，珍妮佛·范（Jennifer Fan）描述了幾種可以實現這種規範的機制。[32]「書面倡議」（written advocacy）*便是這樣的一種機制，藉由網路和社群媒體的民主性質發表而得到擴大。這也可以包含直接與媒體溝通的角色，因為從速度上看，這樣的影響比較能夠「即時」發生。範例之一引自《大西洋月刊》（The Atlantic）中，做為訊息洩露速度的時間表參考：

> 2018年8月17日，谷歌對《紐約時報》說：某位谷歌員工向《紐約時報》記者凱特·康格（Kate Conger）提供了谷歌執行長桑德爾·皮查伊（Sundar Pichai）談論 Dragonfly 專案的一些發言內容。康格便在推特上發布了這些內容，導致一名谷歌員工在公開的麥克風上說了句髒話，而這句話同樣也被洩露了出去。[33]

---

\* 譯注：透過書面文字來進行主張、辯護或說服，目的是在影響決策、表達立場、或支持某一方的觀點。

這種公開（報導）特別適用於集體行動，例如，最近CNN訪問了《紐約時報》的一位資料分析師，闡述了員工對成立工會的意願。

另一種需要集體行動的私人規範形式，涉及從同事間收集私人資訊。例如，薪資通常是公司嚴格保密的資訊，因為公司希望在員工激勵與薪酬公平性之間取得平衡，而這類資訊可以成為集體行動特別有力的工具。

這類做法揭露了不同人口群體之間的不平等現象，就如同谷歌的艾瑞卡・貝克（Erica Baker）*在2015年時，開始收集谷歌薪資數據表格時所發現的情況。[34] 在更大規模的層面上，在上市公司中的「股東行動主義」（shareholder activism），也提供了另一種私人規範機制。在許多公司裡，員工同時也是股東，造成了像在亞馬遜股東大會上，圍繞各種倫理問題的員工活動盛況。然而，越來越多科技公司採用了《紐約時報》等公司行之有年的「雙層股權結構」（two-tiered stock model），也就是某些股份擁有比其他股份更多的投票權。這個系統使得臉書、亞馬遜和Snapchat等公司的創辦人，即使在公司公開上市之後，仍能保有較大的公司控制權。

「跨公司聯盟」像是2014年成立的「科技工作者聯盟」（Tech Workers Coalition）、2016年的「科技團結組織」（Tech Solidarity）、2016年的Neveragain.tech網站和2020年的刑事科技抵抗網路（Carceral Tech Resistance Network, CTRN）**等，正在教育並組織科技工作者們，要求相關企業做出改變。像

---

\* 編按：貝克創建了一個共享的電子表格，讓同事們可以匿名輸入自己的薪資資訊，引發了廣泛的討論和關注。這個行動展示了如何透過集體行動來揭露和挑戰不平等的薪資制度。

\*\* 編按：這類組織通常專注於反對和抵制監控技術的使用，特別是在刑事司法系統中的應用，並關注隱私權、數據安全以及技術隊社會正義的影響等議題。

Coworker.org這樣促進集體行動的非營利組織，能讓這些公司員工對管理階層施加壓力。隨著工程人才的需求增加，這種壓力會讓企業在招聘和留住人才方面的難度提高，因此也越常被運用來做為籌碼。在《資料女權主義》（*Data Feminism*）中，迪諾齊奧（D'Ignazio）和克萊因（Klein）指出，「數據工作者整體來說是有所選擇的——他們可以選擇為誰工作、參與哪些專案以及拒絕什麼樣的價值觀。」[35] 相較其他員工，他們更有能力堅持不同的數據發展方向。對於那些尚未準備離開現職的人來說，罷工是另一種集體行動形式。谷歌就發生過知名案例，在2018年11月1日早上，有超過20,000名員工進行了相當引人注目的罷工抗議活動。\* 然而，最終這些罷工活動並未帶來組織者所倡導的變化，兩位主要組織人物克萊爾·斯塔普萊頓（Claire Stapleton）和梅雷迪斯·惠特克（Meredith Whittaker）指控遭到谷歌報復後辭職。儘管如此，他們仍然堅持不懈地公開說明他們的選擇，並與媒體討論他們的申訴事項。

目前，科技公司員工越來越朝向集體行動，更特別朝向工會化發展。這包括2020年Kickstarter和Glitch的工會化，以及2021年Alphabet、亞馬遜、道瓊（Dow Jones）\*\*和《紐約時報》等公司的工會化努力。

---

\* 原注：有關2016年至2018年此類私人規範例子的時間表，以及對9名科技員工（包括來自科技工作者聯盟和2018年谷歌罷工）的採訪，請參閱卡梅倫·伯德（Cameron Bird）等人，於《加州星期日雜誌》發表的〈科技革命〉一文，2019年1月23日，https://story.californiasunday.com/tech-revolt/。

\*\* 編按：Kickstarter是全球知名的群眾募資平臺；Glitch是網頁開發平臺；Alphabet是谷歌母公司；道瓊是一家美國的出版和金融資訊公司，以其著名的道瓊工業指數聞名，提供商業和金融新聞、數據和分析。

雖然這些個人或集體的行動並不像GDPR等監管變革那樣，可以帶來立即影響，但它們仍可能產生巨大的效果，尤其是當公司中的關鍵團隊（如軟體工程師們）有大量成員參與的情況。正如CTRN的莎拉・T・哈米德（Sarah T. Hamid）所說，「我們正在對抗的系統，已經存在了很長一段時間……但如果你能製造一些阻力，就能創造出一些喘息的空間。」[36] 而在《科技之後的競賽》（*Race After Technology*）一書中，魯哈・班傑明反對過於簡單的技術解決方案，她指出「我們必須要求科技的設計師和決策者，成為負責任的科技管理者，以便推動社會福祉」，例如，「演算法正義聯盟」（Algorithmic Justice League）的「安全臉部承諾」（Safe Face Pledge）等[37]，這些努力在（企業）內部和外部都可以進行。

## 人民權力：來自外部

> 對做為公眾的我們來說，現在應該認真面對AI在目前和未來，即將帶來社會影響的時候了……我們不能只把責任推給技術開發者和私營企業。公眾必須將AI相關議題視為所有人的共同問題，而不只是屬於企業和政府的科技技術問題。
>
> ——安奈特・齊默爾曼（Annette Zimmermann）、埃琳娜・迪・羅莎（Elena Di Rosa）和金浩燦（Hochan Kim）[38]

大眾廣泛地以各種身分參與了這些公司，包括做為使用者、做為提供了訓練數據的免費勞工，以及更普遍地提供我們寶貴的行為模式和個人

資料。對於像Spotify或Netflix這樣的公司，大眾直接透過訂閱為公司提供資金；而對於那些把我們當作產品而非顧客的公司，我們享受其便利的服務，卻很少對我們做為公眾的角色提出任何「質疑」，也就是齊默爾曼、迪・羅莎和金所說的那種「企業與國家使用AI技術時，我們既賦予其正當性，也提出質疑。」[39] 即使由個人發起的外部行動已經廣泛地進行，但很少能夠看到對這些公司有什麼明顯影響。2017年1月的#DeleteUber運動，讓「成千上萬」的使用者刪除了他們的優步應用程序（根據該公司的IPO申請文件）。確實，這件事發生在該公司相當艱難的一年，而且這只是開始而已；接下來，創辦人兼CEO被替換了，這也只是優步該年度面臨的眾多麻煩之一。這樣的公眾集體行動不僅剝奪了一家公司的收入，還讓他們損失了寶貴的資料，就像一種「資料抵制」一樣；而人才的辭職則形成一種「人才抵制」。借用哈米德的說法，每一種情況都產生了少許「阻力」。在數據的未來發展中，關鍵問題將是：是否有足夠的集體內部或外部阻力，能夠減緩數據資料驅動科技公司在影響力和權力上的成長。

這些公司帶來的最大危險可能在於：它們削弱了民主過程的可能性。耶魯大學法律教授艾咪・卡普欽斯基寫道：「目前的資訊資本主義，不僅對我們的個人主觀性構成威脅，還對平等性，以及我們的自我治理能力構成威脅。資料與民主的問題，不只是資料與尊嚴的問題，也必須成為我們關注的核心。」[40] 自力救濟包括了集體行動，以及在各種治理層級中運用各式各樣的權力形式，便可能開闢一條出路，把演算法系統轉向增強自我治理，並以實現正義為目標，而非走向進一步破壞治理並加劇現有不平等的道路上。

# 回歸到不穩定的遊戲中

「切勿預言，尤其是關於未來的事。」

——可能是山繆・戈德溫（Samuel Goldwyn）和／或尼爾斯・波耳（Niels Bohr）所說

我們並沒有試圖預言或倡導一場革命，而是把目光集中於各種權力之間的競爭——企業權力、國家權力和人民權力等。這些力量在時間和效能上，作用的範圍差異相當大，然而每種力量都有潛力可以塑造數據的未來。數據仍然是現有權力（尤其是國家和企業權力），維持對其領域統治的極其有效的方式。在數據驅動科技的情況下，我們很難回憶起沒有這些科技的時代——那個智慧手機、網際網路和居家全天候監控設備都還沒出現的時代。歷史視角使目前情況變得陌生，因為它打破了科技決定論的謬誤：亦即科技必然引發社會、經濟和文化變革的觀點。要讓科技產生如今的影響力，就必須依賴法律、基礎設施和社會決策的配合，才能讓科技得以成長，並且成為我們日常規範的一部分。然而，這些影響並不可能自然而然地發生。

我們希望在此呈現的潛在未來景象能夠提醒各位，現在的情況就像一場不穩定的博弈，並不是一種無法改變的受困情況，而只是當下情況的速寫快照而已：即使是在技術可行的情況下，我們也不必使用不道德或不透明的演算法決策系統。基於大規模監控（所推播）的廣告，並非社會必需品。我們不需要建立那些學習過去與現在的階層分化，並在未來強化這

些階層分化的系統。隱私並不會隨著科技發展而消亡。支持新聞業、書籍寫作或任何個人在意的創作活動的唯一方式，並非透過監視個人來推播廣告，我們還有許多其他的選擇。這些系統裡有許多元素是我們希望社會擁有的，但也有許多是我們不需要的，這需要花很多時間，因為這項工作本身相當細膩，而且不會有快速的解決方案。它不會像是在成本函數中添加一個新術語那麼簡單，也不會只靠一項監管裁定就能解決。因為可能必須涉及到奇特、有時帶有權謀，甚至令人不安的結盟。

新發展的科技技術通常先由掌握權力者獲得；有時他們會以這些新技術，讓受壓迫和被剝奪權利的人受益，但更常見的情況則是他們利用這些新興科技來鞏固和擴張自身的權力與控制。因此，應該重新調整規範、法律、架構和市場，讓這些新興能力能夠賦權給弱勢者。這雖然需要一點時間，但確實是可以做到的。[41] 科技代表不斷的變化，然而社會變革需要時間：正如我們所見，有時需要幾十年的時間，新的科技才會融入社會，並與我們的價值觀和規範相符（前提是如果它確實符合的話）。因此，我們可以直接或間接地利用許多潛在的力量，塑造科技與規範、法律和市場之間的關係，以及數據在其中扮演的角色。

# 致謝
## Acknowlegments

本書源自於我們為哥倫比亞大學和巴納德學院本科生所開的一門課。最初我們是應哥倫比亞大學學生的要求而構思這門課程，並得到哥倫比亞協作實驗室的財務、精神和行政上支持，該機構是由理查·維騰（Richard Witten）和當時哥倫比亞數據資料科學研究所所長周以真（Jeanette Wing）所領導。如果不是為了我們在2017到2022年之間的這些學生，這項工作將會變得狹隘受限。然而他們不斷推動我們精煉關於數據、真相和權力之間持續衝突的描述，範圍從十八世紀一直到現代。我們感謝這些學生的專注、參與和好奇心。他們的提問塑造了課程素材，激勵我們更努力尋找那些可以協助「解釋」目前現象的歷史和技術根源，並且透過描繪那些本來可能存在的「反事實」現實，來使當前情況更具「陌生感」。這些原先可能存在的不同故事，也激發我們討論到未來可能發生的創造和享受。

我（威金斯）關於在企業中開發和部署機器學習的現實理解，受到我在《紐約時報》資料科學團隊的傑出同事們，以及一些可能不希望我具名，但知道他們是誰的其他資訊平臺公司科技專家的影響。

我對倫理的理解最初源於與馬修・薩根尼克討論他的書《*Bit by Bit*》，接著與《紐約時報》資料治理主管羅賓・貝爾強（Robin Berjon）的多次討論而進一步深化，尤其是在薩根尼克教授擔任《紐約時報》駐校學者的那一年。我感謝大衛・布萊（David Blei）、大衛・多諾霍、格爾德・吉格倫澤（Gerd Gigerenzer）、馬克・漢森（Mark Hansen）、吉娜・內夫、彼得・諾維格（Peter Norvig）、凱西・歐尼爾（Cathy O'Neil）、黛布・拉吉（Deb Raji）、班・雷希特（Ben Recht）、阿弗雷德・史佩克特（Alfred Spector）、拉坦尼婭・史威尼、安妮・華盛頓（Anne Washington）、哈德利・威克姆和珍妮特・溫和周以真等人，對於資料、資料科學和倫理的深入見解及挑戰。在多年的智慧對話裡，尤其是與大衛・卡羅爾（David Carroll）、蕾妮・迪雷斯塔（Renee DiResta）、瓊・唐諾萬（Joan Donovan）和賈斯汀・亨德里克斯（Justin Hendrix）的交流，協助我理解演算法如何塑造和扭曲現實。數據對於群眾集體真實性影響的廣泛層面，尤其是在媒體和政治領域，也經由與馬克・湯普森（Mark Thompson）的多次討論，得到了進一步的闡明。

　　我還要感謝麥特・瓊斯（Matt Jones）、艾莉兒・卡米納（Ariel Kaminer）、羅伯・菲利普斯（Rob Phillips）和艾莉森・施拉格（Allison Schrager）在如何實際寫書方面，所提供的諸多建議。當然，還要感謝我的父母理查與卡洛琳・威金斯，對我的支持。

　　**我們一直試圖**表達對於那些改變我們思考的學者、政策制定者和科技專家的虧欠。我（瓊斯）非常幸運地與史蒂芬妮・迪克、理查・史特利（Richard Staley）、穆斯塔法・阿里（Mustafa Ali）、瓊尼・潘（Jonnie Penn）和

莎拉・狄龍（Sarah Dillon）合作了為期兩年的《人工智慧的歷史：權力的家譜》專案，這是一個梅隆索耶（Mellon-Sawyer）研討會的項目。在此之前，我與迪克、潘和亞倫・門登──普拉塞克（Aaron Mendon-Plasek）合作了關於AI歷史的研討會。在這個過程裡，來自世界各地鼓舞人心的學者，挑戰並激勵了我們。我從資料與社會（Data & Society）的研究獎學金中受益匪淺。特別是有幸能與丹娜・博伊德、妲拉赫尚・米爾（Darakhshan Mir）、珍娜・馬修斯（Jeanna Matthews）、賽斯・揚（Seth Young）和克勞迪婭・豪普特（Claudia Haupt）合作。除了優渥的獎學金外，賽斯・揚還在思考課責制方面，提供了很多指導──他跟我尚未完成的專案，成為了本書裡的一整個專章。在哥倫比亞大學裡，伊本・莫格林（Eben Moglen）親切地允許我選修兩門法律課程，而瑞秋・舒特（Rachel Schutt）和凱西・歐尼爾則允許我參加他們的第一個資料科學課程。威金斯參加了我第一次關於這些主題的初步報告──我在當時首次見識到他的清晰思路和慷慨貢獻，貫穿了我們整個合作過程，最終完成了這本書。

　　本書所呈現的資料科學歷史的關鍵方面，在柏林的馬克斯・普朗克科學歷史研究所和由UCLA主辦的亨廷頓研討會上，得到了整合。而來自密西根大學安娜堡分校、印第安納大學、加州大學柏克萊分校、加州大學洛杉磯分校、加州大學聖塔芭芭拉分校、加州大學聖地亞哥分校、南洋理工大學、巴黎政治學院、康奈爾科技校區、劍橋大學、歐洲大學學院、芝加哥大學、錫根大學、賓夕法尼亞大學、羅格斯大學以及哥倫比亞大學電腦科學系等校的學術觀眾所提出的問題和評論，對於這些思想的學術演進提供了相當大的幫助。讓我受益匪淺的還包括與大衛・伊森貝里（David

Isenberg）相關的社群，以及我的研究生亞倫・門登-普拉塞克，持續深入研究機器學習的歷史；他的工作很快就會超越本書提到的內容。

接下這個專案就意味著重返校園，這件事也得到了梅隆（Mellon）基金會和古根漢（Guggenheim）基金會的支持。史隆（Sloan）基金會也資助了哥倫比亞大學關於資料和人工智慧歷史的一系列研討會。史丹佛大學特藏部、英國圖書館、美國哲學學會、哥倫比亞大學特藏部、麻薩諸塞大學阿默斯特分校、普林斯頓大學貝克圖書館和內華達大學雷諾分校特藏部的檔案工作人員，都協助讓本專案的研究成為可能。許多回應資訊自由法（Freedom of Information Act, FOIA）請求的政府員工們，也確保了這裡的大部分歷史，能被講述出來。

我的三個女兒憑著她們對書籍的熱愛，也許有一天可能也會讀到這本書。而且毫無疑問地，她們可能會發現其中尚存在的錯誤和不完美之處。伊莉莎白・李（Elizabeth Lee）的洞察力、愛心和智慧，貫穿了我所寫的一切和我所做的每一件事。

「我愛你們！」（譯注：原文是用中文寫的）

**我們二人都相當感謝**可以得到艾拉・庫恩（Ella Coon）和蘇珊娜・格里克（Susannah Glick）的大力協助，對本書所進行的最後修訂和改進，他們在校對、編輯和改進最終稿方面，簡直超越了職責範圍。感謝慷慨的同事史蒂芬妮・迪克、丹娜・博伊德、席爾鐸・波特、大衛・塞普科斯基（David Sepkoski）和莎拉・伊戈（Sarah Igo），他們仔細閱讀並大幅改進了草稿章節的內容，指正我們的錯誤並鼓勵這項工作。克里斯・歐陽（Chris Eoyang，

音譯)、韓書(Su Hang，音譯)、威廉・珍妮威(William Janeway)、DJ 帕蒂爾和 JB 魯賓諾維茨(JB Rubinovitz)，也對本書草稿提供了優秀的批評意見。本書若有其餘訛誤之處，完全是我們自己的責任。謝謝史隆基金會支持本書的完成，也特別感謝喬許・格林伯格(Josh Greenberg)的鼓勵。

凱西・歐尼爾和馬克・漢森於2014年時，邀請我們參與哥倫比亞大學新聞學院樂德計劃(Lede Program)的資訊記者培訓，讓我們有機會實踐批判資料科學。我們也首次共同開發課程和教學。這種結構——把講座和Python中的實際操作相結合——以及關於數據在社會和真實建立中的扮演角色問題，對於我們後來的課程設計提供了啟發。

我們的經紀人艾瑞克・盧普弗(Eric Lupfer)把最初漫無重點的想法轉化為實際的提案，進而成為一本具有強烈敘事和論證焦點的書。感謝我們的編輯約翰・格魯斯曼(John Glusman)的洞察力和精確性，協助我們將初稿轉化為完成的書籍。

# 注釋與引用來源
Notes

### 前言

1. Kevin Roose and Cecilia Kang, "Mark Zuckerberg Testifies on Facebook Before Skeptical Lawmakers," *New York Times*, April 11, 2018, sec. US, https://www.nytimes.com/2018/04/10/us/politics/zuckerberg-facebook-senate-hearing.html.
2. 這門課程每週的安排包括兩次單獨的會議，週二進行討論，週四對材料進行功能性參與：也就是使用 Python 進行計算，執行週二討論的資料分析類型和機器學習模型。我們並沒有嘗試在本書涵蓋課程的應用部分，但我們邀請有興趣深入閱讀課程內容的讀者直接參與課程網站上提供的資料和程式碼進行學習：https://data-ppf.github.io/.
3. 這裡的語言借用了 Phillip Rogaway, "The Moral Character of Cryptographic Work"(2015), 1, https://web.cs.ucdavis.edu/~rogaway/papers/moral-fn.pdf.

### 第一章：利害關係

1. Hanna Wallach, "Big Data, Machine Learning, and the Social Sciences," Medium, December 23, 2014, https://medium.com/@hannawallach/big-data-machine-learning-and-the-social-sciences-927a8e20460d.
2. Wallach.
3. danah boyd and Kate Crawford, "Critical Questions for Big Data, "*Information, Communication & Society*" 15, no. 5 ( June 1, 2012): 663, https://doi.org/10.1080/1369118X.2012.678878.
4. 這種倡導呼應了1960年代的工程師們，尋求更具社會和環境意識的科技運動, chronicled in Matthew H. Wisnioski, "*Engineers for Change: Competing Visions of Technology in 1960s America*" (Cambridge, MA: MIT Press, 2012).
5. Safiya Umoja Noble, "Google Search: Hyper-Visibility as a Means of Rendering Black Women and Girls Invisible," InVisible Culture, no. 19 (October 29, 2013), http://ivc.lib.rochester.edu/google-search-hyper-visibility-as-a-means-of-rendering-black-women-and-girls-invisible/. 她在 "*Algorithms*

of Oppression: How Search Engines Reinforce Racism" 中闡述了這些論點。 (New York: New York University Press, 2018).

6　Cathy O'Neil, "*Weapons of Math Destruction: How Big Data Increases Inequality and Threatens Democracy*" (New York: Crown, 2016), 48.

7　Ruha Benjamin, "Race after Technology: Abolitionist Tools for the New Jim Code," (Cambridge, UK; Medford, MA: Polity Press, 2019), 44–45.

8　Meredith Whittaker, "The Steep Cost of Capture," *Interactions* 28, no. 6 (November 2021): 50–55, https://doi.org/10.1145/3488666.

9　Virginia Eubanks, "Public Thinker: Virginia Eubanks on Digital Surveillance and People Power," Jenn Stroud Rossman 採訪, *Public Books* (online), July 9, 2020, https://www.publicbooks.org/public-thinker-virginia-eubanks-on-digital-surveillance-and-people-power/.

10　Lisa Nakamura, "The Internet Is a Trash Fire. Here's How to Fix It," 2019, https://www.ted.com/talks/lisa_nakamura_the_internet_is_a_trash_fire_here_s_how_to_fix_it.

11　Zeynep Tufekci, "Engineering the Public: Big Data, Surveillance and Computational Politics," *First Monday*, July 2, 2014, https://doi.org/10.5210/fm.v19i7.4901.

12.　Renee DiResta, "Mediating Consent," *ribbonfarm* (blog), December 17, 2019, https://www.ribbonfarm.com/2019/12/17/mediating-consent/.

13　Virginia Eubanks, "Automating Inequality: How High-Tech Tools Profile, Police, and Punish the Poor," (New York: St. Martin's Press, 2017).

14　Brianna Posadas, "How Strategic Is Chicago's 'Strategic Subjects List'? Upturn Investigates," Medium, June 26, 2017, https://medium.com/equal-future/how-strategic-is-chicagos-strategic-subjects-list-upturn-investigates-9e5b4b235a7c.

15　請參閱 Martha Poon,"Corporate Capitalism and the Growing Power of Big Data: Review Essay," *Science, Technology, & Human Values* 41, no. 6 (2016): 1088–1108.

16　Whittaker, "The Steep Cost of Capture"; Rodrigo Ochigame, "The Invention of 'Ethical AI': How Big Tech Manipulates Academia to Avoid Regulation," *The Intercept (blog)*, December 20, 2019, https://theintercept.com/2019/12/20/mit-ethical-ai-artificial-intelligence/; Thao Phan et al., "Economies of Virtue: The Circulation of 'Ethics' in Big Tech," Science as Culture, November 4, 2021, 1–15, https://doi.org/10.1080/09505431.2021.1990875; Matthew Le Bui and Safiya Umoja Noble, "We're Missing a Moral Framework of Justice in Artificial Intelligence," *The Oxford Handbook of Ethics of AI*, Markus Dirk Dubber, Frank Pasquale, Sunit Das, eds. (Oxford: Oxford

University Press, 2020), https://doi.org/10.1093/oxfordhb/9780190067397.013.9.

17 關於私人規範，請參閱 Jennifer S Fan, "Employees as Regulators: The New Private Ordering in High Technology Companies," *Utah Law Review*, no. 5 (2019): 55.

18 "Principles for Accountable Algorithms and a Social Impact Statement for Algorithms:: FAT ML," accessed October 1, 2018, http://www.fatml.org/resources/principles-for-accountable-algorithms.

19 結合歷史方法的重要批判性研究包括 Wendy Hui Kyong Chun and Alex Barnett, "*Discriminating Data: Correla tion, Neighborhoods, and the New Politics of Recognition*," (Cambridge, MA: MIT Press, 2021); Justin Joque, "*Revolutionary Mathematics: Artificial Intel ligence, Statistics and the Logic of Capitalism*," (New York: Verso, 2022); Kate Crawford, "*Atlas of AI: Power, Politics, and the Planetary Costs of Artificial Intelligence*," (New Haven, CT: Yale University Press, 2021); Meredith Broussard, "*Artificial Unintelligence: How Computers Misunderstand the World*," (Cambridge, MA: MIT Press, 2018). 關於「大數據」，請參閱極具開創性的 Rob Kitchin, "*The Data Revolution:Big Data, Open Data, Data Infrastructures& Their Consequences*,"(Los Angeles: SAGE Publications, 2014).

20 Melvin Kranzberg, "Technology and History: 'Kranzberg's Laws," *Technology and Culture* 27, no. 3 (1986): 547–48.

21 Enrico Coiera, "The Fate of Medicine in the Time of AI," *The Lancet* 392, no. 10162 (December 1, 2018): 2331, https://doi.org/10.1016/S0140-6736(18)31925-1.

22 關於歷史作為倫理學教學的有力工具，請參閱 R. R. Kline, "Using History and Sociology to Teach Engineering Ethics," *IEEE Technology and Society Magazine* 20, no. 4 (2001): 13–20, https://doi.org/10.1109/44.974503.

23 有關美國資料累積和分析不同時刻的精彩調查，請參閱 Dan Bouk, "The History and Political Economy of Personal Data over the Last Two Centuries in Three Acts," *Osiris* 32 (2017): 85–106; Martha Hodes, "*Haunted by Empire: Geographies of Intimacy in North American History*" 中 的 "Fractions and Fictions in the United States Census of 1890," , ed. Ann Laura Stoler (Durham, NC: Duke University Press, 2006), 240–70; Simone Browne, "*Dark Matters: On the Surveillance of Blackness*," (Durham, NC: Duke University Press, 2015); Khalil Gibran Muhammad, "The Condemnation of Blackness: Race, Crime, and the Making of Modern Urban America," (Cambridge, MA: Harvard University Press, 2010).

24 Sarah E. Igo, "*The Averaged American: Surveys, Citizens, and the Making of a Mass Public*," (Cambridge, MA: Harvard University Press, 2007); Emmanuel Didier, "*America by the Numbers: Quantification, Democracy, and the Birth of National Statistics*," (Cambridge, MA: MIT Press,

2020); Daniel B. Bouk, "*How Our Days Became Numbered: Risk and the Rise of the Statistical Individual*,"(London: University of Chicago Press, 2015); Emily Klancher Merchant, "B*uilding the Population Bomb,*" (New York: Oxford University Press, 2021). 更普遍的說法，請參閱 Geoffrey C. Bowker 與 Susan Leigh Star 的經典研究，"*Sorting Things Out*," (Cambridge, MA: MIT Press, 1999) and Wendy Nelson Espeland and Michael Sauder, "Rankings and Reactivity: How Public Measures Recreate Social Worlds," *American Journal of Sociology* 113, no. 1 ( July 1, 2007): 1–40, https://doi.org/10.1086/517897.

25 Caitlin Rosenthal, "*Accounting for Slavery: Masters and Management,*" (Cambridge, MA: Harvard University Press, 2018).

26 Theodore M. Porter, "*Trust in Numbers: The Pursuit of Objectivity in Science and Public Life*," (Princeton, NJ: Princeton University Press, 1995).

27 請參閱 Frank Pasquale 的批評，"*The Black Box Society: The Secret Algorithms That Control Money and Information,*" (Cambridge, MA: Harvard University Press, 2015).

28 Martha Poon 強調，這些做法表面上看似必然，但更需要我們去理解與解釋，而不是理所當然的接受：「評分系統是如何制定的，如何連接、協調和互動的細節，最重要的是，它們如何演變，應該在他們如何透過風險計算，重新塑造並重組消費信貸產業過程中，具有重要意義。」Martha Poon, "Scorecards as Devices for Consumer Credit: The Case of Fair, Isaac & Company Incorporated," *The Sociological Review* 55, no. 2_suppl (October 2007): 288, https://doi.org/10.1111/j.1467-954X.2007.00740.x.

## 第二章：社會物理學與平均人

1. Quoted in Karl Pearson, *The Life, Letters and Labours of Francis Galton* (Cambridge, UK: University Press, 1914), vol. 2, 418, http://archive.org/ details/b29000695_0002.

2. Nightingale to William Farr, 23.2.1874, in *Florence Nightingale on Society and Politics, Philosophy, Science, Education and Literature: Collected Works of Florence Nightingale*, Volume 5, ed. Lynn McDonald (Waterloo, ON: Wilfrid Laurier University Press, 2003), 39.

3. Ian Hacking, *The Taming of Chance* (Cambridge, UK: Cambridge University Press, 1990), 106.

4. Joseph Lottin, *Quetelet, Statisticien et Sociologue* (Louvain: Institut supérieur de philosophie, 1912), 52; Theodore M. Porter, The Rise of Statistical Thinking, 1820–1900 (Princeton, NJ: Princeton University Press, 1986), 47.

5. David Aubin, "Principles of Mechanics That Are Susceptible of Application to Society:

An Unpublished Notebook of Adolphe Quetelet at the Root of His Social Physics," *Historia Mathematica* 41, no. 2 (May 1, 2014): 209, 216, https://doi.org/10.1016/j.hm.2014.01.001.

6. Kevin Donnelly, Adolphe Quetelet, Social Physics and the Average Men of Science, 1796–1874 (Routledge, 2015), 73, https://doi.org/10.4324/9781315653662.
7. Translated in Paul F. Lazarsfeld, "Notes on the History of Quantification in Sociology—Trends, Sources and Problems," Isis 52, no. 2 (1961): 293.
8. 參閱Morgane Labbé, "L'arithmétique politique en Allemagne au début du 19e siècle: réceptions et polémiques," *Journal Electronique d'Histoire des Probabilités et de la Statistique* 4, no. 1 (2008): 7.
9. Peggy Noonan, "They've Lost That Lovin' Feeling," *Wall Street Journal*, accessed November 20, 2012, http://online.wsj.com/article/SB10001424053 111904800304576474620336602248.html.
10. 要深入探討從十七世紀開始的發展，請參閱廣泛文獻中的一些有力研究，Jacqueline Wernimont, *Numbered Lives: Life and Death in Quantum Media* (Cambridge, MA: MIT Press, 2018), esp. ch. 2; Andrea Rusnock, "Quantification, Precision, and Accuracy: Determinations of Population in the Ancien Régime," in *Values of Precision, ed. M. Norton Wise* (Princeton, NJ: Princeton University Press, 1995), 17–38; William Deringer, *Calculated Values: Finance, Politics, and the Quantitative Age* (Cambridge, MA: Harvard University Press, 2018)，他強調了早期數位思維的非政府起源。
11. Lisa Gitelman, ed., *Raw Data Is an Oxymoron.* (Cambridge, MA: MIT Press, 2013).有幾本主要的論文集，在不同時期和全球範圍內發展出這些想法：Elena Aronova, Christina von Oertzen, and David Sepkoski, eds., *Data Histories*, Osiris 32 (Chicago: University of Chicago Press, 2017); Soraya de Chadarevian and Theodore M. Porter, *Histories of Data and the Database*, vol. 48, no. 5, *Historical Studies in the Natural Sciences*, 2018; see also Amelia Acker, "Toward a Hermeneutics of Data," *Annals of the History of Computing*, IEEE 37, no. 3 (2015): 70–75.
12. Hacking, *The Taming of Chance*, 2.
13. 有關對於中國的精細描述，請參閱 Tong Lam, *A Passion for Facts: Social Surveys and the Construction of the Chinese Nation State*, 1900–1949. (Berkeley: University of California Press, 2011), ch. 1.
14. Jacqueline Wernimont, *Numbered Lives*, 28; 有關收集這些資料的工作，請參閱Deborah E. Harkness, "A View from the Streets: Women and Medical Work in Elizabethan London," *Bulletin of the History of Medicine* 82, no. 1 (2008): 52–85.
15. Victor L. Hilts, "Aliis Exterendum, or, the Origins of the Statistical Society of London," *Isis* 69, no. 1 (March 1978): 21–43, https://doi.org/10.1086/351931.

16. 其中心觀點聚焦於論證，William Deringer, *Calculated Values*.
17. 參閱 David Sepkoski and Marco Tamborini, " 'An Image of Science': Cameralism, Statistics, and the Visual Language of Natural History in the Nineteenth Century," *Historical Studies in the Natural Sciences* 48, no. 1 (February 1, 2018): 56–109, https://doi.org/10.1525/hsns.2018.48.1.56; Deringer, *Calculated Values*.
18. 參閱 Jean-Guy Prévost and Jean-Pierre Beaud, *Statistics, Public Debate and the State, 1800–1945: A Social, Political and Intellectual History of Numbers* (Routledge, 2016), 3.
19. Quetelet 的國際工作是主要的主題，Donnelly, *Adolphe Quetelet, Social Physics and the Average Men of Science, 1796–1874*.
20. Adolphe Quetelet, *A Treatise on Man and the Development of His Faculties* (Edinburgh: W. and R. Chambers, 1842), 6, http://archive.org/details/treatise onmandev00quet.
21. Quetelet, 6.
22. David Aubin, "On the Epistemic and Social Foundations of Mathematics as Tool and Instrument in Observatories, 1793–1846," in *Mathematics as a Tool*, ed. Johannes Lenhard and Martin Carrier, vol. 327 (Cham, Switzerland: Springer International Publishing, 2017), 290–91, https://doi.org/10.1007/978-3-319-54469-4_10; Porter, *The Rise of Statistical Thinking*, 18201900, 42; Donnelly, Adolphe Quetelet, Social Physics and the Average Men of Science, 1796–1874, 111–12. Aubin 強調觀察數據的技巧；Donnelly 強調 Quetelet 從歐洲各地取得數據的能力不斷增強。
23. Hacking, *The Taming of Chance*, 109.
24. Adolphe Quetelet, *Recherches Statistiques* (Brussels: M. Hayez, 1844), 54.
25. Hacking, *The Taming of Chance*, 107.
26. Quetelet, *A Treatise on Man*, 5.
27. Quetelet, 6.
28. Quetelet, 6.
29. Quetelet, 6.
30. Quetelet, 6.
31. Hacking, *The Taming of Chance*, 108.
32. Margaret Thatcher, Interview for Woman's Own, 23.9.1987, https://www.margaretthatcher.org/document/106689.
33. Porter, *The Rise of Statistical Thinking*, 1820–1900, 55.

34. Quetelet, A Treatise on Man, 7.
35. Porter, *The Rise of Statistical Thinking*, 1820–1900, 46.
36. Porter, 104.
37. Hacking, *Taming of Chance*,108.
38. Adrian Wooldridge, *Measuring the Mind: Education and Psychology in England*, c. 1860–c. 1990 (New York: Cambridge University Press, 1994), 74.
39. Quoted in Pearson, *The Life, Letters and Labours of Francis Galton*, v. 2, 419.
40. Quoted in Pearson, v. 2, 419.

## 第三章：偏差者的統計學

1. Florence Nightingale, *Notes on Matters Affecting the Health, Efficiency and Hospital Administration of the British Army* (London: Harrison and Sons, 1858), 518.
2. Francis Galton, "Heredity Talent And Character," *Macmillan's Magazine* 12 (1865): 166.
3. Galton解釋說，達爾文「在我自己的心智發展中創造出一個顯著的時代，就像在人類思想的發展中一樣。」Sir Francis Galton, *Memories of My Life* (New York: Dutton, 1909), 287.
4. Galton, "Heredity Talent And Character," 157.
5. Galton, 165.
6. Chris Renwick, "From Political Economy to Sociology: Francis Galton and the Social-Scientific Origins of Eugenics," *The British Journal for the History of Science* 44, no. 3 (September 2011): 352, https://doi.org/10.1017/S000 7087410001524.
7. Francis Galton, *Hereditary Genius: An Inquiry into Its Laws and Consequences* (London: Macmillan, 1869), 14, http://archive.org/details/hereditary genius1869galt.
8. Ross, quoted in Thomas C. Leonard, *Illiberal Reformers: Race, Eugenics, and American Economics in the Progressive Era* (Princeton, NJ: Princeton University Press, 2016), 110.
9. 有關優生學與當代數據實踐之間的聯繫，請參閱 Chun and Barnett, Discriminating Data, ch. 1.
10. Alain Desrosières, *The Politics of Large Numbers: A History of Statistical Reasoning* (Cambridge, MA: Harvard University Press, 1998), 113; Stephen M. Stigler, *The History of Statistics: The Measurement of Uncertainty Before 1900* (Cambridge, MA: The Belknap Press of Harvard University Press, 1986), 271.
11. Francis Galton, "Typical Laws of Heredity," *Royal Institution of Great Britain. Notices of the*

*Proceedings at the Meetings of the Members* 8 (February 16, 1877): 291.

12. Francis Galton, *Anthropometric Laboratory; Arranged by Francis Galton, FRS, for the Determination of Height, Weight, Span, Breathing Power, Strength of Pull and Squeeze, Quickness of Blow, Hearing, Seeing, Colour-Sense, and Other Personal Data* (London: William Clowes, 1884), 3, http:// archive.org/details/b30579132.

13. Galton, 4.

14. Kurt Danziger, *Constructing the Subject: Historical Origins of Psychological Research* (Cambridge, UK: Cambridge University Press, 1990), 57.

15. Danziger, 77.

16. Danziger, 110.

17. Porter, *The Rise of Statistical Thinking*, 1820–1900, 311.

18. Porter, 304–5.「從另一個意義上來說，皮爾森是克特萊的真正追隨者。兩人都同意數字的普遍性和不存在不連續。兩人也都認為，科學的任務不是制定大膽的新路線，而是研究社會發展的規律，以便科學政策能夠肯定這些規律，並消除實現這些規律的所有障礙。」

19. Theodore M. Porter, *Karl Pearson: The Scientific Life in a Statistical Age* (Princeton, NJ: Princeton University Press, 2004), 261.

20. Karl Pearson, "On the Laws of Inheritance in Man: II. On the Inheritance of the Mental and Moral Characters in Man, and Its Comparison with the Inheritance of the Physical Characters," Biometrika 3, no. 2/3 (1904): 136, https://doi.org/10.2307/2331479.

21. M. Eileen Magnello, "The Non-Correlation of Biometrics and Eugenics: Rival Forms of Laboratory Work in Karl Pearson's Career at University College London, Part 1," *History of Science* 37, no. 1 (March 1, 1999): 79– 106, https://doi.org/10.1177/007327539903700103; M. Eileen Magnello, "The Non-Correlation of Biometrics and Eugenics: Rival Forms of Laboratory Work in Karl Pearson's Career at University College London, Part 2," *History of Science* 37, no. 2 ( June 1, 1999): 123–50.

22. Porter, *Karl Pearson: The Scientific Life in a Statistical Age*, 263.

23. Pearson, "On the Laws of Inheritance in Man," 136. On women as computers, see Jennifer S. Light, "When Computers Were Women," *Technology and Culture* 40, no. 3 (1999): 455–83.

24. David Alan Grier, *When Computers Were Human* (Princeton, NJ: Princeton University Press, 2005), 111.

25. Quoted in Grier, 117.

26. Pearson, *The Life, Letters and Labours of Francis Galton*, IIIA: 305.
27. Pearson, "On the Laws of Inheritance in Man," 159.
28. Alice Lee and Karl Pearson, "Data for the Problem of Evolution in Man.
VI. A First Study of the Correlation of the Human Skull," *Philosophical Transactions of the Royal Society of London. Series A, Containing Papers of a Mathematical or Physical Character* 196 (1901): 259.
29. Karl Pearson, "On the Inheritance of the Mental and Moral Characters in Man, and Its Comparison with the Inheritance of the Physical Characters," *The Journal of the Anthropological Institute of Great Britain and Ireland* 33 (1903): 207, https://doi.org/10.2307/2842809.
30. Karl Pearson and Margaret Moul, "The Problem of Alien Immigration into Great Britain, Illustrated by an Examination of Russian and Polish Jewish Children," *Annals of Eugenics* 1, no. 1 (1925): 7, https://doi.org/10.1111/j.1469-1809.1925.tb02037.x.
31. Karl Pearson, *The Chances of Death, and Other Studies in Evolution* (London, New York: E. Arnold, 1897), 104, http://archive.org/details/cu3192 4097311579. Quoted in Porter, *Karl Pearson: The Scientific Life in a Statistical Age*, 267.
32. Karl Pearson and Ethel M. Elderton, *A Second Study of the Influence of Parental Alcoholism on the Physique and Ability of the Offspring: Being a Reply to Certain Medical Critics of the First Memoir and an Examination of the Rebutting Evidence Cited by Them* (London, Dulau and Co., 1910), 34, http://archive.org/details/secondstudyofinf00pear; 相關討論在 P. C. Mahalanobis, "Karl Pearson, 1857–1936," Sankhya : The Indian Journal of Statistics 2, no. 4 (1936): 368; see also Donald A. MacKenzie, *Statistics in Britain, 1865–1930: The Social Construction of Scientific Knowledge* (Edinburgh: Edinburgh University Press, 1981), 139.
33. Michel Armatte, "Invention et intervention statistiques. Une conférence exemplaire de Karl Pearson (1912)," *Politix. Revue des sciences sociales du politique* 7, no. 25 (1994): 30, https://doi.org/10.3406/polix.1994.1823.
34. Porter, *The Rise of Statistical Thinking*, 1820–1900, 298.
35. Pearson, *The Life, Letters and Labours of Francis Galton*, IIIa:57.
36. Robert A. Nye, "The Rise and Fall of the Eugenics Empire: Recent Perspectives on the Impact of Biomedical Thought in Modern Society," *The Historical Journal* 36, no. 3 (September 1993): 695, https://doi.org/10.1017/S00 18246X00014369.
37. Brajendranath Seal, "Meaning of Race, Tribe, Nation," in *Papers on Inter-Racial Problems,*

*Communicated to the First Universal Races Congress, Held at the University of London*, July 26–29, 1911, ed. Gustav Spiller (London: P. S. King & Son; Boston, The World's Peace Foundation, 1911), 1, http://archive.org/details/papersoninterrac00univiala; our remarks much indebted to Projit Bihari Mukharji, "The Bengali Pharaoh: UpperCaste Aryanism, Pan-Egyptianism, and the Contested History of Biomet ric Nationalism in Twentieth-Century Bengal," *Comparative Studies in Society and History* 59, no. 2 (April 2017): 450, https://doi.org/10.1017/ S001041751700010X. For his broader statistical program, see Theodora Dryer, "Designing Certainty: The Rise of Algorithmic Computing in an Age of Anxiety 1920–1970" (PhD Thesis, UC San Diego, 20194), 157–162; 並參閱即將發表的作品 Sananda Sahoo, "Multiple lives of Mahalanobis' biometric data travel as biovalue to India's welfare state."（正在審查中）

38. Seal, "Meaning of Race, Tribe, Nation," 2.
39. Seal, 3.
40. Nikhil Menon, " 'Fancy Calculating Machine': Computers and Planning in Independent India," *Modern Asian Studies* 52, no. 2 (March 2018): 421–57, https://doi.org/10.1017/ S0026749X16000135; Sandeep Mertia, "Did Mahalanobis Dream of Androids?," in *Lives of Data: Essays on Computational Cultures from India*, ed. Sandeep Mertia and Ravi Sundaram (Amsterdam: Institute of Network Cultures, 2020), 26–33.
41. 關於這個想法，請參閱 Projit Bihari Mukharji, "Profiling the Profiloscope: Facialization of Race Technologies and the Rise of Biometri Nationalism in Inter-War British India," *History and Technology* 31, no. 4 (October 2, 2015): 392, https://doi.org/10.1080/07341512.2015.1127459.「透過臉部輪廓分析技術，我們便可一睹生物辨識技術發展的重要時刻，尤其是在南亞，但也可以普遍使用。它可以對我們說明在兩次世界大戰之間的時期，是民族主義者而非被削弱的殖民國家，發展出了生物辨識技術。」
42. P. C. Mahalanobis, "Analysis of Race-Mixture in Bengal," *Journal of the Asiatic Society of Bengal* 23 (1927): 323.
43. P. C. Mahalanobis et al., "Anthropometric Survey of the United Provinces, 1941: A Statistical Study," *Sankhya*: *The Indian Journal of Statistics* 9, no. 2/3 (1949): 168.
44. Mahalanobis et al., 180.
45. W. E. Burghardt Du Bois, "A Summary of the Main Conclusions of the Papers Presented to the First Universal Races Conference," Series 1, Box 007, Special Collections and University Archives, University of Massachusetts Amherst Libraries, https://www.digitalcommonwealth.org/search/

commonwealth-oai:h128q9079.

### 第四章：數據、智慧與政策

1. Frederick L. Hoffman, *The Race Traits and Tendencies of the American Negro* (Publications of the American Economic Association, 1896), 2, http://archive.org/details/jstor-2560438. For Hoffman, see Daniel B. Bouk, *How Our Days Became Numbered: Risk and the Rise of the Statistical Individual* (London: University of Chicago Press, 2015), 48–52.
2. Hoffman, *The Race Traits and Tendencies of the American Negro*, 312.
3. 參閱Beatrix Hoffman, "Scientific Racism, Insurance, and Opposition to the Welfare State: Frederick L. Hoffman's Transatlantic Journey," *The Journal of the Gilded Age and Progressive Era* 2, no. 2 (April 2003): 150–90, https:// doi.org/10.1017/S1537781400002450.
4. W. E. Burghardt Du Bois, "Review of 'Race Traits and Tendencies of the American Negro,' " *The Annals of the American Academy of Political and Social Science* 9, no. 1 (1897): 129.
5. Ayah Nurddin, "The Black Politics of Eugenics," *Nursing Clio (blog)*, June 1, 2017, https://nursingclio.org/2017/06/01/the-black-politics-of-eugenics/.
6. George M. Fredrickson, *The Black Image in the White Mind: The Debate on Afro-American Character and Destiny, 1817–1914* (Scranton, PA: Distributed by Harper & Row, 1987), 249.
7. Khalil Gibran Muhammad, *The Condemnation of Blackness: Race, Crime, and the Making of Modern Urban America* (Cambridge, MA: Harvard University Press, 2010), 5.
8. Desrosières, *The Politics of Large Numbers*, 139.
9. T. S. Simey, *Charles Booth, Social Scientist* (London, 1960), 48, http://hdl.handle.net/2027/uc1.b3620533.
10. Charles Booth, *The Aged Poor in England and Wales* (London: Macmillan and Co., 1894), 423, http://archive.org/details/agedpoorinengla00bootgoog.
11. Compare Stigler, *The History of Statistics*, 354.
12. Karl Pearson, *The Grammar of Science*, 3rd ed. (London: Adam & Charles Black, 1911), 157.
13. G. Udny Yule, "On the Theory of Correlation," *Journal of the Royal Statistical Society* 60, no. 4 (December 1897): 812, https://doi.org/10.2307/2979746.
14. G. Udny Yule, "An Investigation into the Causes of Changes in Pauperism in England, Chiefly During the Last Two Intercensal Decades (Part I.)," *Journal of the Royal Statistical Society* 62, no. 2 (1899): 249, https://doi.org/10.2307/2979889.

15. Yule, 250.
16. G. Udny Yule, "On the Correlation of Total Pauperism with Proportion of Out-Relief," *The Economic Journal* 5, no. 20 (1895): 605, https://doi.org/10.2307/2956650; 相關討論在 C. Terence Mills, *A Statistical Biography of George Udny Yule: A Loafer of the World* (Newcastle upon Tyne: Cambridge Scholars Publisher, 2017), 43.
17. G. Udny Yule, "On the Correlation of Total Pauperism with Proportion of Out-Relief," *The Economic Journal* 5, no. 20 (1895): 606, https://doi.org/10.2307/2956650.
18. 他進一步指出,「詳細的知識」可能會給出一些因果關係的理解:「詳細的知識有時可能讓人能夠說『這裡的貧困率很低,因為外部救濟的比例很小』,或者也許『這個比例由於嚴重的貧困和聯盟的其他工業條件,給予的額外救濟很大』;但這種情況將是例外,並且通常是指與平均值相比的較大偏差。Yule, "On the Correlation of Total Pauperism with Proportion of Out-Relief," 1895, 605n2; 相關討論在 Mills, *Statistical Biography*, 46.
19. Yule, "An Investigation into the Causes of Changes in Pauperism in England, Chiefly During the Last Two Intercensal Decades (Part I.)," 251.
20. 「仍然可能有一定的錯誤機會,這取決於與貧困率和被忽略的救濟比例相關因素的數量,但顯然這種錯誤的機會,會比以前小得多。」Yule, 251.
21. Stigler, *The History of Statistics*, 356.
22. Yule, "An Investigation into the Causes of Changes in Pauperism in England, Chiefly During the Last Two Intercensal Decades (Part I.)," 265.
23. Yule, 257n.16.
24. Yule, 277.
25. Yule, "On the Theory of Correlation," 812.
26. Arthur Cecil Pigou, "Memorandum on Some Economic Aspects and Effects of Poor Law Relief," in *Royal Commission on the Poor Laws and Relief of Distress, Appendix, Vol. 9*, Parliamentary Papers for the Session 15 February 1910–28 November 1910, Vol. 49. (London: His Majesty's Stationery Office, 1910), 984–85.
27. Pigou, 986.
28. Pigou, 986.
29. David A. Freedman, "Statistical Models and Shoe Leather," *Sociological Methodology* 21 (1991): 291, https://doi.org/10.2307/270939.
30. Yule, "An Investigation into the Causes of Changes in Pauperism in England, Chiefly During the

Last Two Intercensal Decades (Part I.)," 270.
31. Desrosières, *The Politics of Large Numbers*, 140.
32. Shivrang Setlur, "Searching for South Asian Intelligence: Psychometry in British India, 1919–1940," *Journal of the History of the Behavioral Sciences* 50, no. 4 (2014): 359–75, https://doi.org/10.1002/jhbs.21692.
33. Charles Spearman, "'General Intelligence,' Objectively Determined and Measured," *The American Journal of Psychology* 15, no. 2 (April 1904): 277, https://doi.org/10.2307/1412107 (our italics).
34. Adrian Wooldridge, *Measuring the Mind: Education and Psychology in England, c. 1860–c. 1990* (New York: Cambridge University Press, 1994), 74.
35. Charles Spearman, *The Nature of "Intelligence" and the Principles of Cognition* (London: Macmillan, 1923), 355; quoted in Stephen Jay Gould, *The Mismeasure of Man* (New York: Norton, 1996), 293.
36. Charles Spearman, *The Abilities of Man: Their Nature and Measurement* (New York: The Macmillan Company, 1927), 379; quoted in Gould, *The Mismeasure of Man*, 301, 302.
37. Spearman, *The Abilities of Man; Their Nature and Measurement*, 380.
38. John Carson, *The Measure of Merit: Talents, Intelligence, and Inequality in the French and American Republics, 1750–1940* (Princeton, NJ: Princeton University Press, 2007), 183–93 對於如何測量智力的這些爭論，進行了詳細精彩的調查。
39. Karl Pearson and Margaret Moul, "The Mathematics of Intelligence. The Sampling Errors in the Theory of a Generalised Factor," *Biometrika* 19, no. 3/4 (1927): 291, https://doi.org/10.2307/2331962. 參閱 Theodore M. Porter, *Karl Pearson: The Scientific Life in a Statistical Age* (Princeton, NJ: Princeton University Press, 2004), 270.
40. Carson, *The Measure of Merit*, 159.
41. Richard J. Herrnstein and Charles A. Murray, *The Bell Curve: Intelligence and Class Structure in American Life* (New York: Simon & Schuster, 1996).
42. Colin Koopman, *How We Became Our Data: A Genealogy of the Informational Person* (Chicago: The University of Chicago Press, 2019). 在十九世紀，被奴役的人們一直受到仔細的核算，請參閱 Caitlin Rosenthal, *Accounting for Slavery: Masters and Management* (Cambridge, MA: Harvard University Press, 2018), esp. ch. 2; Simone Browne, Dark Matters: On the Surveillance of Blackness (Durham, NC: Duke University Press, 2015).
43. Wangui Muigai, in Projit Bihari Mukharji et al., "A Roundtable Discussion on Collecting

Demographics Data," *Isis* 111, no. 2 ( June 2020): 320, https:// doi.org/10.1086/709484.

44. Wangui Muigai, in Mukharji et al., 320. For the continuing salience of assumptions of gender categories, see Mar Hicks, "Hacking the Cis-Tem," *IEEE Annals of the History of Computing* 41, no. 1 ( January 2019): 20–33, https://doi.org/10.1109/MAHC.2019.2897667.

45. Quoted in Sandeep Mertia, "Did Mahalanobis Dream of Androids?," in *Lives of Data: Essays on Computational Cultures from India*, ed. Sandeep Mertia and Ravi Sundaram (Amsterdam: Institute of Network Cultures, 2020), 31.

46. Mertia, 31.

47. Emmanuel Didier, *America by the Numbers: Quantification, Democracy, and the Birth of National Statistics* (Cambridge, MA: MIT Press, 2020), 11.

48. J. Adam Tooze, *Statistics and the German State, 1900-1945: The Making of Modern Economic Knowledge* (New York: Cambridge University Press, 2001), 24

49. Arunabh Ghosh, *Making It Count: Statistics and Statecraft in the Early People's Republic of China* (Princeton: Princeton University Press, 2020), 283.

50. Tooze, *Statistics and the German State*, 28.

51. John Koren and Edmund Ezra Day, *The History of Statistics, Their Development and Progress in Many Countries; in Memoirs to Commemorate the Seventy Fifth Anniversary of the American Statistical Association* (New York: Pub. for the American Statistical Association by the Macmillan Company of New York, 1918), 25–26, http://archive.org/details/ cu31924013894997.

52. John Stuart Mill, *Principles of Political Economy: With Some of Their Applications to Social Philosophy* (London: J. W. Parker, 1848), 375.

53. Kevin Bird, "Still Not in Our Genes: Resisting the Narrative Around GWAS," *Science for the People Magazine* 23, no. 3 (February 5, 2021), https://magazine.scienceforthepeople.org/vol23-3-bio-politics/genetic-basis-genome-wide-association-studies-risk/.

54. Kelly Miller, *A Review of Hoffman's* Race Traits and Tendencies of the American Negro, American Negro Academy. Occasional Papers, no. 1 (Washington, DC: The Academy, 1897), 35, https:// catalog.hathitrust.org/ Record/100788175.

### 第五章：數據的數學洗禮

1. Joan Fisher Box, "Guinness, Gosset, Fisher, and Small Samples," *Statistical Science* 2, no. 1 (1987): 48.
2. Student, "On Testing Varieties of Cereals," *Biometrika* 15, no. 3/4 (1923): 271, https://doi.

org/10.2307/2331868.
3. Student, "The Probable Error of a Mean," *Biometrika* 6, no. 1 (1908): 2, https://doi.org/10.2307/2331554.
4. Box, "Guinness, Gosset, Fisher, and Small Samples." Box 精彩地喚醒了高斯特的世界和作品。
5. E. S. Pearson, " 'Student' as Statistician," *Biometrika* 30, no. 3/4 ( January 1939): 215–16, https://doi.org/10.2307/2332648.
6. Box, "Guinness, Gosset, Fisher, and Small Samples," 49.
7. Donald A. *MacKenzie, Statistics in Britain, 1865–1930: The Social Construction of Scientific Knowledge* (Edinburgh: Edinburgh University Press, 1981), 111f; 關於高斯特的可讀性評價，請特別參閱 Stephen Thomas Ziliak and Deirdre N. McCloskey, *The Cult of Statistical Significance: How the Standard Error Costs Us Jobs, Justice, and Lives* (Ann Arbor: University of Michigan Press, 2008).
8. Nan M. Laird, "A Conversation with F. N. David," *Statistical Science* 4, no. 3 (August 1989): 238, https://doi.org/10.1214/ss/1177012487.
9. Ronald Aylmer Fisher, *Statistical Methods for Research Workers* (London: Oliver and Boyd, 1925), vii.
10. 參閱 especially Giuditta Parolini, "The Emergence of Modern Statistics in Agricultural Science: Analysis of Variance, Experimental Design and the Reshaping of Research at Rothamsted Experimental Station, 1919–1933," *Journal of the History of Biology* 48, no. 2 (May 2015): 301–35, https://doi.org/10.1007/s10739-014-9394-z.
11. Box, "Guinness, Gosset, Fisher, and Small Samples," 51.
12. E. L. Lehmann, Fisher, *Neyman, and the Creation of Classical Statistics* (New York: Springer, 2011), 12.
13. R. A. Fisher and W. A. Mackenzie, "Studies in Crop Variation. II. The Manurial Response of Different Potato Varieties," *The Journal of Agricultural Science* 13 (1923): 469.
14. Fisher, *Statistical Methods for Research Workers*, vii.
15. Fisher, 4.
16. Ronald Aylmer Fisher, *The Design of Experiments* (London: Oliver and Boyd, 1935), 15–16.
17. Fisher, 49. 和他對隨機化的倡導，參閱 Nancy S. Hall, "R. A. Fisher and His Advocacy of Randomization," *Journal of the History of Biology* 40, no. 2 ( June 1, 2007): 295–325, https://doi.org/10.1007/s10739-006-9119-z.

18. Epstein, *Impure Science: AIDS, Activism, and the Politics of Knowledge*(Berkeley: University of California Press, 1996).
19. Stephen T. Ziliak, "W.S. Gosset and Some Neglected Concepts in Experimental Statistics: Guinnessometrics II*," *Journal of Wine Economics* 6, no. 2 (ed 2011): 252–77, https://doi.org/10.1017/S1931436100001632.
20. Fisher, The Design of Experiments, 10.
21. Fisher, 10.
22. Ronald Aylmer Fisher, "Some Hopes of a Eugenicist," in *Collected Papers of R. A. Fisher*, vol. 1 (Adelaide: University of Adelaide, 1971), 78. For Fisher as a eugenicist, see Alex Aylward, "R.A. Fisher, Eugenics, and the Campaign for Family Allowances in Interwar Britain," The British Journal for the History of Science 54, no. 4 (December 2021): 485–505, https://doi.org/10.1017/S0007087421000674.
23. Fisher, "Some Hopes of a Eugenicist," 79.
24. Ronald Fisher, "Statistical Methods and Scientific Induction," *Journal of the Royal Statistical Society: Series B (Methodological)* 17, no. 1 ( January 1, 1955): 75, https://doi.org/10.1111/j.2517-6161.1955.tb00180.x.
25. J. Neyman and E. S. Pearson, "On the Problem of the Most Efficient Tests of Statistical Hypotheses," *Philosophical Transactions of the Royal Society of London. Series A, Containing Papers of a Mathematical or Physical Character* 231 (1933): 291.
26. Theodora Dryer, "Designing Certainty: The Rise of Algorithmic Computing in an Age of Anxiety 1920–1970" (PhD Thesis, UC San Diego, 2019), 81.
27. Constance Reid, *Neyman* (New York: Springer, 1998), 24–25, 48. She's describing a manuscript whose first part "is concerned with principles which justify the use of abstract mathematical theory in studies of natural phenomena, especially in the domain of agricultural experimentation."
28. J. Neyman, " 'Inductive Behavior' as a Basic Concept of Philosophy of Science," *Revue de l'Institut International de Statistique / Review of the International Statistical Institute* 25, no. 1/3 (1957): 8, https://doi.org/10.2307/1401671.
29. Karl Pearson, The Grammar of Science (London: Walter Scott ; New York: Charles Scribner's Sons, 1892), 72, http://archive.org/details/grammar ofscience00pearrich.
30. Gosset to Egon Pearson, 11.5.1926, in Pearson, " 'Student' as Statistician,"243. 參閱Lehmann, *Fisher, Neyman, and the Creation of Classical Statistics*, 7.

31. Gosset to Egon Pearson, 11.5.1926, in Pearson, "'Student' as Statistician," 242.
32. Jerzy Neyman, *A Selection of Early Statistical Papers of J. Neyman*. (Berkeley: University of California Press, 1967), 352.
33. Lehmann, *Fisher, Neyman, and the Creation of Classical Statistics*, 37 (our italics).
34. Lehmann, *Fisher, Neyman, and the Creation of Classical Statistics; Gerd Gigerenzer, ed., The Empire of Chance: How Probability Changed Science and Everyday Life* (Cambridge, UK: Cambridge University Press, 1989). 有關社會科學的後續規劃,請參閱 Hunter Heyck, Age of System (Baltimore: Johns Hopkins University Press, 2015), ch. 4.
35. Neyman, *A Selection of Early Statistical Papers of J. Neyman*, 352.
36. Ronald Aylmer Fisher, "Scientific Thought and the Refinement of Human Reasoning," *Journal of the Operations Research Society of Japan* 3 (1960): 3. *Justin Joque, Revolutionary Mathematics: Artificial Intelligence, Statistics and the Logic of Capitalism* (New York: Verso, 2022), 第五章為這場競賽提供了豐富的哲學解讀。
37. Ronald Aylmer Fisher, *tatistical Methods and Scientific Inference* (Edinburgh: Oliver and Boyd, 1956), 7, http://archive.org/details/statisticalmetho 0000fish.
38. Gerd Gigerenzer and Julian N. Marewski, "Surrogate Science: The Idol of a Universal Method for Scientific Inference," *Journal of Management* 41, no. 2 (February 1, 2015): 421–40, https://doi.org/10.1177/0149206314547522.
39. Snedecor's *Statistical Methods* 是個關鍵的方向。
40. Christopher Phillips, "Inference Rituals: Algorithms and the History of Statistics," in *Algorithmic Modernity: Mechanizing Thought and Action, 1500–2000*, ed. Massimo Mazzotti and Morgan Ames (Oxford, UK: Oxford University Press, forthcoming).
41. Theodore M. Porter, *Trust in Numbers: The Pursuit of Objectivity in Science and Public Life* (Princeton, NJ: Princeton University Press, 1995), 206.
42. Porter, 206.
43. Gigerenzer, *The Empire of Chance*, 106.
44. W. Allen Wallis, "The Statistical Research Group, 1942–1945," *Journal of the American Statistical Association* 75, no. 370 ( June 1, 1980): 321, https:// doi.org/10.1080/01621459.1980.1 0477469.
45. Judy L. Klein, "Economics for a Client: The Case of Statistical Quality Control and Sequential Analysis," *History of Political Economy* 32, no. Suppl. 1 (2000): 25–70; Nicola Giocoli, "From

Wald to Savage: Homo Economicus Becomes a Bayesian Statistician," *Journal of the History of the Behavioral Sciences* 49, no. 1 (2013): 63–95, https://doi.org/10.1002/jhbs.21579.

46. [Mina Rees], ONR數學專案的描述, 9/27/1946, Hotelling Papers, Box 18, ONR Contract and Renewals, Columbia University Special Collections.

47. Harold Hotelling, "The Place of Statistics in the University (with Discussion)," in *Proceedings of the [First] Berkeley Symposium on Mathematical Statistics and Probability* (Berkeley, CA, The Regents of the University of California, 1949), 23, https://projecteuclid.org/euclid.bsmsp/1166219196.

48. Jerzy Neyman, ed., *Proceedings of the [First] Berkeley Symposium on Mathematical Statistics and Probability* (Berkeley, CA: The Regents of the University of California, 1949), https://projecteuclid.org/euclid.bsmsp/1166219194.

49. Hotelling, "The Place of Statistics in the University (with Discussion)," 23.

50. John W. Tukey, "The Future of Data Analysis," *The Annals of Mathematical Statistics* 33, no. 1 (1962): 6.

### 第六章：數據戰爭

1. Juanita Moody, 口述歷史, Jean Lichty等人訪談, June 16, 1994, 26, https://media.defense.gov/2021/Jul/15/2002763502/-1/-1/0/NSA-OH-1994-32-MOODY.PDF.

2. Mark Brown, "Bletchley Discloses Real Intention of 1938 'Shooting Party,'" *The Guardian*, September 18, 2018, sec. World news, https://www.theguardian.com/world/2018/sep/18/bletchley-discloses-real-intention-1938-shooting-party-wapark-r.

3. Howard Campaigne, 口述歷史，Robert D Farley 訪談 June 29, 1983, 15–16, https://www.nsa.gov/portals/75/documents/news-features/declassified-documents/oral-history-interviews/nsa-oh-14-83-campaigne.pdf.

4. David Kenyon, *Bletchley Park and D-Day* (New Haven, CT: Yale University Press, 2019), 236.

5. Eleanor Ireland, 口述歷史，Janet Abbate 訪談, April 23, 2001, https://ethw.org/Oral-History:Eleanor_Ireland.

6. J. Abbate, *Recoding Gender: Women's Changing Participation in Computing* (Cambridge, MA: MIT Press, 2012), 20. 亦可參閱 Mar Hicks, Programmed Inequality: How Britain Discarded Women echnologists and Lost Its Edge in Computing (Cambridge, MA: MIT Press, 2017), chap. 1.

7. Abbate, *Recoding Gender: Women's Changing Participation in Computing*, 22.

8. Abbate, 27. Drawing upon her interview with Ireland, Oral History.

9. Quoted in B. Jack Copeland, ed., *Colossus: The Secrets of Bletchley Park's Codebreaking Computers* (Oxford; New York: Oxford University Press, 2006), 171.
10. Hicks, Programmed Inequality, 40–41.
11. Abraham Sinkov, 口述歷史，訪談者為 Arthur J Zoebelein et al., May 1979, 3–4.
12. Solomon Kullback, 口述歷史，訪談者為 R. D. Farley and H. F. Schorreck, August 26, 1982, 48.
13. Phillip Rogaway, "The Moral Character of Cryptographic Work" (2015), 1, https://web.cs.ucdavis.edu/~rogaway/papers/moral-fn.pdf.
14. W. J. Holmes, *Double Edged Secrets: U.S. Naval Intelligence Operations in the Pacific During World War II.* (Annapolis, MD: Naval Institute Press, 2012), p. 142.
15. Kenyon, *Bletchley Park and D-Day*, 242–43.
16. 第一個相當於費雪的虛無假設，或相當於內曼及其學派的虛無假設和競爭假設。
17. Stephen M. Stigler, "The True Title of Bayes's Essay," *Statistical Science* 28, no. 3 (August 2013): 283–88, https://doi.org/10.1214/13-STS438; Richard Swinburne, "Bayes, God, and the Multiverse," in Probability in the Philosophy of Religion, ed. Jake Chandler and Victoria S. Harrison (Oxford, UK: Oxford University Press, 2012), 103–26.
18. 此外，我們可能應該考慮有多少假設方面存在分歧。
19. Ian Taylor, "Alan M. Turing: The Applications of Probability to Cryptography," *ArXiv:1505.04714 [Math]*, May 26, 2015, 3, http://arxiv.org/abs/1505.04714.
20. 關於圖靈的方法，請參閱 Sandy Zabell, "Commentary on Alan M. Turing: The Applications of Probability to Cryptography," *Cryptologia* 36, no. 3 (July 2012): 191–214, https://doi.org/10.1080/01611194.2012.697811.
21. F. T. Leahy, "The Apparent Paradox of Bayes Factors (U)," *NSA Technical* Journal 27, no. 3 (n.d.): 8, 9. 比較圖靈自己的言論, Taylor, "Alan M. Turing," 2–3.
22. 有關貝葉斯及其成功的普遍說法，請參閱 S. B. McGrayne, *The Theory That Would Not Die: How Bayes' Rule Cracked the Enigma Code, Hunted Down Russian Submarines, & Emerged Triumphant from Two Centuries of Controversy* (New Haven, CT: Yale University Press, 2011). 如果想要更哲學性的讀物，請閱讀 Joque, *Revolutionary Mathemat-ics*, chs. 6–7.
23. 隨著文件解密，古德明確地寫下了他在戰爭期間工作的根源。 Irving J. Good, "Turing's Anticipation of Empirical Bayes in Connection with the Cryptanalysis of the Naval Enigma," *Journal of Statistical Computation and Simulation* 66, no. 2 (2000): 101–11. 他的著作也出現在 NSA 機密期刊中：Irving J. Good, "A List of Properties of Bayes-Turing Factors," NSA Technical

Journal 10, no. 2 (1965), https://www.nsa.gov/Portals/70/ documents/news-features/declassified-documents/tech-journals/list-of-properties.pdf.

24. Colin B. Burke, *It Wasn't All Magic: The Early Struggle to Automate Cryptanalysis, 1930s–1960s* (Fort Meade, MD: Center for Cryptological History, NSA, 2002), 277, http://archive.org/details/NSA-WasntAllMagic_2002. 有關應對自1960年代以來不斷增加的數據量的必要性思考，請參閱Willis Ware, "Report of the Second Computer Study Group, Submitted May 1972," NSA Technical Journal 19, no. 1 (1974): 21–63; Joseph Eachus et al., "Growing Up with Computers at NSA (Top Secret Umbra)," NSA Technical Journal Special issue (1972): 3–14.

25. Burke, *It Wasn't All Magic*, 265.

26. Frances Allen, interview by Paul Lasewicz, April 16, 2003, 4, https://amturing.acm.org/allen_history.pdf.

27. Allen, 4–5.

28. Frances Allen, 口述歷史，訪談者為 Al Kossow, September 11, 2008, 5. Computer History Museum X5006.2009.

29. Burke, *It Wasn't All Magic*, 264.

30. Samuel S. Snyder, "Computer Advances Pioneered by Cryptologic Organizations," *Annals of the History of Computing* 2, no. 1 (1980): 66.

31. Samuel S. Snyder, "ABNER: The ASA Computer, Part II: Fabrication,
Operation, and Impact," *NSA Technical Journal*, n.d., 83.

32. 對於1970到80年代的發展，大部分仍屬於機密，請參閱Thomas R. Johnson, *American Cryptology During the Cold War, 1945–1989, Book IV: Cryptologic Rebirth 1981–1989* (NSA Center for Cryptologic History, 1999), 291–292.

33. redacted, "Multiple Hypothesis Testing and the Bayes Factor (Secret)," *NSA Technical Journal* 16, no. 3 (1971): 63–80, p. 71.

34. F. T. Leahy, "The Apparent Paradox of Bayes Factors (U)," NSA Technical Journal 27, no. 3 (n.d.): 7–10, pp. 8, 9. "For there can exist for the cryptographer no assignment of a priori odds (whether ingenious or otherwise) that can adversely affect the usefulness of our computer program."

35. Compare several papers on cluster analysis in NSATJ; work of R51.

36. Mina Rees, "The Federal Computing Machine Program," Science 112, no. 2921 (December 22, 1950): 735; 有關里斯在塑造數學支持方面發揮作用的有力說明，請參閱Alma Steingart, *Axiomatics: Mathematical Thought and High Modernism* (Chicago: University of Chicago Press,

forthcoming).

37. Robert W. Seidel, " 'Crunching Numbers': Computers and Physical Research in the AEC Laboratories," *History and Technology* 15, no. 1–2 (September 1, 1998): 54, https://doi.org/10.1080/07341519808581940.

38. Gordon Bell, Tony Hey, and Alex Szalay, "Beyond the Data Deluge," *Science* 323, no. 5919 (2009): 1297–98.

39. Vance Packard, *The Naked Society* (New York, D. McKay Co, 1964), 41, http://archive.org/details/nakedsociety00pack.

## 第七章：沒有數據的智慧

1. Claude Shannon to Irene Angus, 8 Aug. 1952, Shannon Papers, box 1, quoted in R. Kline, "Cybernetics, Automata Studies, and the Dartmouth Conference on Artificial Intelligence," *IEEE Annals of the History of Computing* 33, no. 4 (April 2011): 8, https://doi.org/10.1109/MAHC.2010.44; 有關香農對1950年代初的努力所做的極具野心的調查，請參閱Claude E. Shannon, "Computers and Automata," *Proceedings of the IRE* 41, no. 10 (October 1953): 1234–41, https://doi.org/10.1109/JRPROC.1953.274273.

2. 人工智慧的大部分歷史，都曾在具有影響力的流行書籍中講述過。 對於人工智慧的更多學術史，其主要研究包括了Margaret A. Boden, Mind as Machine: A History of Cognitive Science (New York: Oxford University Press, 2006); Nils J. Nilsson, *The Quest for Artificial Intelligence: A History of Ideas and Achievements* (Cambridge, UK: Cambridge University Press, 2010); Roberto Cordeschi, *The Discovery of the Artificial: Behavior, Mind and Machines Before and Beyond Cybernetics* (Dordrecht: Springer, 2002).

3. 請參閱以下討論：Stephanie Dick, "After Math: (Re)Configuring Minds, Proof, and Computing in the Postwar United States" (PhD diss., Harvard University, 2015), 2–3, https://dash.harvard.edu/handle/1/14226096.

4. Alan M. Turing, "Computing Machinery and Intelligence," *Mind* 59, no. 236 (1950): 447.

5. Turing, "Computing Machinery and Intelligence," 449.

6. Turing, "Computing Machinery and Intelligence," 449.

7. Lucy A. Suchman, *Human-Machine Reconfigurations: Plans and Situated Actions*, 2nd ed. (Cambridge and New York: Cambridge University Press, 2007), 226; see Stephanie Dick, "AfterMath: The Work of Proof in the Age of Human–Machine Collaboration," *Isis* 102, no. 3

(2011): 495n3, https:// doi.org/10.1086/661623.

8. John McCarthy et al., "A Proposal for the Dartmouth Summer Research Project on Artificial Intelligence," August 31, 1955, 16, Rockefeller Archive Center, Rockefeller Foundation records, projects, RG 1.2, series 200.D, box 26, folder 219.

9. Alma Steingart, *Axiomatics: Mathematical Thought and High Modernism* (Chicago: University of Chicago Press, forthcoming).

10. Claude Lévi-Strauss, "The Mathematics of Man," *International Social Science Bulletin* 6, no. 4 (1954): 586. Discussed in Steingart, *Axiomatics*.

11. Lévi-Strauss, 585.

12. Bruce G. Buchanan and Edward Hance Shortliffe, *Rule-Based Expert Systems: The MYCIN Experiments of the Stanford Heuristic Programming Project* (Reading, MA: Addison-Wesley, 1984), 3, http://archive.org/details/rule basedexperts00buch.

13. John McCarthy, in "The General Purpose Robot is a Mirage," Controversy Programme, BBC, August 20, 1973, available as The Lighthill Debate (1973)—Part 4 of 6, https://www.youtube.com/watch?v=pyU9pm1hmYs&t=266s, at 4:26.

14. McCarthy et al., "A Proposal for the Dartmouth Summer Research Project on Artificial Intelligence."

15. 香農和麥卡錫之間的鴻溝，在Kline, "Cybernetics, Automata Studies, and the Dartmouth Conference on Artificial Intelligence" 得到了最好的記錄；Jonathan Penn, "Inventing Intelligence: On the History of Complex Information Processing and Artificial Intelligence in the United States in the Mid-Twentieth Century" (Thesis, University of Cambridge, 2021), 123–24, https://doi.org/10.17863/CAM.63087.

16. Penn, "Inventing Intelligence," 134. In other computer fields, like HumanComputer Interaction, professional psychologists figured much more centrally. 參閱Sam Schirvar, "Machinery for Managers: Secretaries, Psychologists, and 'Human-Computer Interaction', 1973–1983" (under review).

17. Pamela McCorduck, *Machines Who Think: A Personal Inquiry into the History and Prospects of Artificial Intelligence, 25th anniversary update* (Natick, MA: A.K. Peters, 2004), 114.

18. Hunter Heyck, "Defining the Computer: Herbert Simon and the Bureaucratic Mind—Part 1," *IEEE Annals of the History of Computing* 30, no. 2 (April 2008): 42–51, https://doi.org/10.1109/MAHC.2008.18; Hunter Heyck, "Defining the Computer: Herbert Simon and the Bureaucratic Mind—Part 2," *IEEE Annals of the History of Computing* 30, no. 2 (April 2008): 52–63, https://

doi.org/10.1109/MAHC.2008.19.

19. Allen Newell, J. C. Shaw, and Herbert A. Simon, "Elements of a Theory of Human Problem Solving," *Psychological Review* 65, no. 3 (1958): 153, https://doi.org/10.1037/h0048495.
20. Penn, "Inventing Intelligence," 45.
21. Jamie Cohen-Cole, "The Reflexivity of Cognitive Science: The Scientist as Model of Human Nature," *History of the Human Sciences* 18, no. 4 (November 1, 2005): 122, https://doi.org/10.1177/0952695105058473; 對於更廣泛的人工智慧與認知科學的關係，參閱 Cordeschi, *The Discovery of the Artificial*.
22. 對於啟發式，請比較 Ekaterina Babintseva, "From Pedagogical Computing to Knowledge-Engineering: The Origins and Applications of Lev Landa's Algo-Heuristic Theory," in *Abstractions and Embodiments: New Histories of Computing and Society*, ed. Stephanie Dick and Janet Abbate (Baltimore, MD: Johns Hopkins University Press, 2022).
23. 有關以數學為中心的人工智慧中，自動化和自由的緊張關係詳細解讀，請參閱 Stephanie Dick, "The Politics of Representation: Narratives of Automation in Twentieth Century American Mathematics," in *Narrative Science: Reasoning, Representing and Knowing since 1800*, ed. Mary S. Morgan, Kim M. Hajek, and Dominic J. Berry (Cambridge University Press, forthcoming).
24. Discussion of John McCarthy, "Programs with Common Sense," in *Mechanisation of Thought Processes; Proceedings of a Symposium Held at the National Physical Laboratory on 24th, 25th, 26th and 27th November 1958*, ed. National Physical Laboratory (Great Britain) (London: H.M. Stationery Office, 1961), 86–87, 88, http://archive.org/details/ mechanisationoft01nati.
25. Notably, Alison Adam, *Artificial Knowing: Gender and the Thinking Machine* (New York: Routledge, 1998).
26. Marvin Minsky, "Steps toward Artificial Intelligence," in Computers and Thought, ed. Edward A. Feigenbaum and Julian Feldman (New York, McGraw-Hill, 1963), 428, http://archive.org/details/computersthought00feig. 該論文最初發表於 1961 年。
27. Margaret A. Boden, "GOFAI," in *The Cambridge Handbook of Artificial Intelligence*, ed. Keith Frankish and William M. Ramsey (Cambridge, UK: Cambridge University Press, 2014), 89, https://doi.org/10.1017/CBO978 1139046855.007.
28. Jon Agar, "What Difference Did Computers Make?," *Social Studies of Science* 36, no. 6 (December 1, 2006): 898, https://doi.org/10.1177/0306312 706073450.
29. Penn, "Inventing Intelligence."

30. Stephanie Dick, "Of Models and Machines: Implementing Bounded Rationality," *Isis* 106, no. 3 (2015): 630.

31. Sir James Lighthill, "Lighthill Report," Artificial Intelligence: A General Survey, June 1972, http://www.chilton-computing.org.uk/inf/literature/reports/lighthill_report/p001.htm. 有關該報告的背景，請參閱 Jon Agar, "What Is Science for? The Lighthill Report on Artificial Intelligence Reinterpreted," *The British Journal for the History of Science* 53, no. 3 (September 2020): 289–310, https://doi.org/10.1017/S0007087420000230.

32. David C. Brock, "Learning from Artificial Intelligence's Previous Awakenings: The History of Expert Systems," *AI Magazine* 39, no. 3 (September 28, 2018): 3–15, https://doi.org/10.1609/aimag.v39i3.2809; David Ribes et al., "The Logic of Domains," *Social Studies of Science* 49, no. 3 (June 1, 2019): 287–91, https://doi.org/10.1177/0306312719849709; Hallam Stevens, "The Business Machine in Biology—The Commercialization of AI in the Life Sciences," *IEEE Annals of the History of Computing* 44, no. 01 (January 1, 2022): 8–19, https://doi.org/10.1109/MAHC.2021.3104868.

33. E. A. Feigenbaum, B. G. Buchanan, and J. Lederberg, "On Generality and Problem Solving: A Case Study Using the DENDRAL Program," *Machine Intelligence*, no. 6 (1971): 187.

34. Marvin Minsky and Seymour Papert, "Progress Report on Artificial Intelligence," 1971, Artificial Intelligence Memo AIM-252, https://web.media.mit.edu/~minsky/papers/PR1971.html.

35. Ira Goldstein and Seymour Papert, "Artificial Intelligence, Language, and the Study of Knowledge," *Cognitive Science* 1, no. 1 (January 1, 1977): 85, https://doi.org/10.1016/S0364-0213(77)80006-2.

36. Joseph Adam November, *Biomedical Computing: Digitizing Life in the United States* (Baltimore: Johns Hopkins University Press, 2012), 259–68.

37. Buchanan and Shortliffe, *Rule-Based Expert Systems*, 16.

38. For the bottleneck, see Stephanie A. Dick, "Coded Conduct: Making MACSYMA Users and the Automation of Mathematics," BJHS Themes 5 (ed. 2020): 205–24, https://doi.org/10.1017/bjt.2020.10; Edward Feigenbaum, 口述歷史，訪談者為 Nils Nilsson, 20, 27 2007, 62–63, http://archive.computerhistory.org/resources/access/text/2013/05/102702002-05-01-acc.pdf; D. E. Forsythe, "Engineering Knowledge: The Construction of Knowledge in Artificial Intelligence," \ *Social Studies of Science* 23, no. 3 (August 1, 1993): 445–77, https://doi.org/10.1177/030631279 3023003002.

39. J. R. Quinlan, "Discovering Rules by Induction from Large Collections of Examples," in *Expert*

Systems in the Micro-Electronic Age, ed. Donald Michie (Edinburgh: Edinburgh University Press, 1979), 168.

40. Donald Michie, "Expert Systems Interview," *Expert Systems* 2, no. 1 (1985): 22.
41. 有關專家系統隱藏的成功，請參閱 Stevens, "The Business Machine in Biology—The Commercialization of AI in the Life Sciences."
42. Jacob T. Schwartz, *The Limits of Artificial Intelligence* (New York: Courant Institute of Mathematical Sciences, New York University, 1986), 30, http:// archive.org/details/limitsofartifici00schw.
43. Comments by Y. Bar-Hillel on McCarthy, National Physical Laboratory (Great Britain), *Mechanisation of Thought Processes; Proceedings of a Symposium Held at the National Physical Laboratory on 24th, 25th, 26th and 27th November 1958* (London, H.M. Stationery off., 1961), 85, http://archive.org/details/mechanisationoft01nati.
44. 關於 Newman，請參閱 B. Jack Copeland, "Max Newman—Mathematician, Code Breaker, Computer Pioneer," in *Colossus: The Secrets of Bletchley Park's Codebreaking Computers*, ed. B. Jack Copeland (Oxford, UK: Oxford University Press, 2006), 176–88.
45. E. A. Newman, "An Analysis of Non Mathematical Data Processing," in *Mechanisation of Thought Processes; Proceedings of a Symposium Held at the National Physical Laboratory on 24th, 25th, 26th and 27th November 1958*, ed. National Physical Laboratory (Great Britain) (London: H.M. Stationery Office, 1961), 866, http://archive.org/details/mechanisationoft02nati.
46. Newman, 875.
47. Richard O. Duda and Peter E Hart, *Pattern Classification and Scene Analysis* (New York: Wiley, 1973).

## 第八章：容量、多樣性和速度

1. R. Blair Smith, Oral History by Robina Mapstone (Charles Babbage Institute, May 1980), 27, 29, http://conservancy.umn.edu/handle/11299/107637.
2. Martin Campbell-Kelly, *From Airline Reservations to Sonic the Hedgehog: A History of the Software Industry* (Cambridge, MA: MIT Press, 2003), 43, http://www.loc.gov/catdir/toc/fy035/2002075351.html. 亦可參閱 https:// www.ibm.com/ibm/history/ibm100/us/en/icons/sabre/team/
3. R. W. Parker, "The SABRE System," *Datamation* 11 (September 1965): 49. 參閱 Campbell-Kelly, From Airline Reservations to Sonic the Hedgehog, 41–45.
4. Privacy Protection Study Commission, *Personal Privacy in an Information Society: The Report of*

the *Privacy Protection Study Commission*. (Washington: The Commission: For sale by the Supt. of Docs., US Govt. Print. Off., 1977), 4.

5. Quotation from Thomas J. Misa, *Digital State: The Story of Minnesota's Computing Industry* (Minneapolis: University of Minnesota Press, 2013), 64.

6. James W. Cortada, *The Digital Flood: The Diffusion of Information Technology across the U.S., Europe, and Asia* (New York: Oxford University Press, 2012), 49.

7. Samuel S. Snyder, "Computer Advances Pioneered by Cryptologic Organizations," *Annals of the History of Computing* 2, no. 1 (1980): 60–70, at 65. "SOLO holds the distinction of being the first completely transistorized computer in the United States."

8. Eckert-Mauchly Computer Corporation (EMCC), "UNIVAC System Advertisement," 1948, 2, 5, https://www.computerhistory.org/revolution/early-computer-companies/5/103/447?position=0. 參閱 the discussion in Arthur L. Norberg, *Computers and Commerce: A Study of Technology and Management at Eckert-Mauchly Computer Company, Engineering Research Associates, and Remington Rand, 1946–1957* (Cambridge, MA: MIT Press, 2005), 185–86.

9. Norberg, *Computers and Commerce*, 191. 有關磁帶不可靠性的更多訊息，請參閱 Thomas Haigh, "The Chromium-Plated Tabulator: Institutionalizing an Electronic Revolution, 1954–1958," *IEEE Annals of the History of Computing* 23, no. 4 (2001): 86, 88.

10. J. Abbate, *Recoding Gender: Women's Changing Participation in Computing* (Cambridge, MA: MIT Press, 2012), 37–38.

11. 對於這些努力，請參閱 James W. Cortada, "Commercial Applications of the Digital Computer in American Corporations, 1945–1995," *IEEE Annals of the History of Computing* 18, no. 2 (1996): 18–29; Haigh, "The ChromiumPlated Tabulator."

12. J. M. Juran, quoted in Richard G. Canning, *Electronic Data Processing for Business and Industry* (New York: Wiley, 1956), 316, https://catalog.hathitrust.org/Record/001118357.

13. Xerox advertisement, *Datamation*, 11 (September 1965), p. 76.

14. Control Data Corporation advertisement, *Datamation*, 11 (September 1965), p. 87.

15. Quoted in Haigh, "The Chromium-Plated Tabulator," 97.

16. Paul Edwards, *A Vast Machine: Computer Models, Climate Data, and the Politics of Global Warming* (Cambridge, MA: MIT Press, 2010), 111.

17. Martha Poon, "Scorecards as Devices for Consumer Credit: The Case of Fair, Isaac & Company Incorporated," *The Sociological Review* 55, no. 2_ suppl (October 2007): 284–306, https://doi.

org/10.1111/j.1467-954X.2007.00740.x.
18. Josh Lauer, "Encoding the Consumer: The Computerization of Credit Reporting and Credit Scoring," in Creditworthy (New York: Columbia University Press, 2017), 183, https://doi.org/10.7312/laue16808-009. 有關衡量信用的更悠久的歷史，請參閱 Rowena Olegario, *A Culture of Credit : Embedding Trust and Transparency in American Business* (Cambridge, MA: Harvard University Press, 2006).
19. 有關信用卡的發展和衡量信用度的形式，請參閱 Louis Hyman, *Debtor Nation: The History of America in Red Ink* (Princeton, NJ: Princeton University Press, 2011), ch 7.
20. "Datamation: Editor's Readout: Big Brother," *Datamation* 11 (October 1965): 23.
21. Packard, The Naked Society, 41. 我們在隱私方面的研究，要感謝 Sarah Elizabeth Igo, *The Known Citizen: A History of Privacy in Modern America* (Cambridge, MA: Harvard University Press, 2018). 伊戈教授的評論，著實豐富了這一章。
22. Packard, *The Naked Society*, 41.
23. Stanton Wheeler, ed., *On Record: Files and Dossiers in American Life* (New Brunswick, NJ: Transaction Books, 1976), 19–20.
24. Arthur R. Miller, *The Assault on Privacy: Computers, Data Banks, and Dossiers* (New York: New American Library, 1972), 22.
25. 美國國會參議院政府運作委員會隱私和資訊特設小組委員會：*Privacy: The Collection, Use, and Computerization of Personal Data: Joint Hearings Before the Ad Hoc Subcommittee on Privacy and Information Systems of the Committee on Government Operations and the Subcommittee on Constitutional Rights of the Committee on the Judiciary, United States Senate, Ninety-Third Congress, Second Session . . . June 18, 19, and 20, 1974* (Washington: US Govt. Print. Off, 1974), I:53.
26. Dan Bouk, "The National Data Center and the Rise of the Data Double," *Historical Studies in the Natural Sciences* 48, no. 5 (November 1, 2018): 627– 36, https://doi.org/10.1525/hsns.2018.48.5.627; Igo, *The Known Citizen*; Priscilla M. Regan, *Legislating Privacy: Technology, Social Values, and Public Policy* (Chapel Hill: University of North Carolina Press, 1995), 71–73.
27. United States Congress Senate Committee on Government Operations Ad Hoc Subcommittee on Privacy and Information, *Senate Ad Hoc Committee Privacy*, II:1739.
28. 美國國會參議院政府運作委員會隱私和資訊特設小組委員會, II:1741.
29. 美國國會參議院政府營運委員會隱私和資訊特設小組委員會 Alan Westin 證詞, I:77-78.

30. 引自美國國會參議院政府運作委員會隱私和資訊特設小組委員會，*Senate Ad Hoc Committee Privacy*, I:651.
31. 美國國家銀行、美國國會參議院政府營運委員會隱私權與資訊特設小組委員會，*Senate Ad Hoc Committee Privacy*. I:606.
32. 美國國會參議院政府運作委員會隱私和資訊特設小組委員會，*Senate Ad Hoc Committee Privacy*, I:658.
33. Igo, *The Known Citizen*, 362–63.
34. 司法委員會法院、公民自由與司法行政小組委員會, *1984, Civil Liberties and the National Security State: Hearings before the Subcommittee on Courts, Civil Liberties, and the Administration of Justice of the Committee on the Judiciary. House of Representatives, Ninety-Eighth Congress, First and Second Sessions, on 1984: Civil Liberties and the National Security State, November 2, 3, 1983 and January 24, April 5, and September 26, 1984.* (Washington, DC: US G.P.O., 1986), 267–79.
35. 司法委員會法院、公民自由與司法行政小組委員會, *1984, Civil Liberties and the National Security State*, 294–95.
36. 科技評估辦公室, *Electronic Record Systems and Individual Privacy*, 11.
37. 科技評估辦公室, *Electronic Record Systems and Individual Privacy*, 39, 40.
38. 美國隱私保護研究委員會, *Personal Privacy in an Information Society*, 533 (original all in italics).
39. 參閱 e.g., Eubanks, *Automating Inequality*.
40. Bobbie Johnson and Las Vegas, "Privacy No Longer a Social Norm, Says Facebook Founder," *The Guardian*, January 11, 2010, sec. Technology, https://www.theguardian.com/technology/2010/jan/11/facebook-privacy.
41. W. Lee Burge, "The Free Flow of Information: Key to Our Credit Economy" 在美國國會參議院政府經營委員會隱私和訊息特設小組委員會, *Privacy: The Collection, Use, and Computerization of Personal Data: Joint Hearings Before the Ad Hoc Subcommittee on Privacy and Information Systems of the Committee on Government Operations and the Subcommittee on Constitutional Rights of the Committee on the Judiciary, United States Senate, Ninety-Third Congress, Second Session . . . June 18, 19, and 20, 1974* (Washington, DC: US Govt. Print. Off., 1974), I:650.
42. Jennifer Barrett Glasgow, "Acxiom, Letter to Representative Edward J. Markey," August 15, 2012, http://markey.house.gov/sites/markey.house.gov/files/documents/Acxiom.pdf.
43. New and Castro, "How Policymakers Can Foster Algorithmic Accountability," 2.
44. Paul Baran, "Legislation, Privacy and EDUCOM," *EDUCOM: Bulletin of the Interuniversity*

Communications Council, December 3, 1968, 3.

45. Paul Baran, "On the Future Computer Era: Modification of the American Character and the Role of the Engineer, or, A Little Caution in the Haste to Number," RAND Paper (RAND Corporation, 1968), 14, https://www.rand.org/pubs/papers/P3780.html.
46. Robert Nozick, *Anarchy, State, and Utopia* (New York: Basic Books, 1974), 32–33.
47. Daniel T. Rodgers, *Age of Fracture* (Cambridge, MA: Harvard University Press, 2011), 190.
48. Milton Friedman, "The Social Responsibility of Business Is to Increase Its Profits (1970)," in *Corporate Ethics and Corporate Governance*, ed. Walther Ch Zimmerli, Markus Holzinger, and Klaus Richter (Berlin, Heidelberg: Springer, 2007), 178, https://doi.org/10.1007/978-3-540-70818-6_14.
49. 參閱 Jodi L. Short, "The Paranoid Style in Regulatory Reform," *Hastings Law Journal* 63 (2012): 633–94; Julie E. Cohen, Between Truth and Power: The Legal Constructions of Informational Capitalism (New York: Oxford University Press, 2019), 189; Amy Kapczynski, "The Law of Informational Capitalism," *The Yale Law Journal*, 2020, 1491.
50. Priscilla M. Regan, *Legislating Privacy: Technology, Social Values, and Public Policy* (Chapel Hill: University of North Carolina Press, 1995), 4.
51. Oscar H. Gandy, *The Panoptic Sort: A Political Economy of Personal Information, Critical Studies in Communication and in the Cultural Industries* (Boulder, CO: Westview, 1993).
52. Matthew Crain, *Profit Over Privacy: How Surveillance Advertising Conquered the Internet* (Minneapolis: University of Minnesota Press, 2021), 20.
53. Meg Leta Jones, "Cookies: A Legacy of Controversy," *Internet Histories* 4, no. 1 (January 2, 2020): 87–104, https://doi.org/10.1080/24701475.2020.1725852.
54. Quoted in Joshua Quittner, "The Merry Pranksters Go to Washington," *Wired*, accessed May 14, 2021, https://www.wired.com/1994/06/eff/; 相關討論在 Fred Turner, *From Counterculture to Cyberculture: Stewart Brand, the Whole Earth Network, and the Rise of Digital Utopianism* (Chicago: University of Chicago Press, 2006), 219.
55. Turner, *From Counterculture to Cyberculture*, 261.
56. Paul Sabin, *Public Citizens: The Attack on Big Government and the Remaking of American Liberalism* (New York: Norton, 2021).
57. 參閱 Kapczynski, "The Law of Informational Capitalism," 1493–99; drawing on Cohen, *Between Truth and Power*.

58. 比較以下的劇烈轉變：從對專業責任的廣泛理解，轉向對民權更為狹隘的關注。其討論在 Megan Finn and Quinn DuPont, "From Closed World Discourse to Digital Utopianism: The Changing Face of Responsible Computing at Computer Professionals for Social Responsibility (1981–1992)," *Internet Histories* 4, no. 1 ( January 2, 2020): 6–31, https://doi.org/10.1080/24701475.2020.1725851.

59. 引自祕密決定，並經過編輯的姓名和日期，p. 63, 引自 Amended Memorandum Opinion at 8–9.

60. Amended Memorandum Opinion at 8.

61. Felten, "Declaration of Professor Edward W. Felten in ACLU et al. v. James R. Clapper et al.," 8.

62. Anonymous, "Lessons Learned. Interview with [Redacted]," 1.

63. 有關同意的難題，請參閱例如 Frank Pasquale, "Licensure as Data Governance," Knight First Amendment Institute at Columbia University, September 28, 2021, https://knightcolumbia.org/content/licensure-as-data-governance.

64. R Allen Wilkinson et al., *The First Census Optical Character Recognition System Conference*, NIST IR 4912 (Gaithersburg, MD: National Institute of Standards and Technology, 1992), 1, https://doi.org/10.6028/NIST.IR.4912.

65. Wilkinson et al., 4.

66. Wilkinson et al., 2.

## 第九章：機器，學習

1. Pat Langley, "The Changing Science of Machine Learning," Machine Learning 82, no. 3 (March 2011): 277, https://doi.org/10.1007/s10994-011-5242-y. 有關預測和機器學習的歷史，請參閱 Adrian Mackenzie, "The Production of Prediction: What Does Machine Learning Want?," *European Journal of Cultural Studies* 18, no. 4–5 (2015): 429–45; Ann Johnson, "Rational and Empirical Cultures of Prediction," in Mathematics as a Tool, ed. Johannes Lenhard and Martin Carrier, vol. 327 (Cham, Switzerland: Springer International Publishing, 2017), 23–35, https://doi.org/10.1007/978-3-319-54469-4_2; Adrian Mackenzie, *Machine Learners: Archaeology of a Data Practice* (Cambridge, MA: MIT Press, 2018); Aaron Plasek, "On the Cruelty of Really Writing a History of Machine Learning," *IEEE Annals of the History of Computing* 38, no. 4 (December 2016): 6–8, https:// doi.org/10.1109/MAHC.2016.43; Aaron Mendon-Plasek, "Mechanized Significance and Machine Learning: Why It Became Thinkable and Preferable to Teach Machines

to Judge the World," in *The Cultural Life of Machine Learning: An Incursion into Critical AI Studies*, ed. Jonathan Roberge and Michael Castelle (Cham, Switzerland: Springer International Publishing, 2021), 31–78, https://doi.org/10.1007/978-3-030-56286-1_2; Cosma Rohilla Shalizi, "The Formation of the Statistical Learning Paradigm and the Field of Machine Learning, c. 1985- 2000" (2020), 手稿正在準備中，可向作者索取。

2. P. Langley and J. G. Carbonell, "Approaches to Machine Learning," *Journal of the American Society for Information Science* 35, no. 5 (September 1, 1984): 306–16, at 306.

3. Rosenblatt, "The Perceptron: A Perceiving and Recognizing Automaton (Project PARA)," 1, https://blogs.umass.edu/brain-wars/files/2016/03/rosenblatt-1957.pdf.

4. Jonathan Penn, "Inventing Intelligence: On the History of Complex Information Processing and Artificial Intelligence in the United States in the Mid-Twentieth Century" (Thesis, University of Cambridge, 2021), 96–98, https://doi.org/10.17863/CAM.63087. For Rosenblatt and contemporaneous economic projects, check out Orit Halpern, "The Future Will Not Be Calculated: Neural Nets, Neoliberalism, and Reactionary Politics," Critical Inquiry 48, no. 2 (January 1, 2022): 334–59, https://doi.org/10.1086/717313.

5. "New Navy Device Learns by Doing; Psychologist Shows Embryo of Computer Designed to Read and Grow Wiser," *New York Times*, July 8, 1958, http://timesmachine.nytimes.com/timesmachine/1958/07/08/83417341.html.

6. Herbert A. Simon, "Why Should Machines Learn?," in *Machine Learning: An Artificial Intelligence Approach*, ed. Ryszard S. Michalski, Jaime G. Carbonell, and Tom M. Mitchell, Symbolic Computation (Berlin, Heidelberg: Springer, 1983), 32, https://doi.org/10.1007/978-3-662-12405-5_2.

7. 有關這些努力的概述，特別關注史丹佛大學周遭的活動，請參閱 Nils J. Nilsson, *The Quest for Artificial Intelligence: A History of Ideas and Achievements* (Cambridge, UK: Cambridge University Press, 2010), ch. 4.

8. 關於政府與學術界之間研究「灰色地帶」的重要性，請參閱 Joy Rohde, *Armed with Expertise: The Militarization of American Social Research during the Cold War* (Ithaca, NY: Cornell University Press, 2013).

9. Laveen N. Kanal, "Preface," in *Pattern Recognition*, ed. Laveen N. Kanal (Washington, DC: Thompson Book Co, 1968), xi.

10. G. Nagy, "State of the Art in Pattern Recognition," *Proceedings of the IEEE* 56, no. 5 (May 1968):

836–63, https://doi.org/10.1109/PROC.1968.6414.

11. Xiaochang Li, " 'There's No Data Like More Data': Automatic Speech Recognition and the Making of Algorithmic Culture," in *Osiris*, "Beyond Craft and Code," ed. James Evans and Adrian Johns,在即將出版的著作中,抓住了這個關鍵點。

12. Mendon-Plasek, "Mechanized Significance and Machine Learning," 2–3. Michael Castelle 正在完成「失去效用」的重要歷史。

13. J. McCarthy et al., "A Proposal for the Dartmouth Summer Research Project on Artificial Intelligence," August 31, 1955, Rockefeller Archive Center, Rockefeller Foundation records, projects, RG 1.2, series 200.D, box 26, folder 219.

14. Sir James Lighthill, "Lighthill Report," Artificial Intelligence: A General Survey, June 1972,§3, http://www.chilton-computing.org.uk/inf/literature/reports/lighthill_report/p001.htm.

15. Rodney A. Brooks, "Intelligence without Representation," *Artificial Intelligence* 47, no. 1–3 (1991): 140.

16. 有關專家系統隱藏的成功,請參閱 Hallam Stevens, "The Business Machine in Biology—The Commercialization of AI in the Life Sciences," *IEEE Annals of the History of Computing* 44, no. 01 ( January 1, 2022): 8–19, https://doi.org/10.1109/MAHC.2021.3104868.

17. Keki B. Irani et al., "Applying Machine Learning to Semiconductor Manufacturing," *IEEE Expert* 8, no. 1 (1993): 41.

18. Alain Desrosières, *Prouver et gouverner: une analyse politique des statistiques publiques* (Paris: Découverte, 2014), ch. 9.

19. Hayashi Chikio and M. Takahashi, "Kagakusi to Kagakusha: Hayashi Chikiosi Kokai Intabyu," *Kōdō Keiryō gaku* 31, no. 2 (2004): 107–24; quoted and translated in Joonwoo Son, "Data Science in Japan" (Unpublished MS, Columbia University, Sociology, May 2016).

20. Vladimir Naumovich Vapnik, *Estimation of Dependences Based on Empirical Data* (1982); Empirical Inference Science: Afterword of 2006, 2nd ed. (New York: Springer, 2006), 415.

21. 參閱〈研究所歷史 | 俄羅斯科學院控制科學研究所〉,accessed July 7, 2017, http:// www.ipu.ru/en/node/12744.

22. Vapnik經常對大多數其他資料分析的數學和理論不足提出嚴厲批評。如欲了解詳情,請參閱Léon Bottou, "In Hindsight: Doklady Akademii Nauk SSSR, 181 (4), 1968," in *Empirical Inference* (Springer, 2013), 3–5, http://link.springer.com/chapter/10.1007/978-3-642-41136-6_1.

23. Xiaochang Li, "Divination Engines: A Media History of Text Prediction" (NYU, 2017); Xiaochang

Li and Mara Mills, "Vocal Features: From Voice Identification to Speech Recognition by Machine," *Technology and Culture* 60, no. 2 ( June 18, 2019): S129–60, https://doi.org/10.1353/tech.2019.0066.

24. 有關引人注目的自傳記述,請參閱 Terrence J. Sejnowski, *The Deep Learning Revolution* (Cambridge, MA: MIT Press, 2018); Yann LeCun, *Quand la machine apprend: La Révolution des neurones artificiels et de l'apprentissage profond* (Paris: Odile Jacob, 2019); 有關精彩的新聞報道,請參閱 John Markoff, *Machines of Loving Grace: The Quest for Common Ground between Humans and Robots*, 2016; and the excellent account Dominique Cardon, Jean-Philippe Cointet, and Antoine Mazières, "La revanche des neurones: L'invention des machines inductives et la controverse de l'intelligence artificielle," *Réseaux* n° 211, no. 5 (2018): 173, https://doi.org/10.3917/res.211.0173.

25. 雖然該方法的版本較早發布,但關鍵的變革性研究包括 David E. Rumelhart and James L. McClelland, "Learning Internal Representations by Error Propagation," in *Parallel Distributed Processing: Explorations in the Microstructure of Cognition: Foundations* (Cambridge, MA: MIT Press, 1987), 318–62, http://ieeexplore.ieee.org/document/6302929; David E. Rumelhart, Geoffrey E. Hinton, and Ronald J. Williams, "Learning Representations by Back-Propagating Errors," *Nature* 323, no. 6088 (October 1986): 533–36, https://doi.org/10.1038/323533a0; Y. LeCun et al., "Backpropagation Applied to Handwritten Zip Code Recognition," *Neural Computation* 1, no. 4 (December 1989): 541–51, https://doi.org/10.1162/neco.1989.1.4.541; P. J. Werbos, "Backpropagation through Time: What It Does and How to Do It," *Proceedings of the IEEE* 78, no. 10 (October 1990): 1550–60, https://doi.org/10.1109/5.58337.

26. 有關這段時期的許多令人難忘的故事,請參閱 LeCun, *Quand la machine apprend*.

27. 匿名受訪者的採訪, Cointet, and Mazières, "La revanche des neurones," 21.

28. Leo Breiman and Nong Shang, "Born Again Trees," n.d., https://www.stat.berkeley.edu/~breiman/BAtrees.pdf.

29. 關於神經網路的復興,請參閱 Yann LeCun, Yoshua Bengio, and Geoffrey Hinton, "Deep Learning," *Nature* 521, no. 7553 (May 27, 2015): 436– 44, https://doi.org/10.1038/nature14539.

30. Alex Krizhevsky, Ilya Sutskever, and Geoffrey E. Hinton, "ImageNet Classification with Deep Convolutional Neural Networks," in *Advances in Neural Information Processing Systems*, vol. 25 (Curran Associates, Inc., 2012), https://papers.nips.cc/paper/2012/hash/c399862d3b9d6b76c8436e924a68c45b-Abstract.html.

31. Olga Russakovsky et al., "ImageNet Large Scale Visual Recognition Challenge," *International*

*Journal of Computer Vision* 115, no. 3 (December 1, 2015): 211–52, https://doi.org/10.1007/s11263-015-0816-y.

32. Fei-Fei Li, "Crowdsourcing, Benchmarking & Other Cool Things," https:// web.archive.org/web/20121110041643/http://www.image-net.org/papers/ ImageNet_2010.pdf; Hao Su, Jia Deng, and Li Fei-Fei, "Crowdsourcing Annotations for Visual Object Detection," n.d., 7.

33. 有關該數據集的深層問題和爭議，請參閱 Kate Crawford and Trevor Paglen, "Excavating AI," September 19, 2019, https:// excavating.ai.

34. Cardon, Cointet, and Mazières, "La revanche des neurones."

35. 環境損失的確切範圍存在很大爭議。研究這種大規模計算的環境和基礎設施成本的學者包括 Mél Hogan, "Data Flows and Water Woes: The Utah Data Center," *Big Data & Society* 2, no. 2 (December 1, 2015): 2053951715592429, https://doi.org/10.1177/2053951715592429; Nathan Ensmenger, "The Environmental History of Computing," *Technology and Culture* 59, no. 4 (2018): S7–33, https://doi.org/10.1353/tech.2018.0148; Kate Crawford, *Atlas of AI: Power, Politics, and the Planetary Costs of Artificial Intelligence* (New Haven, CT: Yale University Press, 2021), https://doi.org/10.12987/9780300252392, ch. 1.

36. Meredith Whittaker, "The Steep Cost of Capture," *Interactions* 28, no. 6 (November 2021): 52, https://doi.org/10.1145/3488666.

37. M. I. Jordan and T. M. Mitchell, "Machine Learning: Trends, Perspectives, and Prospects," *Science* 349, no. 6245 ( July 17, 2015): 255–60, https://doi.org/10.1126/science.aaa8415.

38. Jordan and Mitchell.

39. Langley, "The Changing Science of Machine Learning," 278.

40. 參閱 Jenna Burrell, "How the Machine 'Thinks': Understanding Opacity in Machine Learning Algorithms," *Big Data & Society* 3, no. 1 (January 5, 2016): 4–5, https://doi.org/10.1177/2053951715622512.

41. "Netflix Prize: Review Rules," February 2, 2007, https://web.archive.org/web/20070202023620/http://www.netflixprize.com:80/rules.

42. Quoted in Steve Lohr, "A $1 Million Research Bargain for Netflix, and Maybe a Model for Others," *New York Times*, September 22, 2009, sec. Technology, https://www.nytimes.com/2009/09/22/technology/internet/22netflix.html.

43. David Donoho, "50 Years of Data Science," *Journal of Computational and Graphical Statistics* 26, no. 4 (October 2, 2017): 752, https://doi.org/10.1080/10618600.2017.1384734.

44. Donoho, 752–53.
45. 引用自 Lohr, "A $1 Million Research Bargain for Netflix, and Maybe a Model for Others."

**第十章：資料科學**

1. Allen Ginsberg, "Howl," text/html, Poetry Foundation (Poetry Foundation, August 12, 2021), https://www.poetryfoundation.org/, https://www.poetryfoundation.org/poems/49303/howl.
2. Ashlee Vance, "In Ads We Trust," *Bloomberg Businessweek*, no. 4521 (May 8, 2017): 6.
3. Chris Anderson, "The Long Tail," *Wired*, October 2004, https://www.wired.com/2004/10/tail/.
4. Gregory Zuckerman, *The Man Who Solved the Market: How Jim Simons Launched the Quant Revolution* (New York: Penguin, 2019). 對於語音辨識技術的發展與金融市場之間的深層關係，請參閱 Xiaochang Li, "Divination Engines: A Media History of Text Prediction" (PhD Thesis, NYU, 2017).
5. Ognjenka Goga Vukmirovic and Shirley M. Tilghman, "Exploring Genome Space," Nature 405, no. 6788 ( June 2000): 820, https://doi.org/10.1038/35015690. Generally see Hallam Stevens, Life Out of Sequence: A Data-Driven History of Bioinformatics (Chicago: University of Chicago Press, 2013); Sabina Leonelli, *Data-Centric Biology: A Philosophical Study* (Chicago: University of Chicago Press, 2016), 18.
6. Cathy O'Neil, "Data Science: Tools vs. Craft," *Mathbabe* (blog), October 4, 2011, https://mathbabe.org/2011/10/04/data-science-tools-vs-craft/.
7. Cosma Rohilla Shalizi, "New 'Data Scientist' Is But Old 'Statistician' Writ Large," December 4, 2011, https://web.archive.org/web/20111204161344/ http://cscs.umich.edu/~crshalizi/weblog/805.html.
8. Solomon Kullback to Tukey, 13.3.1959, American Philosophical Society [APS] Tukey Papers, Ms 117, Series I: US: NSA.
9. Howard Barlow for Solomon Kullback to John Tukey, 6.4.1959, APS Tukey Papers, Ms 117, Series I: US: NSA.
10. Solomon Kullback to Tukey, 13.3.1959, APS Tukey Papers, Ms 117, Series I: US: NSA.
11. John W. Tukey, "The Future of Data Analysis," *The Annals of Mathematical Statistics* 33, no. 1 (1962): 6, italics his.
12. Luisa T. Fernholz et al., "A Conversation with John W. Tukey and Elizabeth Tukey," *Statistical Science* 15, 2000, 80–81.
13. John W. Tukey, Exploratory Data Analysis (Addison Wesley, 1977), 2–3; 關於 Tukey 的專案，請

參閱 Alexander Campolo, "Steering by Sight: Data, Visualization, and the Birth of an Informational Worldview" (PhD diss., New York University, 2019), 186–88.

14. Tukey, *Exploratory Data Analysis*, 56.
15. John M. Chambers, "Greater or Lesser Statistics: A Choice for Future Research," *Statistics and Computing* 3, no. 4 (1993): 182.
16. Chambers, 182.
17. Chambers, 183.
18. 有關本世紀第一個十年末的一些具有影響力的文章範例，這些文章認為豐富的資料將帶來理解科學的新方式，請參閱 Chris Anderson, "The End of Theory: The Data Deluge Makes the Scientific Method Obsolete," *Wired*, 2008, http://archive.wired.com/science/discoveries/magazine/16-07/pb_theory; Tony Hey, Stewart Tansley, and Kristin Tolle, *The Fourth Paradigm: Data-Intensive Scientific Discovery, The Fourth Paradigm: Data-Intensive Scientific Discovery* (Microsoft Research, 2009), https://www.microsoft.com/en-us/research/publication/fourth-paradigm-data-intensive-scientific-discovery/.
19. "John M. Chambers," https://awards.acm.org/award_winners/chambers_6640862.
20. William S. Cleveland, "Data Science: An Action Plan for Expanding the Technical Areas of the Field of Statistics," *International Statistical Review/ Revue Internationale de Statistique* 69, no. 1 (April 2001): 23, https://doi.org/10.2307/1403527
21. 該領域的核心會議是國際超大型資料庫會議（Very Large Data Bases），於 1975 年首次召開。
22. Usama Fayyad, "Mining Databases: Towards Algorithms for Knowledge Discovery," *Bulletin of the Technical Committee on Data Engineering* 21, no. 1 (1998): 48.
23. 參閱 Usama M. Fayyad, Gregory Piatetsky-Shapiro, and Padhraic Smyth, "From Data Mining to Knowledge Discovery: An Overview," in *Advances in Knowledge Discovery and Data Mining* (Menlo Park, CA: AAAI/MIT Press, 1996), 1–34.
24. Matthew L. Jones, "Querying the Archive: Database Mining from Apriori to Page-Rank," in *Science in the Archives: Pasts, Presents, Futures, ed. Lorraine Daston* (Chicago: University of Chicago Press, 2016), 311–28.
25. Shawn Thelen, Sandra Mottner, and Barry Berman, "Data Mining: On the Trail to Marketing Gold," *Business Horizons* 47 (2004): 26, https://doi.org/10.1016/j.bushor.2004.09.005.
26. Patrick O. Brown and David Botstein, "Exploring the New World of the Genome with DNA

Microarrays," *Nature Genetics* 21（January 1, 1999): 26, https://doi.org/10.1038/4462.

27. 截至1998年底的研討會清單可找 http://web.archive.org/web/19990116232602/http://www.almaden.ibm.com/cs/quest/seminars.html and http://web.archive.org/web/19980210042739/http:// www.almaden.ibm.com/cs/quest/seminars-hist.html.

28. MIDAS的網頁保存在 http://infolab.stanford.edu/midas/；資料探勘組的清單服務可找 Yahoo e-groups. 參閱Jeffrey D. Ullman, "The MIDAS Data-Mining Project at Stanford," in *Database Engineering and Applications*, 1999. IDEAS'99. International Symposium Proceedings, 1999, 460–64, http://ieeexplore.ieee.org/xpls/abs_all.jsp?arnumber=787298.

29. 該材料的印刷版本為 Sergey Brin, Rajeev Motwani, and Terry Winograd, "What Can You Do with a Web in Your Pocket," *Data Engineering Bulletin* 21 (1998): 37–47.

30. http://infolab.stanford.edu/midas/.

31. Thomas Haigh, "The Web's Missing Links: Search Engines and Portals," in *The Internet and American Business, ed.* William Aspray and Paul Ceruzzi (Cambridge, MA: MIT Press, 2008), 160–61. Sergey Brin and Lawrence Page, "The Anatomy of a Large-Scale Hypertextual Web Search Engine," in *Seventh International World-Wide Web Conference* (WWW 1998), 1998, http://ilpubs.stanford.edu:8090/361/, §3.1. "……大多數資訊檢索系統的研究都是針對小型的、控制良好的同質集合，例如相關主題的科學論文或新聞報導的集合。

32. Sergey Brin and Lawrence Page, "Dynamic Data Mining: Exploring Large Rule Spaces by Sampling," Technical Report (Stanford InfoLab, November 1999), 2, http://ilpubs.stanford.edu:8090/424/.

33. Brin and Page, "The Anatomy of a Large-Scale Hypertextual Web Search Engine," §4.2.

34. Brin and Page, §4.2.

35. *Statistical Analysis of Massive Data Streams* (National Research Council of the National Academies, 2004), 8–9.

36. Alon Halevy, Fernando Pereira, and Peter Norvig, "The Unreasonable Effectiveness of Data," *Intelligent Systems, IEEE* 24, no. 2 (April 2009): 8–12, https://doi.org/10.1109/MIS.2009.36.

37. Redacted, "Confronting the Intelligence Future (U) An Interview with William P. Crowell, NSA's Deputy Director (U)," *Cryptolog* 22, no. 2 (1996): 1–5.

38. Paul Burkhardt and Chris Waring, "An NSA Big Graph Experiment."

39. NSA Job ID: 1034503

40. Redacted, "NSA Culture, 1980s to the 21st Century—a SID Perspective," *Cryptological Quarterly*

30, no. 4 (2011): 84. Bulleted points are rendered as continuous prose.
41. Catherine D'Ignazio and Lauren F. Klein, *Data Feminism* (Cambridge, MA: MIT Press, 2020), 173.
42. Antonio A. Casilli, *En attendant les robots: enquête sur le travail du clic* (Paris: Éditions du Seuil, 2019), 14.
43. Sarah T. Roberts, *Behind the Screen: Content Moderation in the Shadows of Social Media* (New Haven, CT: Yale University Press, 2019).
44. Mary L. Gray and Siddharth Suri, *Ghost Work: How to Stop Silicon Valley from Building a New Global Underclass* (Boston: Houghton Mifflin Harcourt, 2019).
45. Casilli, *En attendant les robots*, 17.
46. Lilly Irani, "The Cultural Work of Microwork," *New Media & Society* 17, no. 5 (May 2015): 723, https://doi.org/10.1177/1461444813511926.
47. Lilly Irani, "Justice for 'Data Janitors,'" *Public Books* (blog), January 15, 2015, http://www.publicbooks.org/justice-for-data-janitors/.
48. Bin Yu, "Institute of Mathematical Statistics | IMS Presidential Address: Let Us Own Data Science," July 2014, https://imstat.org/2014/10/01/ims-presidential-address-let-us-own-data-science/.
49. Richard Olshen and Leo Breiman, "A Conversation with Leo Breiman," *Statistical Science*, 2001, 196.
50. Olshen and Breiman, 188.
51. Leo Breiman, "[A Report on the Future of Statistics]: Comment," *Statistical Science* 19, no. 3 (2004): 411–411.
52. Leo Breiman, "Statistical Modeling: The Two Cultures," *Statistical Science* 16, no. 3 (2001): 201.
53. Chambers, "Greater or Lesser Statistics," 182.
54. David Madigan and Werner Stuetzle, "[A Report on the Future of Statistics]: Comment," *Statistical Science* 19, no. 3 (2004): 408.
55. 請參閱多次引用的麥肯錫報告 Nicolaus Henke and Jacques Bughin, "The Age of Analytics: Competing in a Data-Driven World" (McKinsey Global Institute, December 2016).
56. Gina Neff et al., "Critique and Contribute: A Practice-Based Framework for Improving Critical Data Studies and Data Science," *Big Data* 5, no. 2 (June 2017): 85–97, https://doi.org/10.1089/big.2016.0050.
57. Jennifer Bryan and Hadley Wickham, "Data Science: A Three Ring Circus or a Big Tent?," *Journal of Computational and Graphical Statistics* 26, no. 4 (October 2, 2017): 784–85, https://

doi.org/10.1080/10618600.2017.1389743.

58. "Are Data Scientists at Facebook Really Data Analysts," 25.8.2017, https://www.reddit.com/r/datascience/comments/6vv7u2/are_data_scientists_at_facebook_really_data/

59. Ryan Tibshirani, "Delphi's COVIDcast Project: Lessons from Building a Digital Ecosystem for Tracking and Forecasting the Pandemic," https://docs.google.com/presentation/d/1t_T8BRIkvC5CDOgE4_1PekPw-SThN2 nMJTdieYgdnr4.

60. Blaise Aguera y Arcas, Margaret Mitchell, and Alexander Todorov, "Physiognomy's New Clothes," *Medium* (blog), May 20, 2017, https://medium.com/@blaisea/physiognomys-new-clothes-f2d4b59fdd6a.

61. Luke Stark and Jevan Hutson, "Physiognomic Artificial Intelligence," Fordham Intellectual Property, Media & Entertainment Law Journal, no. forthcoming, https://doi.org/10.2139/ssrn.3927260, p. 5（內部引用已刪除）。

62. D'Ignazio and Klein, *Data Feminism*, esp. ch. 2.

63. Brin to listserv 10.11.97. 史丹佛大學 MIDAS 小組的網頁保存在 http://infolab.stanford.edu/midas/；資料探勘組的清單服務的部分存檔在被刪除之前可找 Yahoo e-groups；Jones 有部分拷貝。Brin 計劃複製舊訊息，但未成功。

## 第十一章：數據倫理之戰

1. AI Now Institute, *Austerity, Inequality, and Automation | AI Now 2018 Symposium*, 2018, https://www.youtube.com/watch?v=gI1KxTrPDLo.

2. Joy Buolamwini and Timnit Gebru, "Gender Shades: Intersectional Accuracy Disparities in Commercial Gender Classification," in *Proceedings of the 1st Conference on Fairness, Accountability and Transparency* (Conference on Fairness, Accountability and Transparency, PMLR, 2018), 77–91, https:// proceedings.mlr.press/v81/buolamwini18a.html. 另請參閱該專案隨附的網站 http://gendershades.org/.

3. Margaret Mitchell et al., "Model Cards for Model Reporting," in *Proceedings of the Conference on Fairness, Accountability, and Transparency*, FAT* '19 (New York: Association for Computing Machinery, 2019), 220–29, https://doi.org/10.1145/3287560.3287596.

4. Tom Simonite, "Google Offers to Help Others With the Tricky Ethics of AI," Wired, accessed August 24, 2021, https://www.wired.com/story/google-help-others-tricky-ethics-ai/.

5. Cade Metz and Daisuke Wakabayashi, "google Researcher Says She Was Fired Over Paper

Highlighting Bias in A.I.," *New York Times*, December 3, 2020, sec. Technology, https://www.nytimes.com/2020/12/03/technology/google-researcher-timnit-gebru.html.

6. Adam D. I. Kramer, Jamie E. Guillory, and Jeffrey T. Hancock, "Experimental Evidence of Massive-Scale Emotional Contagion through Social Networks," *Proceedings of the National Academy of Sciences* 111, no. 24( June 17, 2014): 8788–90, https://doi.org/10.1073/pnas.1320040111.

7. Alex Hern, "Facebook Deliberately Made People Sad. This Ought to Be the Final Straw," *The Guardian*, June 30, 2014, sec. Opinion, https://www.theguardian.com/commentisfree/2014/jun/30/facebook-sad-manipulating-emotions-socially-responsible-company.

8. Matt Murray, "Users Angered at Facebook Emotion-Manipulation Study," TODAY.com, June 30, 2014, http://www.today.com/health/users-angered-facebook-emotion-manipulation-study-1D79863049.Murray.

9. M. J. Salganik, *Bit by Bit: Social Research in the Digital Age* (Princeton, NJ: Princeton University Press, 2017), 282.

10. Chris Chambers, "facebook Fiasco: Was Cornell's Study of 'Emotional Contagion' an Ethics Breach?," *The Guardian*, July 1, 2014, https://www.theguardian.com/science/head-quarters/2014/jul/01/facebook-cornell-study-emotional-contagion-ethics-breach.

11. Allan M. Brandt, "Racism and Research: The Case of the Tuskegee Syphilis Study," *Hastings Center Report* 8, no. 6 (1978): 21–29, https://doi.org/10.2307/3561468.

12. R. A. Vonderlehr et al., "Untreated Syphilis in the Male Negro: A Comparative Study of Treated and Untreated Cases," *Journal of the American Medical Association* 107, no. 11 (September 12, 1936): 856–60, https://doi.org/10.1001/jama.1936.02770370020006.

13. Susan Reverby, *Examining Tuskegee: The Infamous Syphilis Study and Its Legacy* (Chapel Hill: University of North Carolina Press, 2009).

14. 參閱Albert Jonsen，口述歷史，訪談者為 Bernard Schwetz, May 14, 2004, https://www.hhs.gov/ohrp/education-and-outreach/luminaries-lecture-series/belmont-report-25th-anniversary-interview-ajonsen/index.html.

15. 國家生物醫學和行為研究人類受試者保護委員會 "The Belmont Report: Ethical Principles & Guidelines for Research Involving Human Subjects" (Department of Health, Education, and Welfare, April 18, 1979), https://www.hhs.gov/ohrp/sites/default/files/the-belmont-report-508c_FINAL.pdf.

16. 報告本身有一千多頁的附錄，詳細解釋了他們對如何以可能成為政府批准的程式規範的

方式，實施道德和社會規範的想法。

17. Tom L. Beauchamp, *Standing on Principles: Collected Essays* (New York: Oxford University Press, 2010), 6.
18. Karen Lebacqz, interview by LeRoy Walters, October 26, 2004, https:// www.hhs.gov/ohrp/education-and-outreach/luminaries-lecture-series/ belmont-report-25th-anniversary-interview-klebacqz/index.html.
19. United States, ed., *Report and Recommendations: Institutional Review Boards*, DHEW Publication; No. (OS) 78-0008, 78-0009 (Washington, DC: US Department of Health, Education, and Welfare: for sale by the Supt. of Docs., US Govt. Print. Off, 1978).
20. Mike Monteiro, https://muledesign.com/2017/07/a-designers-code-of-ethics.
21. Jacob Metcalf, Emanuel Moss, and danah boyd, "Owning Ethics: Corporate Logics, Silicon Valley, and the Institutionalization of Ethics," *Social Research* 86, no. 2 (Summer 2019): 449–76.
22. Brent Mittelstadt, "Principles Alone Cannot Guarantee Ethical AI," *Nature Machine Intelligence* 1, no. 11 (November 2019): 501–7, https://doi.org/10.1038/s42256-019-0114-4.
23. Inioluwa Deborah Raji et al., "Closing the AI Accountability Gap: Defining an End-to-End Framework for Internal Algorithmic Auditing," in *Proceedings of the 2020 Conference on Fairness, Accountability, and Transparency*, FAT* '20 (New York: Association for Computing Machinery, 2020), 33–44, https://doi.org/10.1145/3351095.3372873.
24. Shannon Vallor, "An Ethical Toolkit for Engineering/Design Practice," June 22, 2018, https://www.scu.edu/ethics-in-technology-practice/ethical-toolkit/.
25. Metcalf, Moss, and boyd, "Owning Ethics."
26. Metcalf, Moss, and boyd, 465.
27. Theodore Vincent Purcell and James Weber, *Institutionalizing Corporate Ethics: A Case History* (New York: Presidents Association, Chief Executive Officers' Division of American Management Associations, 1979), 6; quoted in Ronald R. Sims, "The Institutionalization of Organizational Ethics," *Journal of Business Ethics* 10, no. 7 ( July 1, 1991): 493, https://doi.org/10.1007/BF00383348.
28. Eric Johnson, "How Will AI Change Your Life? AI Now Institute Founders Kate Crawford and Meredith Whittaker Explain," Vox, April 8, 2019, https://www.vox.com/podcasts/2019/4/8/18299736/artificial-intelligence-ai-meredith-whittaker-kate-crawford-kara-swisher-decode-podcast-interview.

29. Ben Wagner, "Ethics as an Escape from Regulation: From 'Ethics-Washing' to Ethics-Shopping?," in *Cogitas Ergo Sum: 10 Years of Profiling the European Citizen*, ed. Emre Bayamlioglu et al. (Amsterdam University Press, 2018), 84–89, https://doi.org/10.2307/j.ctvhrd092.18.
30. Metcalf, Moss, and boyd, "Owning Ethics."
31. Henry T. Greely, "The Uneasy Ethical and Legal Underpinnings of LargeScale Genomic Biobanks," *Annual Review of Genomics and Human Genetics* 8, no. 1 (2007): 343–64, https://doi.org/10.1146/annurev.genom.7.080505.115721.
32. Arvind Narayanan and Vitaly Shmatikov, "How to Break Anonymity of the Netflix Prize Dataset" (arXiv, November 22, 2007), https://doi.org/10.48550/arXiv.cs/0610105.
33. Pierangela Samarati and Latanya Sweeney, "Protecting Privacy When Disclosing Information: K-Anonymity and Its Enforcement through Generalization and Suppression," 1998.
34. Cynthia Dwork and Moni Naor, "On the Difficulties of Disclosure Prevention in Statistical Databases or The Case for Differential Privacy," *Journal of Privacy and Confidentiality* 2, no. 1 (September 1, 2010): 94, https://doi.org/10.29012/jpc.v2i1.585.
35. Cynthia Dwork, "Differential Privacy," in *Automata, Languages and Programming*, ed. Michele Bugliesi et al., Lecture Notes in Computer Science (Berlin, Heidelberg: Springer, 2006), 4, https://doi.org/10.1007/11787006_1.
36. Cathy O'Neil, *Weapons of Math Destruction: How Big Data Increases Inequality and Threatens Democracy* (New York: Crown, 2016); Virginia Eubanks, *Automating Inequality: How High-Tech Tools Profile, Police, and Punish the Poor* (New York: St. Martin's Press, 2017); Ruha Benjamin, *Race after Technology: Abolitionist Tools for the New Jim Code* (Cambridge, UK; Medford, MA: Polity Press, 2019).
37. Julia Angwin, Jeff Larson, Surya Mattu, Lauren Kirchner, "Machine Bias," ProPublica, May 23, 2016, https://www.propublica.org/article/machine-bias-risk-assessments-in-criminal-sentencing.
38. Arvind Narayanan, *Tutorial: 21 Fairness Definitions and Their Politics*, 2018, https://www.youtube.com/watch?v=jIXIuYdnyyk. 參閱 the notes at Shubham Jain, "TL;DS 21 Fairness Definition and Their Politics by Arvind Narayanan," July 19, 2019, https://shubhamjain0594.github.io/post/tlds-arvind-fairness-definitions/.
39. Julie Zhuo, "How Do You Set Metrics?," *The Year of the Looking Glass*(blog), August 10, 2017, https://medium.com/the-year-of-the-looking-glass/how-do-you-set-metrics-59f78fea7e44.
40. Michael Kearns and Aaron Roth, *The Ethical Algorithm: The Science of Socially Aware Algorithm*

*Design* (New York: Oxford University Press, 2020), 78.

41. Will Douglas Heaven, "Predictive Policing Algorithms Are Racist. They Need to Be Dismantled," *MIT Technology Review*, July 17, 2020, https:// www.technologyreview.com/2020/07/17/1005396/ predictive-policing-algorithms-racist-dismantled-machine-learning-bias-criminal-justice/.

42. Kearns and Roth, *The Ethical Algorithm*, 63.

43. Catherine D'Ignazio and Lauren F. Klein, *Data Feminism* (Cambridge, MA: MIT Press, 2020), 61.

44. Matthew Le Bui and Safiya Umoja Noble, "We're Missing a Moral Framework of Justice in Artificial Intelligence," in *The Oxford Handbook of Ethics of AI* (New York: Oxford University Press, 2020), 178, https://doi.org/10.1093/oxfordhb/9780190067397.013.9.

45. Julia Powles and Helen Nissenbaum, "The Seductive Diversion of 'Solving' Bias in Artificial Intelligence," Medium, December 7, 2018, https:// medium.com/s/story/the-seductive-diversion-of-solving-bias-in-artificial-intelligence-890df5e5ef53.

46. Frank Pasquale, "The Second Wave of Algorithmic Accountability," *Law and Political Economy* (blog), November 25, 2019, https://lpeblog.org/2019/11/25/the-second-wave-of-algorithmic-accountability/.

47. Rodrigo Ochigame, "The Invention of 'Ethical AI': How Big Tech Manipulates Academia to Avoid Regulation, *The Intercept* (blog), December 20, 2019, https://theintercept.com/2019/12/20/mit-ethical-ai-artificial-intelligence/.

48. Thao Phan et al., "Economies of Virtue: The Circulation of 'Ethics' in Big Tech," *Science as Culture*, November 4, 2021, 7, https://doi.org/10.1080/09505431.2021.1990875.

49. Shoshana Zuboff, *The Age of Surveillance Capitalism: The Fight for a Human Future at the New Frontier of Power* (New York: PublicAffairs, 2019).

## 第十二章：說服、廣告和創業投資

1. Herbert Simon, "Designing Organizations for an Information-Rich World," in *Computers, Communications, and the Public Interest*, ed. Martin Greenberger (Baltimore: Johns Hopkins Press, 1971), 40.

2. Paul Lewis, "Fiction Is Outperforming Reality: How Youtube's Algorithm Distorts Truth," *The Guardian*, February 2, 2018, sec. Technology, http:// www.theguardian.com/technology/2018/feb/02/how-youtubes-algorithm-distorts-truth.

3. "Easter Sun Finds the Past in Shadow at Modern Parade," *New York Times*, April 1, 1929, https://

timesmachine.nytimes.com/timesmach ine/1929/04/01/95899706.pdf.

4. Edward L. Bernays, *Propaganda* (New York: H. Liveright, 1928).

5. Simon, "Designing Organizations for an Information-Rich World," 41.

6. Richard Serra, "TV Delivers People (1973)," *Communications* 48, no. 1 (1988): 42–44.

7. Neil Postman, A*musing Ourselves to Death: Public Discourse in the Age of Show Business* (New York: Penguin Books, 1986).

8. 若要更深入了解波茲曼及其媒體決定論形式，請參閱 Siva Vaidhyanathan, *Antisocial Media: How facebook Disconnects Us and Undermines Democracy* (New York: Oxford University Press, 2018), pp. 21–26.

9. https://www.w3.org/People/Berners-Lee/1991/08/art-6484.txt.

10. Ethan Zuckerman, "The Internet's Original Sin," *The Atlantic*, August 14, 2014, https://www.theatlantic.com/technology/archive/2014/08/advertising-is-the-internets-original-sin/376041/.

11. Michael H. Goldhaber, "The Attention Economy and the Net," *First Monday* 2, no. 4 (April 7, 1997), http://firstmonday.org/ojs/index.php/fm/article/view/519.

12. Goldhaber, "The Attention Economy and the Net."

13. Daniel Thomas and Shannon Bond, "BuzzFeed Boss Finds Natural Fit for Social Content on Mobile," *Financial Times*, March 14, 2016, https://www.ft.com/content/4f661ea8-e782-11e5-a09b-1f8b0d268c39.

14. 高德哈伯所有預言並未完全實現：他還預言了一種純粹基於注意力的經濟，金錢在其中將不起任何作用。儘管現在人們可以用手機通話時間進行交換，如以語言交換的方式與另一名學生交換學習語言的時間，但我們仍尚未擁有注意力完全取代金錢的經濟體。

15. Goldhaber, "The Attention Economy and the Net."

16. Stewart Brand, "The World Information Economy," *The Whole Earth Catalog*, no. Winter (1986): 88.

17. 相關簡明概述，請參閱 Christina Spurgeon, "Online Advertising," in *The Routledge Companion to Global Internet Histories* (Routledge, 2017); Joseph Turow, *The Daily You: How the New Advertising Industry Is Defining Your Identity and Your Worth* (New Haven, CT: Yale University Press, 2011).

18. 參閱 Tim O'Reilly, "What Is Web 2.0," September 30, 2005, https:// www.oreilly.com/pub/a//web2/archive/what-is-web-20.html. 關於對這種轉變創新性的懷疑，請參閱 Matthew Allen, "What Was Web 2.0? Versions as the Dominant Mode of Internet History," *New Media & Society* 15, no. 2 (March 1, 2013): 260–75, https://doi.org/10.1177/1461444812451567.

19. Nick Couldry and Joseph Turow, "Big Data, Big Questions | Advertising, Big Data and the Clearance of the Public Realm: Marketers' New Approaches to the Content Subsidy," *International Journal of Communication* 8 ( June 16, 2014): 1714.
20. Kim Cleland, "Media Buying & Planning: Marketers Want Solid Data on Value of Internet Ad Buys: Demand Swells for Information That Compares Media Options," *Advertising Age*, August 3, 1998, S18; 相關討論在 Turow, The Daily You, 61.
21. Cleland, "Marketers Want Solid Data"; 相關討論在 Turow, *The Daily You*, 61.
22. Rick Bruner, " 'Cookie' Proposal Could Hinder Online Advertising: Privacy Backers Push for More Data Controls," *Advertising Age* , March 16, 1997, 16; 相關討論在 Turow, The Daily You, 58.
23. 引自 Meg Leta Jones, "Cookies: A Legacy of Controversy," *Internet Histories* 4, no. 1 ( January 2, 2020): 94, https://doi.org/10.1080/24701475 .2020.1725852. 亦可參閱 David M. Kristol, "HTTP Cookies: Standards, Privacy, and Politics," *ACM Transactions on Internet Technology* 1, no. 2 (November 1, 2001): 151–98, https://doi.org/10.1145/502152.502153.
24. CNET News staff, "Ads Find Strength in Numbers," CNET, November 4, 1996, https://www.cnet.com/tech/tech-industry/ads-find-strength-in-numbers/.
25. 參閱 Jones, "Cookies," 95; Matthew Crain, *Profit Over Privacy: How Surveillance Advertising Conquered the Interne*t (Minneapolis: University of Minnesota Press, 2021), 125–29.
26. Crain, *Profit Over Privacy*, 129.
27. Susan Wojcicki, "Making Ads More Interesting," *Official Google Blog* (blog), March 11, 2009, https://googleblog.blogspot.com/2009/03/making-ads-more-interesting.html.
28. Crain, *Profit Over Privacy*, 95.
29. Adam D'Angelo, Quora, 2010, https://www.quora.com/What-was-Adam-DAngelos-biggest-contribution-to-facebook/answer/Adam-DAngelo.
30. Ashlee Vance, "In Ads We Trust," *Bloomberg Businessweek*, no. 4521 (May 8, 2017): 6–7.
31. John White, *Bandit Algorithms for Website Optimization* (O'Reilly Media, Inc., 2012); William R Thompson, "On the Likelihood That One Unknown Probability Exceeds Another in View of the Evidence of Two Samples," *Biometrika* 25, no. 3/4 (1933): 285–94.
32. 若要對臉書影響有更為細微和深入的理解，而不僅是將其視為負面或邪惡的來源，請參閱 Vaidhyanathan, *Antisocial Media*, e.g., at pp. 16–17.
33. James Grimmelmann, "The Platform Is the Message," SSRN ScholarlyPaper (Rochester, NY: Social Science Research Network, March 1, 2018), https://papers.ssrn.com/abstract=3132758.

34. Zeynep Tufekci, "Engineering the Public: Big Data, Surveillance and Computational Politics," *First Monday*, July 2, 2014, https://doi.org/10.5210/fm.v19i7.4901.
35. Edward L. Bernays, "The Engineering of Consent," *The Annals of the American Academy of Political and Social Science* 250 (1947): 115.
36. Salman Haqqi, "Obama's Secret Weapon in Re-Election: Pakistani Scientist Rayid Ghani," DAWN.COM, January 21, 2013, https://www.dawn.com/2013/01/21/obamas-secret-weapon-in-re-election-pakistani-scientist-rayid-ghani/.
37. Rayid Ghani et al., "Data Mining for Individual Consumer Models and Personalized Retail Promotions," *Data Mining Methods and Applications*, 2007, 215.
38. Ethan Roeder, "I Am Not Big Brother," *New York Times*, December 6, 2012, http://www.nytimes.com/2012/12/06/opinion/i-am-not-big-brother.html?_r=0.
39. Zeynep Tufekci, "Yes, Big Platforms Could Change Their Business Models," *Wired*, December 17, 2018, https://www.wired.com/story/big-platforms-could-change-business-models/.
40. Tufekci, "Engineering the Public."
41. M. J. Salganik, *Bit by Bit: Social Research in the Digital Age* (Princeton, NJ: Princeton University Press, 2017), 10.
42. Mike Butcher, "Cambridge Analytica CEO Talks to TechCrunch about Trump, Hillary and the Future," *TechCrunch*, November 6, 2017, https://social.techcrunch.com/2017/11/06/cambridge-analytica-ceo-talks-to-techcrunch-about-trump-hilary-and-the-future/.
43. Trenholme J. Griffin, *A Dozen Lessons for Entrepreneurs* (New York: Columbia Business School Publishing, Columbia University Press, 2017), 146.
44. AnnaLee Saxenian, *Regional Advantage: Culture and Competition in Silicon Valley and Route 128, With a New Preface by the Author* (Cambridge, MA: Harvard University Press, 1996); Christophe Lécuyer, *Making Silicon Valley: Innovation and the Growth of High Tech, 1930–1970* (Cambridge, MA: MIT Press, 2006).
45. Josh Lerner, "The Government as Venture Capitalist: The Long-Run Impact of the SBIR Program," *The Journal of Private Equity* 3, no. 2 (2000): 55–78. Thanks to Ella Coon for stressing this.
46. Jerry Neumann, "Heat Death: Venture Capital in the 1980s," *Reaction Wheel* (blog), January 8, 2015, https://reactionwheel.net/2015/01/80s-vc.html.
47. Tom Nicholas, *VC: An American History* (Cambridge, MA: Harvard University Press, 2019).
48. Katrina Brooker, "WeFail: How the Doomed Masa Son-Adam Neumann Relationship Set

WeWork on the Road to Disaster," *Fast Company*, November 15, 2019, https://www.fastcompany.com/90426446/wefail-how-the-doomed-masa-son-adam-neumann-relationship-set-wework-on-the-road-to-disaster.

49. Kai-Fu Lee, *AI Superpowers: China, Silicon Valley, and the New World Order* (Boston: Houghton Mifflin Harcourt, 2019).

50. Ryan Mac, Charlie Warzel, and Alex Kantrowitz, "Growth at Any Cost: Top Facebook Executive Defended Data Collection in 2016 Memo—And Warned that Facebook Could Get People Killed," *BuzzFeed News*, March 29, 2018, https://www.buzzfeednews.com/article/ryanmac/growth-at-any-cost-top-facebook-executive-defended-data.

51. Paul Lewis, " 'Fiction Is Outperforming Reality': How Youtube's Algorithm Distorts Truth," *The Guardian*, February 2, 2018, sec. Technology, http://www.theguardian.com/technology/2018/feb/02/how-youtubes-algorithm-distorts-truth.

52. Jane Jacobs, *The Nature of Economies* (New York: Modern Library, 2000).

## 第十三章：超越解決主義的解決方案

1. Karl Manheim and Lyric Kaplan, "Artificial Intelligence: Risks to Privacy and Democracy," *Yale Journal of Law & Technology* 21, no. 1 (2019): 180, 181.

2. William H. Janeway, *Doing Capitalism in the Innovation Economy: Markets, Speculation and the State.* (Cambridge, UK: Cambridge University Press, 2012).

3. Marshall Kirkpatrick, "Facebook's Zuckerberg Says The Age of Privacy Is Over," *New York Times*, January 10, 2010, https://archive.nytimes.com/ www.nytimes.com/external/readwriteweb/2010/01/10/10readwriteweb-facebooks-zuckerberg-says-the-age-of-privac-82963.html.

4. Tim Cook, "We Believe That Privacy Is a Fundamental Human Right. No Matter What Country You Live in, That Right Should Be Protected in Keeping with Four Essential Principles," Tweet, *@tim_cook (blog)*, October 24, 2018, https://twitter.com/tim_cook/status/1055035539915718656.

5. Blake Lemoine, "The History of Ethical AI at Google," Medium, May 17, 2021, https://cajundiscordian.medium.com/the-history-of-ethical-ai-at-google-d2f997985233.

6. Urooba Jamal, "An Engineer Who Was Fired by Google Says Its AI Chatbot Is 'Pretty Racist' and That AI Ethics at Google Are a 'Fig Leaf,' " *Business Insider*, July 31, 2022, https://www.businessinsider.com/google-engineer-blake-lemoine-ai-ethics-lamda-racist-2022-7.

7. danah boyd, "Where Do We Find Ethics?," Medium, June 15, 2016, https:// points.datasociety.

net/where-do-we-find-ethics-d0b9e8a7f4e6; citing Audre Lorde, "The Master's Tools Will Never Dismantle the Master's House," in *Sister Outsider: Essays and Speeche*s (Trumansburg, NY: Crossing Press, 1984), 110–14.

8. Anna Kramer, "How Twitter Hired Tech's Biggest Critics to Build Ethical AI," Protocol─The people, power and politics of tech, June 23, 2021, https://www.protocol.com/workplace/twitter-ethical-ai-meta.

9. Michael Kearns and Aaron Roth, *The Ethical Algorithm: The Science of Socially Aware Algorithm Design* (New York: Oxford University Press, 2020), 16.

10. Kearns and Roth, 16.

11. Cynthia Rudin, "Stop Explaining Black Box Machine Learning Models for High Stakes Decisions and Use Interpretable Models Instead," *Nature Machine Intelligence* 1, no. 5 (May 2019): 10, https://doi.org/10.1038/s42256-019-0048-x.

12. Annette Zimmermann, Elena Di Rosa, and Hochan Kim, "Technology Can't Fix Algorithmic Injustice," *Boston Review*, December 12, 2019, https://bostonreview.net/science-nature-politics/annette-zimmermann-elena-di-rosa-hochan-kim-technology-cant-fix-algorithmic.

13. Zimmermann, Di Rosa, and Kim.

14. Gina Neff et al., "Critique and Contribute: A Practice-Based Framework for Improving Critical Data Studies and Data Science," *Big Data* 5, no. 2 ( June 2017): 85–97, https://doi.org/10.1089/big.2016.0050.

15. Mike Isaac, *Super Pumped: The Battle for Ube*r (New York: W. W. Norton & Company, 2020), ch. 16.

16. Kate O'Flaherty, "Apple's Privacy Features Will Cost Facebook $12 Billion," *Forbes*, April 23, 2022, https://www.forbes.com/sites/ kateoflahertyuk/2022/04/23/apple-just-issued-stunning-12-billion-blow-to-facebook/.

17. Yochai Benkler et al., "Social Mobilization and the Networked Public Sphere: Mapping the SOPA-PIPA Debate," *Political Communication* 32, no. 4 (October 2, 2015): 594–624, https://doi.org/1 0.1080/10584609.2014.986349.

18. 有關國家監管持續需求的有力反思，請參閱 Frank Pasquale, *The Black Box Society: The Secret Algorithms That Control Money and Information* (Cambridge, MA: Harvard University Press, 2015).

19. Amy Kapczynski, "The Law of Informational Capitalism," *The Yale Law Journal* 129, n. 5 (2020), 1465.

20. Karl Manheim and Lyric Kaplan, "Artificial Intelligence: Risks to Privacy and Democracy," *Yale Journal of Law & Technology* 21 (2019): 162.
21. Michael Kearns and Aaron Roth, "Ethical Algorithm Design Should Guide Technology Regulation," *Brookings* (blog), January 13, 2020, https://www.brookings.edu/research/ethical-algorithm-design-should-guide-technology-regulation/.
22. Morgan Meaker, "Meta's Failed Giphy Deal Could End Big Tech's Spending Spree," *Wired*, December 3, 2021, https://www.wired.com/story/facebook-giphy-cma-global-template/.
23. Manheim and Kaplan, "Artificial Intelligence: Risks to Privacy and Democracy," 186.
24. Quoted in Lina M. Khan, "Amazon's Antitrust Paradox," *The Yale Law Journal*, 2017, 740.
25. Patrice Bougette, Marc Deschamps, and Frédéric Marty, "When Economics Met Antitrust: The Second Chicago School and the Economization of Antitrust Law," *Enterprise & Society* 16, no. 2 ( June 2015): 313–53, https:// doi.org/10.1017/eso.2014.18.
26. "General Data Protection Regulation (GDPR)—Official Legal Text," Gen eral Data Protection Regulation (GDPR), https://gdpr-info.eu/, art 22.
27. Meg Leta Jones, *Ctrl + Z: The Right to Be Forgotten* (New York: New York University Press, 2016).
28. Khan, "Amazon's Antitrust Paradox."
29. Sarah T. Roberts, *Behind the Screen: Content Moderation in the Shadows of Social Media* (New Haven, CT: Yale University Press, 2019).
30. Paul M. Barrett, "Who Moderates the Social Media Giants? A Call to End Outsourcing" (NYU Stern—Center for Business and Human Rights, June 2020), 4, https://static1.squarespace.com/static/5b6df958 f8370af3217d4178/t/5ed9854bf618c710cb55be98/1591313740497/NYU+Content+Moderation+Report_ June+8+2020.pdf.
31. Jeff Kosseff, *The Twenty-Six Words That Created the Internet* (Ithaca, NY: Cornell University Press, 2019).
32. Jennifer S. Fan, "Employees as Regulators: The New Private Ordering in High Technology Companies," *Utah Law Review*, Vol. 2019, no. 5 (2020): 55.
33. Alexis C. Madrigal, "Silicon Valley Sieve: A Timeline of Tech-Industry Leaks," *The Atlantic*, October 10, 2018, https://www.theatlantic.com/ technology/archive/2018/10/timeline-tech-industry-leaks/572593/.
34. Daisuke Wakabayashi, "At oogle, Employee-Led Effort Finds Men Are Paid More Than Women," *New York Times*, September 8, 2017, https:// www.nytimes.com/2017/09/08/technology/google-

salaries-gender-disparity.html.

35. Catherine D'Ignazio and Lauren F. Klein, *Data Feminism* (Cambridge, MA: MIT Press, 2020), 65.

36. Sarah Hamid, "Community Defense: Sarah T. Hamid on Abolish-ing Carceral Technologies," *Logic Magazine*, August 31, 2020, https:// logicmag.io/care/community-defense-sarah-t-hamid-on-abolishing-carceral-technologies/.

37. Ruha Benjamin, *Race after Technology: Abolitionist Tools for the New Jim Code* (Cambridge, UK; Medford, MA: Polity Press, 2019).

38. Zimmermann, Di Rosa, and Kim, "Technology Can't Fix Algorithmic Injustice."

39. Zimmermann, Di Rosa, and Kim.

40. Amy Kapczynski, "The Law of Informational Capitalism," 1460.

41. 關於規範、法律、架構和市場，請參閱Lawrence Lessig, "The New Chicago School," *The Journal of Legal Studies* 27, no. S2 (1998): 661–91.

TREND

# 數據與權力
## 控制世界的數據科學、資料分析與 AI 演算法，如何影響我們下決定
*How DATA Happened: A History from the Age of Reason to the Age of Algorithms*

| 作　　者 | 克里斯・威金斯（Chris Wiggins）、馬修・瓊斯（Matthew L. Jones） |
|---|---|
| 譯　　者 | 吳國慶 |
| 發 行 人 | 王春申 |
| 選書顧問 | 陳建守、黃國珍 |
| 總 編 輯 | 王春申 |
| 責任編輯 | 陳淑芬 |
| 封面設計 | 康學恩 |
| 內頁設計 | TODAY STUDIO・黃新鈞 |
| 營　　業 | 王建棠 |
| 資訊行銷 | 劉艾琳、孫若屏 |
| 出版發行 | 臺灣商務印書館股份有限公司 |
| | 23141 新北市新店區民權路 108-3 號 5 樓（同門市地址） |
| | 電話：(02)8667-3712　　傳真：(02)8667-3709 |
| | 讀者服務專線：0800056193　　郵政劃撥：0000165-1 |
| | E-mail：ecptw@cptw.com.tw　　網路書店網址：www.cptw.com.tw |
| | Facebook：facebook.com.tw/ecptw |

HOW DATA HAPPENED
Copyright © 2023 by Chris Wiggins & Matthew L. Jones
Complex Chinese translation copyright © 2025
by The Commercial Press, Ltd.
This edition's arrangement is with United Talent Agency, LLC.
through Andrew Nurnberg Associates International Ltd.
ALL RIGHTS RESERVED

局版北市業字第 993 號
初版　2025 年 6 月
印刷　鴻霖印刷傳媒股份有限公司
定價　新台幣 600 元

法律顧問　何一芃律師事務所
有著作權・翻印必究
如有破損或裝訂錯誤，請寄回本公司更換

國家圖書館出版品預行編目 (CIP) 資料

數據與權力：控制世界的數據科學、資料分析與 AI 演算法，如何影響我們下決定 / 克里斯・威金斯（Chris Wiggins）、馬修・瓊斯（Matthew L. Jones）著；吳國慶譯. -- 初版. -- 新北市：臺灣商務印書館股份有限公司，2025.05
400 面；17×23 公分. --（歷史.世界史）
譯自：How data happened : a history from the age of reason to the age of algorithms
ISBN 978-957-05-3623-2（平裝）
1.CST: 大數據　2.CST: 資料處理　3.CST: 統計分析　4.CST: 歷史

312.74　　　　　　　　　　　　　　　　114005793